| 常 用 门 | 1 |

| 常 用 窗 | 2 |

| 铝 合 金 门 | 3 |

| 铝 合 金 窗 | 4 |

| 天 窗 | 5 |

| 装 修 | 6 |

| 花 格 | 7 |

建筑设计资料集

9

（第二版）

中国建筑工业出版社

图书在版编目(CIP)数据

建筑设计资料集. 9/《建筑设计资料集》编委会编.
2版. —北京：中国建筑工业出版社，2005
ISBN 978-7-112-03096-5

Ⅰ. 建... Ⅱ. 建... Ⅲ. 建筑设计-资料 Ⅳ. TU206

中国版本图书馆 CIP 数据核字(2005)第 068487 号

建筑设计资料集
(第二版)
9
《建筑设计资料集》编委会
*
中国建筑工业出版社出版、发行(北京西郊百万庄)
各地新华书店、建筑书店经销
北京圣夫亚美印刷有限公司印刷
*
开本：880×1230毫米 1/16 印张：14¼ 插页：1 字数：593千字
1997年5月第二版 2015年11月第二十次印刷
定价：50.00元
ISBN 978-7-112-03096-5
(8230)

版权所有 翻印必究
如有印装质量问题，可寄本社退换
(邮政编码100037)

《建筑设计资料集》(第二版) 总编辑委员会

顾　　问	戴念慈　金瓯卜　龚德顺　徐尚志　毛梓尧　傅义通　石学海
	方鉴泉
主　　任	张钦楠
副 主 任	卢延玲　陈登鳌　蔡镇钰　费　麟　林　晨　彭华亮
委　　员	（按姓氏笔画顺序）

丁子梁　王天锡　王伯扬　卢延玲　卢文聪　田聘耕　朱昌廉
何广麟　邱秀文　许福特　苏　常　李继炎　张钦楠　陈登鳌
陈励先　胡　璘　林　晨　张家臣　周庆琳　范守中　郑时龄
赵景昭　赵冠谦　赵友声　费　麟　费天成　柳尚华　钱增标
黄元浦　黄克武　梅季魁　曹善琪　曾广彬　彭华亮　窦以德
蔡吉安　蔡德道　蔡镇钰　薛恩伦

《建筑设计资料集》(第二版) 第9集 分编辑委员会

主　　编	林　晨	华北地区建筑设计标准化办公室
副 主 编	赵友声	西北地区建筑设计标准化办公室
委　　员	秦济民	华北地区建筑设计标准化办公室
	杜尔圻	华北地区建筑设计标准化办公室
	黄克武	中国建筑西北设计院
	欧阳星耀	中国建筑工业出版社
	赵景昭	北京市建筑设计研究院
	陈文琪	华北地区建筑设计标准化办公室
	马浩然	内蒙古建筑设计院
	李克忠	中国建筑西北设计院
	熊洪俊	重庆建筑大学
	李拱辰	河北省建筑设计研究院
	张道真	深圳大学建筑设计研究院
责任编辑	彭华亮　许顺法　欧阳星耀	（朱银龙参加前阶段部分技术审图工作）
技术设计	孟宪茝　郭耀秀	
封面设计	赵子宽	

《建筑设计资料集》（第二版）第9集
编写单位和编写人员

项　　目	编写单位	编写人员	
常用门	重庆建筑大学	刘建荣	李必瑜
		黄冠文	孙志经
		熊洪俊	覃　琳
		聂　可	祝　莹
		郑圣峰	唐紫安
		王雪松	
常用窗	重庆建筑大学	刘建荣	李必瑜
		魏宏杨	熊洪俊
		周铁军	覃　琳
		聂　可	王雪松
		黎孝琴	陈　蔚
铝合金门	深圳大学建筑设计研究院	张道真	孙善铣
		张　艺	
铝合金窗	深圳大学建筑设计研究院	张道真	孙善铣
		张　艺	
天窗	原湖北工业建筑设计院		
装修	建设部建筑设计院	饶良修	黄德龄
		孟建国	谈星火
		饶　励	陈　勇
花格	广东省建筑设计院		

前　言

广大读者翘首以待的新编《建筑设计资料集》（第二版）从 1987 年开始修订，历时八载，现在终于与读者见面了。这是我国建筑界的一大盛事。新编的《建筑设计资料集》（第二版）集中反映了我国 80 年代以来建筑理论和设计实践中的最新成果，充分体现了参加编写的建筑专家和学者们的卓越智慧，标志着我国第一部大型建筑设计工具书在原版的基础上更上了一层楼。

原版《建筑设计资料集》（1～3 集）问世于 60 年代，70 年代陆续出齐，曾先后重印过六次，发行量达 20 多万套，深受读者欢迎，被誉为广大建筑设计人员的"良师益友"，在我国社会主义建设事业中发挥过巨大的作用。然而，随着我国改革开放的不断深化，建设事业发展迅速，建筑科技日新月异，人们的社会生活多姿多彩，对建筑设计工作的要求越来越高，原版有许多内容已显陈旧，亟需修订。在建设部领导的支持下，1987 年由部设计局和中国建筑工业出版社共主其事，成立总编委会，开展《建筑设计资料集》的修订工作。经过全国 50 余家承编单位和 100 余位专家、学者的共同努力，克服重重困难，终于在 1994 年完成了此项系统工程，实现了总编委会提出的为广大设计人员提供一套"内容丰富，技术先进，装帧精美，使用方便"的大型工具书的要求。

新编《建筑设计资料集》（第二版）编写内容体例由本书顾问石学海撰写，经总编委会讨论修改定稿通过。它是在原版的基础上，按照总类、民用建筑、工业建筑和建筑构造四大部分进行修订的，第 1、2 集为总类；第 3、4、5、6、7 集为民用及工业建筑；第 8、9、10 集为建筑构造。编写体例仍以图、表为主，辅以简要的文字。此次修订着重资料的充实和更新，全面汇集国内建筑设计专业及其相关专业的最新技术成果和经验，同时有选择地介绍一些国外先进技术资料。

新编《建筑设计资料集》（第二版）有以下几个特点：

首先，它更为系统、全面，涵盖建筑设计工作的各项专业知识。它概揽古今中外建筑设计的各个领域；不仅与水、暖、电、卫、建筑结构、建筑经济等专业有着水乳交融的密切关系，而且还涉及哲学、美学、社会学、人体工程学、行为与环境心理学等诸多知识领域。

其次，此次修订，除个别项目保留原版内容外，绝大部分内容作了较大的更新或充实。新增项目有：形态构成；园林绿化；环境小品；城市广场；中国古建筑；民居；建筑装饰；室内设计；无障碍设计；商业街；地铁；村镇住宅；法院；银行；电子计算机房；太阳能应用等。此外新版所列各类建筑的技术参数、定额指标，以至设计原则，均选自新的设计规范，各种设计实例亦作全面更新，使这部大型工具书更具有实用性。

第三，在编写体系上分类明确，查阅方便。通用性总类集中汇编于1、2集，其他各集分别为各类型民用建筑、工业建筑和建筑构造。

第四，新版的装帧设计、版面编排注意保持原版的独特风格，保持这套大型工具书的延续性，但在纸张材料、印刷技术上较原版更为精美。

当前，处在世纪之交的我国建筑师，正面临深化改革、面向世界、构思21世纪建筑新篇章的关键时刻，相信新编《建筑设计资料集》（第二版）的问世，必将有力地推进我国建筑设计工作的发展，在我国"四化"建设中发挥重大作用。

值此新版问世之际，谨向所有支持本书编写工作的设计、科研和教学单位，以及为此发扬无私奉献精神、付出辛勤劳动的各位专家、学者表示最诚挚的谢意！

愿这份献给建筑界的具有跨世纪价值的礼物，将帮助我国建筑师，为人民创造更多更美好的空间环境作出新的贡献！

《建筑设计资料集》（第二版）总编辑委员会

中国建筑工业出版社

1994年3月

前　言

广大读者翘首以待的新编《建筑设计资料集》（第二版）从 1987 年开始修订，历时八载，现在终于与读者见面了。这是我国建筑界的一大盛事。新编的《建筑设计资料集》（第二版）集中反映了我国 80 年代以来建筑理论和设计实践中的最新成果，充分体现了参加编写的建筑专家和学者们的卓越智慧，标志着我国第一部大型建筑设计工具书在原版的基础上更上了一层楼。

原版《建筑设计资料集》（1～3 集）问世于 60 年代，70 年代陆续出齐，曾先后重印过六次，发行量达 20 多万套，深受读者欢迎，被誉为广大建筑设计人员的"良师益友"，在我国社会主义建设事业中发挥过巨大的作用。然而，随着我国改革开放的不断深化，建设事业发展迅速，建筑科技日新月异，人们的社会生活多姿多彩，对建筑设计工作的要求越来越高，原版有许多内容已显陈旧，亟需修订。在建设部领导的支持下，1987 年由部设计局和中国建筑工业出版社共主其事，成立总编委会，开展《建筑设计资料集》的修订工作。经过全国 50 余家承编单位和 100 余位专家、学者的共同努力，克服重重困难，终于在 1994 年完成了此项系统工程，实现了总编委会提出的为广大设计人员提供一套"内容丰富，技术先进，装帧精美，使用方便"的大型工具书的要求。

新编《建筑设计资料集》（第二版）编写内容体例由本书顾问石学海撰写，经总编委会讨论修改定稿通过。它是在原版的基础上，按照总类、民用建筑、工业建筑和建筑构造四大部分进行修订的，第 1、2 集为总类；第 3、4、5、6、7 集为民用及工业建筑；第 8、9、10 集为建筑构造。编写体例仍以图、表为主，辅以简要的文字。此次修订着重资料的充实和更新，全面汇集国内建筑设计专业及其相关专业的最新技术成果和经验，同时有选择地介绍一些国外先进技术资料。

新编《建筑设计资料集》（第二版）有以下几个特点：

首先，它更为系统、全面，涵盖建筑设计工作的各项专业知识。它概揽古今中外建筑设计的各个领域；不仅与水、暖、电、卫、建筑结构、建筑经济等专业有着水乳交融的密切关系，而且还涉及哲学、美学、社会学、人体工程学、行为与环境心理学等诸多知识领域。

其次，此次修订，除个别项目保留原版内容外，绝大部分内容作了较大的更新或充实。新增项目有：形态构成；园林绿化；环境小品；城市广场；中国古建筑；民居；建筑装饰；室内设计；无障碍设计；商业街；地铁；村镇住宅；法院；银行；电子计算机房；太阳能应用等。此外新版所列各类建筑的技术参数、定额指标，以至设计原则，均选自新的设计规范，各种设计实例亦作全面更新，使这部大型工具书更具有实用性。

第三，在编写体系上分类明确，查阅方便。通用性总类集中汇编于1、2集，其他各集分别为各类型民用建筑、工业建筑和建筑构造。

第四，新版的装帧设计、版面编排注意保持原版的独特风格，保持这套大型工具书的延续性，但在纸张材料、印刷技术上较原版更为精美。

当前，处在世纪之交的我国建筑师，正面临深化改革、面向世界、构思21世纪建筑新篇章的关键时刻，相信新编《建筑设计资料集》(第二版)的问世，必将有力地推进我国建筑设计工作的发展，在我国"四化"建设中发挥重大作用。

值此新版问世之际，谨向所有支持本书编写工作的设计、科研和教学单位，以及为此发扬无私奉献精神、付出辛勤劳动的各位专家、学者表示最诚挚的谢意！

愿这份献给建筑界的具有跨世纪价值的礼物，将帮助我国建筑师，为人民创造更多更美好的空间环境作出新的贡献！

《建筑设计资料集》(第二版)总编辑委员会
中国建筑工业出版社
1994年3月

目 录

1 常用门 [1～47]

门的类型・洞口尺寸・开启方式 [1] …… 1
门的式样 [2] …… 2
常用木门的用料及接榫 [4] …… 4
常用木门门框及亮子 [5] …… 5
门拉手 [6] …… 6
夹板门・镶板门 [7] …… 7
拼板门・玻璃门及纱门 [8] …… 8
弹簧门 [9] …… 9
偏心门・橡胶弹簧门・软塑料
　弹簧门・自关门 [11] …… 11
传统木、竹门 [12] …… 12
平开车间大门 [13] …… 13
推拉门 [15] …… 15
折叠门 [21] …… 21
升降门 [24] …… 24
上翻门 [25] …… 25
卷帘门 [27] …… 27
空腹钢门用料断面 [29] …… 29
空腹钢门 [30] …… 30
实腹钢门 [33] …… 33
铁栅门 [34] …… 34
钢制百页门・纱门・线脚做法 [35]
　…… 35
塑刚平开门 [36] …… 36
塑刚推拉门 [37] …… 37
一般隔声门 [38] …… 38
密闭门 [39] …… 39
钢质防火门 [40] …… 40
木质防火门 [41] …… 41
防火卷帘门 [42] …… 42
转门 [43] …… 43
围墙大门 [45] …… 45

2 常用窗 [1～30]

一般概念 [1] …… 48

窗的式样 [2] …… 49
常用木窗窗料断面 [3] …… 50
木窗加工及安装 [4] …… 51
窗（门）用密封材料 [5] …… 52
窗（门）用玻璃 [6] …… 53
钢窗五金 [7] …… 54
内平开木窗 [8] …… 55
外平开木窗 [9] …… 56
双层平开木窗 [10] …… 57
中悬木窗 [11] …… 58
上悬、下悬、立转木窗 [12] …… 59
木窗实例 [13] …… 60
钢窗 [16] …… 63
塑刚平开窗 [19] …… 66
塑刚推拉窗 [20] …… 67
塑刚中悬窗・组合窗 [21] …… 68
预应力钢丝水泥窗 [22] …… 69
密闭窗 [23] …… 70
密闭窗实例 [24] …… 71
传递窗 [27] …… 74
立转引风窗 [28] …… 75
百页窗 [29] …… 76
活动百页窗 [30] …… 77

3 铝合金门 [1～25]

一般概念 [1] …… 78
五金配件 [4] …… 81
平开门 [5] …… 82
推拉门 [13] …… 90
地弹簧门 [19] …… 96

4 铝合金窗 [1～44]

一般概念 [1] …… 103
风压值 [3] …… 105
固定窗 [4] …… 106
平开窗・滑轴平开窗 [6] …… 108
推拉窗 [18] …… 120
立轴窗・中悬窗 [42] …… 144

百页窗 [43] …… 145

5 天窗 [1～28]

天窗类型 [1] …… 147
平天窗 [2] …… 148
采光罩 [3] …… 149
采光板 [4] …… 150
采光带 [6] …… 152
三角形天窗 [7] …… 153
矩形天窗 [9] …… 155
M 形天窗 [11] …… 157
锯齿形天窗 [12] …… 158
纵向避风天窗 [13] …… 159
纵向避风天窗挡风板 [14] …… 160
下沉式天窗 [16] …… 162
横向下沉式天窗 [17] …… 163
天井式天窗 [18] …… 164
中井式天窗 [19] …… 165
边井式天窗 [20] …… 166
其它形式天窗 [22] …… 168
中悬、上悬钢天窗 [25] …… 171
中悬木天窗及天窗保护网 [26]
　…… 172
立转木天窗・钢筋混凝土框天窗 [27]
　…… 173
天窗开关器 [28] …… 174

6 装修 [1～34]

板条、钢板网抹灰吊顶 [1] …… 175
矿棉装饰吸声板 [2] …… 176
矿棉吸声板吊顶 [3] …… 177
轻钢龙骨纸面石膏板吊顶 [4] …… 178
金属板吊顶 [5] …… 179
金属格栅 [8] …… 182
玻璃砖采光顶 [9] …… 183
进人孔・检修孔・通气孔・扬声
　器孔 [10] …… 184
送风口・回风口 [11] …… 185

饰面构造要求及分类 [12] ……… 186	踢脚 [22] …………………… 196	**7 花格** [1～12]
饰面常用结合构造方法 [13] …… 187	活动隔断 [23] ……………… 197	
墙面抹灰 [14] ………………… 188	淋浴间隔断 [25] …………… 199	砖花格、花墙 [1] ………… 209
油漆・彩画・喷（刷）浆 [15] …………… 189	卫生间隔断 [26] …………… 200	瓦花格 [2] ………………… 210
木、竹、石棉瓦、塑料瓦、轻金属板墙面 [16] …………… 190	装饰门 [27] ………………… 201	琉璃花格 [3] ……………… 211
	地面不同材料的交接 [28] … 202	混凝土、水磨石花格 [4] …… 212
人造革、织锦、玻璃、塑料、壁纸墙面 [17] …………… 191	地面灯光系列线槽 [29] …… 203	竹花格 [7] ………………… 215
	窗帘杆、盒 [30] …………… 204	木花格 [8] ………………… 216
饰面石板墙面 [18] …………… 192	水平百页窗帘 [31] ………… 205	镶玻璃花格 [9] …………… 217
轻钢龙骨石膏板墙 [19] ……… 193	垂直百页窗帘 [32] ………… 206	门窗洞・博古架 [10] ……… 218
玻璃砖墙 [20] ………………… 194	暖气罩 [33] ………………… 207	金属花格 [11] ……………… 219
扶手护墙板・墙体护角 [21] …… 195	踏步防滑 [34] ……………… 208	

门的类型

一、按材料分类：木门、钢门、铝合金门、塑料门、玻璃钢门、其它材料门。

二、按使用功能分类：一般工业及民用建筑门、特殊工业及民用建筑门、围墙大门、隔声门、防火门、防光门、通风门、防辐射门、密闭门、防盗、抗冲击波门、卸爆门等。

三、按开启方式分类：平开门、推拉门、提拉门、上提门、上翻门、下滑门、折叠门、卷帘门、旋转门。

四、按控制方式分类：手动门、传感控制自动门。

洞口尺寸的确定

一、洞口尺寸须满足人流、疏散、运输等使用要求，并应符合《建筑模数协调统一标准》的规定。

二、在确定洞口尺寸时，应注意各种开启形式的构造特点，以保证必需的净空尺寸。

三、应尽量减少洞口规格，考虑门的标准化和互换性，为工厂制作创造条件。

开启方式的选择

不同开启方式的门都有其特点和一定的适用范围，应根据使用要求、洞口尺寸、技术经济、材料供应及加工制作条件妥善选择。

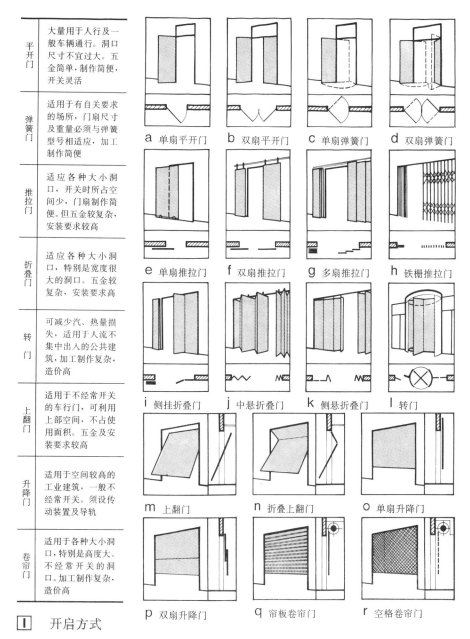

平开门	大量用于人行及一般车辆通行。洞口尺寸不宜过大。五金简单，制作简便，开关灵活
弹簧门	适用于有自关要求的场所，门扇尺寸及重量必须与弹簧型号相适应，加工制作简便
推拉门	适应各种大小洞口，开关时所占空间少，门扇制作简便。但五金较复杂，安装要求较高
折叠门	适应各种大小洞口，特别是宽度很大的洞口。五金较复杂，安装要求高
转门	可减少汽、热量损失，适用于人流不集中出入的公共建筑，加工制作复杂，造价高
上翻门	适用于不经常开关的车行间，可利用上部空间，不占使用面积。五金及安装要求较高
升降门	适用于空间较高的工业建筑，一般不经常开关。须设传动装置及导轨
卷帘门	适用于各种大小洞口，特别是高度大、不经常开关的洞口。加工制作复杂，造价高

a 单扇平开门　b 双扇平开门　c 单扇弹簧门　d 双扇弹簧门
e 单扇推拉门　f 双扇推拉门　g 多扇推拉门　h 铁栅推拉门
i 侧挂折叠门　j 中悬折叠门　k 侧悬折叠门　l 转门
m 上翻门　n 折叠上翻门　o 单扇升降门
p 双扇升降门　q 帘板卷帘门　r 空格卷帘门

1 开启方式

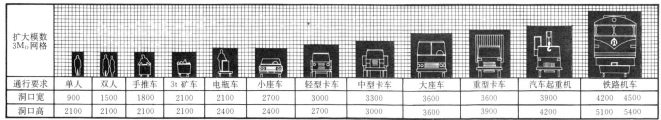

扩大模数 3M₀网格											
通行要求	单人	双人	手推车	3t矿车	电瓶车	小座车	轻型卡车	中型卡车	大座车	重型卡车	汽车起重机	铁路机车
洞口宽	900	1500	1800	2100	2100	2700	3000	3300	3600	3600	3900	4200　4400
洞口高	2100	2100	2100	2100	2400	2400	2700	3000	3600	3600	3900	5100　5400

2 一般洞口参考尺寸

注：在设计中应根据通行车辆的具体尺寸确定洞口，洞口高度应≥车辆总高+0.2m，宽度应≥车辆总宽+0.7m。

高＼宽	<1000	1500	1800	2100	2400	3000	3300	3600	3900	4200
2100	PTL	PTLZ	PTLZ	PTLZ						
2400	PTL	PTLZ	PTLZ	PTLZ	PLF					
2700	PTL	PTL	PTL	PL	PLF	PLDFS	PLDFSJ			
3000		PL	PL	PL	PLF	PLDFS	PLDFSJ	LDFSJ		
3300			PLF		LDFS	LDFSJ	LDFSJ			
3600					LDFS	LDFSJ	LDFSJ	LDFSJ		
4200						LDFSJ		LDSJ	LDSJ	
5100									LDSJ	

3 各种开启方式一般适用范围

P—平开门；T—弹簧门；L—推拉门；D—折叠门；F—上翻门；S—升降门；J—卷帘门；Z—转门

常用门 [2] 门的式样

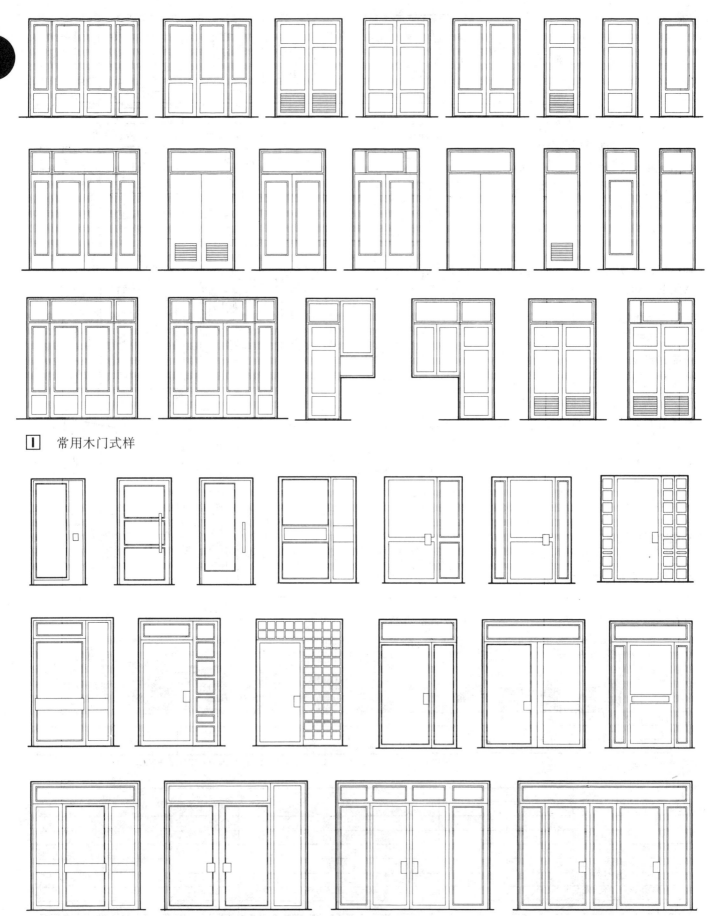

1 常用木门式样

2 常用民用建筑门式样

门的式样[3]常用门

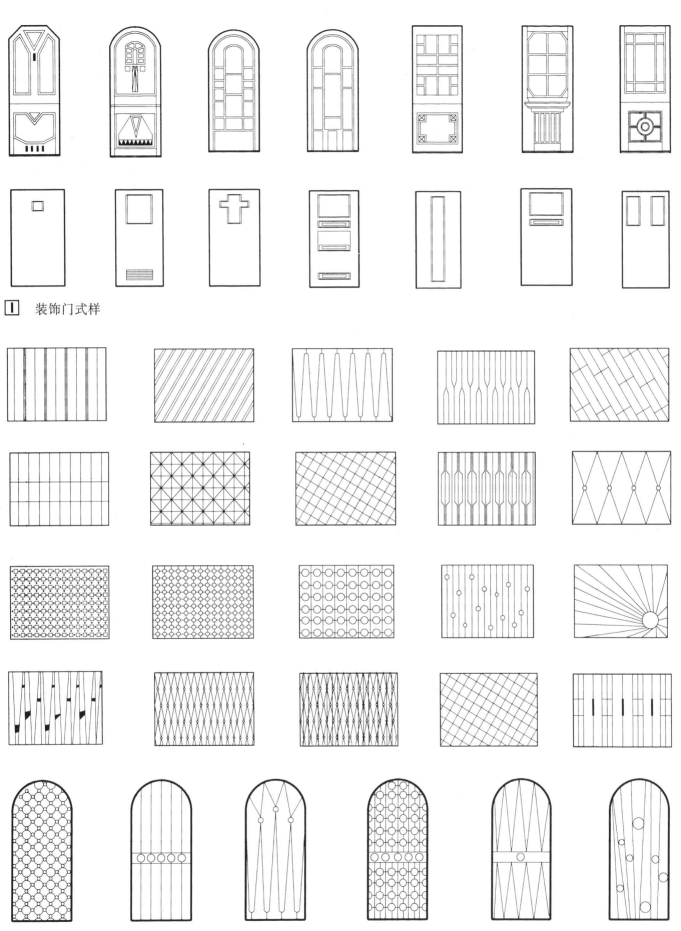

1 装饰门式样

2 常用铁花门式样

常用门 [4] 常用木门的用料及接榫

一、常用平开木门用于各类工业及民用建筑，量大面广，应综合考虑使用、制作、安装等方面的要求进行设计。

二、在满足使用要求的同时，应尽量减少类型，统一用料规格，简化裁口及线型，提高标准化程度和互换性，为工厂制作及工地安装创造有利条件。

三、用料断面应根据国家标准确定。选料应因地制宜，充分利用当地资源，防止大材小用，并根据当地气候特点及木材干燥条件确定含水率。

木材含水率限值（％）　　表1

地区类别	地区范围	门心板踢脚板	门扇窗扇	门框窗框
Ⅰ	包头、兰州以西的西北地区和西藏自治区	10	13	16
Ⅱ	徐州、郑州、西安及其以北的华北地区和东北地区	12	15	18
Ⅲ	徐州、郑州、西安以南的中南、华东和西南地区	15	18	20

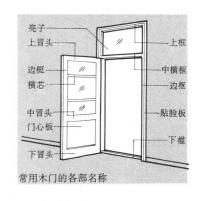

常用木门的各部名称

类型	胶合板门	镶板门	半截玻璃门	大玻璃门	拼板门
简图					
木材用量	0.056m³ 58.9%	0.095m³ 100%	0.074m³ 78.8%	0.092m³ 96.9%	0.115m³ 121.1%
特点	外形简洁美观。门扇自重小，节约木材。保温隔音性能较好。对制作工艺要求较高。复面材料一般为胶合板，也可采用纤维板	构造简单，一般加工条件可以制作。门心板一般用木板，也可用纤维板、木屑板或其他板材代替。	特点与镶板门相同。如取消玻璃芯子，须采用5厚玻璃	外形简洁美观，对木材及制作要求较高，须采用5～6厚玻璃，造价较高	一般拼板门构造简单，坚固耐用。门扇自重大，用木材较多。双层拼板门保温隔音性能较好
适用范围	适用于民用建筑内门。在潮湿环境，须采用防水胶合板	适用于民用建筑及工业辅助建筑的内门及外门	适用于民用建筑的内外门及阳台门，必要时可以带纱门	适用于公共建筑的入口大门或大型房间的内门	一般用于民用建筑及工业辅助建筑的外门

① 几种常用木门比较

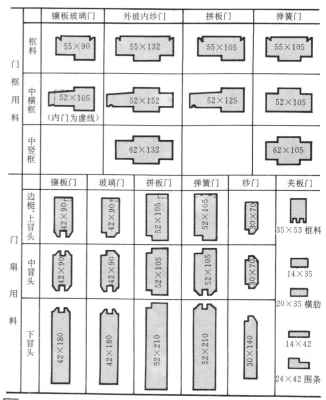

② 常用木门用料

注：本图断面形状及尺寸以华北 J601 为例。

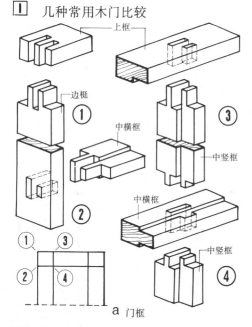

a 门框　　b 玻璃门门扇　　c 夹板门骨架　　d 门框穿榫做法　　e 门扇硬木销接榫示意

注：a、b、c 所示之接榫做法是北京市建筑木材厂所采用的常用木门的夹皮榫。

③ 常用木门接榫

常用木门门框及亮子 [5] 常用门

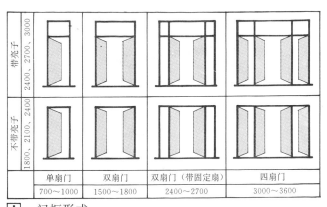

	单扇门	双扇门	双扇门（带固定扇）	四扇门
	700～1000	1500～1800	2400～2700	3000～3600

1 门框形式

	内门	外开外门	内开外门	外玻内纱门

a 门框与门扇的组合

门框用料参考   表1

类型	单裁口					双裁口（带纱扇）		
地区	华北	黑龙江	陕西	西南	湖南	华北	浙江	湖南
上框、边框	55×90	57×95	55×75	42×95	55×85	55×132	52×127	55×110
中横框	52×105	55×95	55×75	40×95	60×85	52×152	60×127	60×130
中竖框	—	—	—	—	60×85	62×132	—	60×110

注：本表数字均取自各地区现行的标准图或通用图（以镶板门为例）。

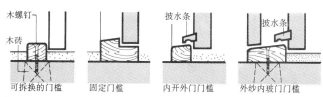

b 门下槛的几种作法

2 门框节点

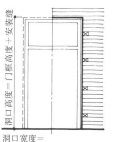
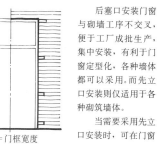

a 门框安装方法

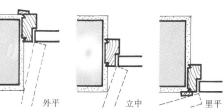

外平　　立中　　里平　　里外平

b 门框安装位置

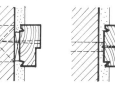

墙内预埋木砖、用圆钉钉固门框　　砖墙留缺口、铁脚伸入后用砂浆填实　　砖墙预埋螺栓，固定门框上的铁脚　　用φ6钢筋钉直接钉入砖墙灰缝

c 门框与砖墙连接

混凝土墙预埋木砖固定门框　　空心砌块与门框用铁件连接　　空心砖墙及土筑墙洞口四周砌实心砖　　毛石墙留洞埋螺栓固定门框

120砖墙内砌入埋有木砖的混凝土块　　1/4砖墙用通天木立柱固定门框　　木骨架轻质隔墙固定门框　　钢筋混凝土柱用膨胀螺栓固定门框

d 门框与其他墙体连接

3 门框安装

后塞口安装门窗与砌墙工序不交叉，便于工厂成批生产，集中安装，有利于门窗定型化，各种墙体都可以采用。而先立口安装则仅适用于各种砌筑墙体。

当需要采用先立口安装时，可在门窗框周围加钉木条，以使洞口和门窗框尺寸均与后塞口时一致。

类型	固定	平开	中悬	上悬	下悬	立转	一玻一纱	双玻
立面								
节点								

4 亮子

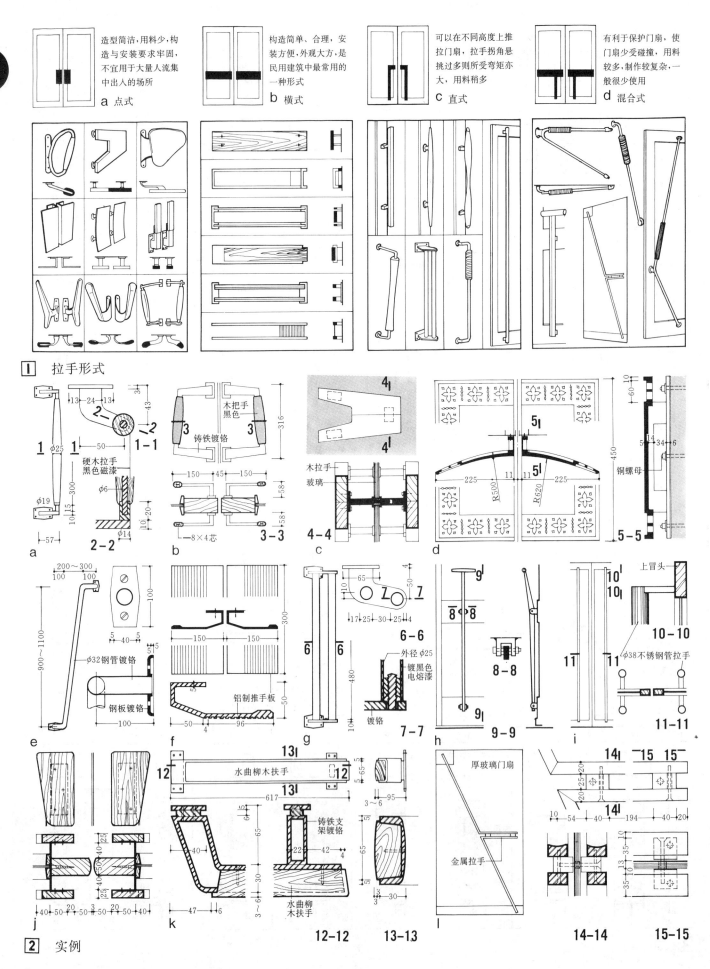

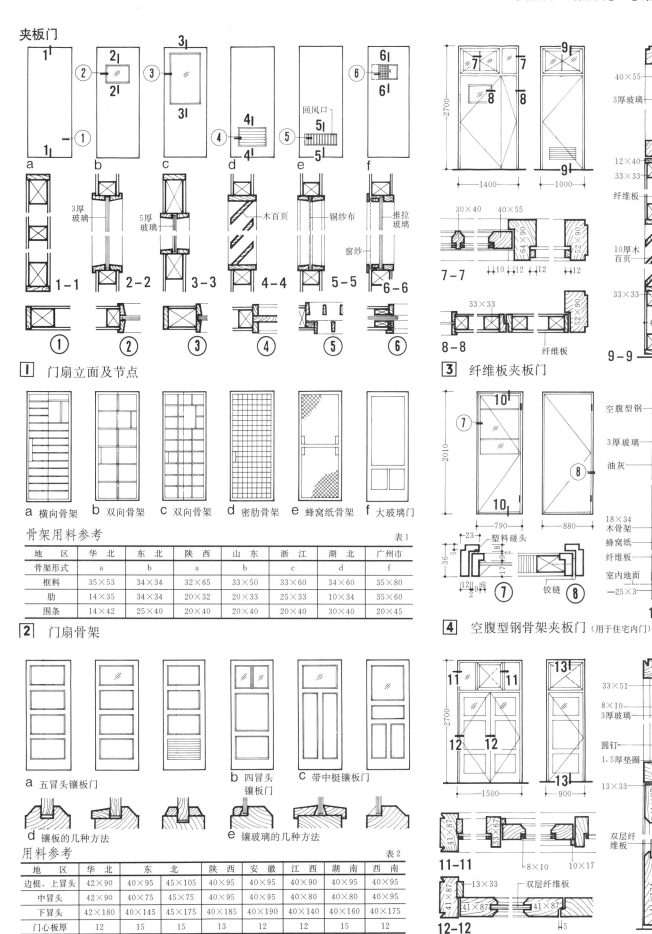

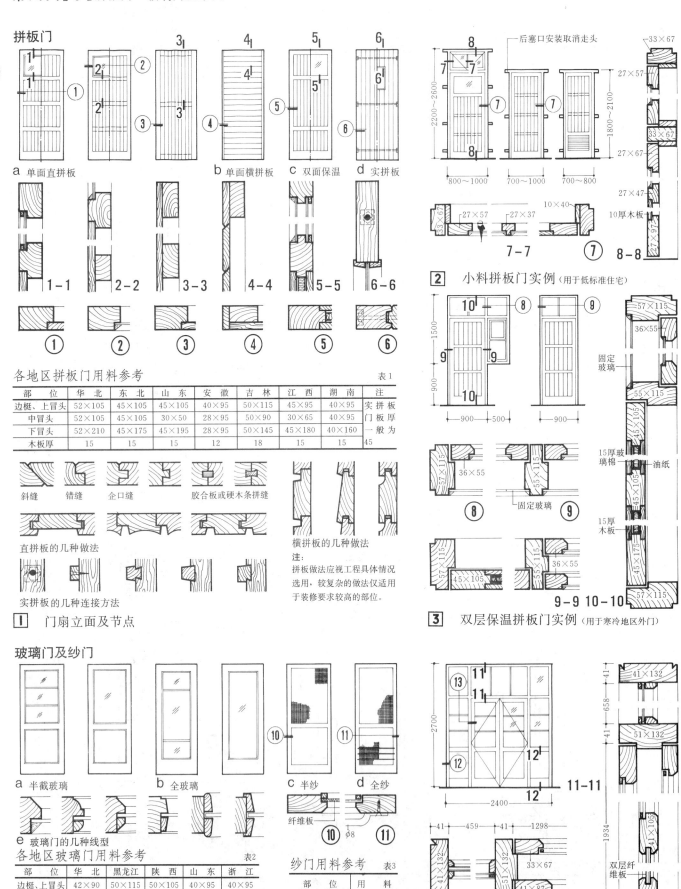

弹簧门 [9] 常用门

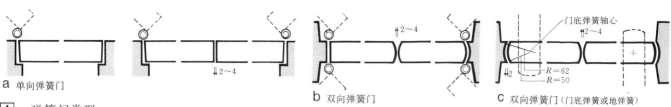

a 单向弹簧门　　b 双向弹簧门　　c 双向弹簧门（门底弹簧或地弹簧）

① 弹簧门类型

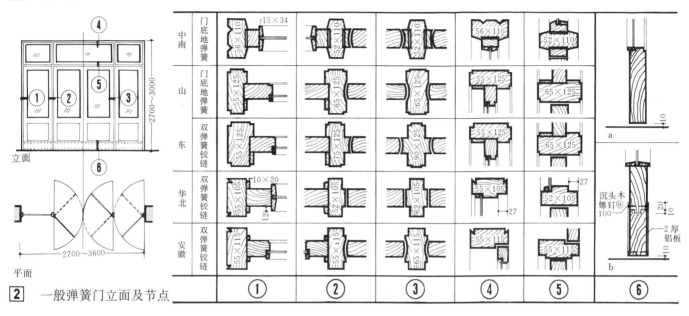

② 一般弹簧门立面及节点

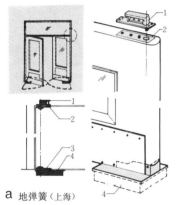

a 地弹簧（上海）　b 门底弹簧（上海）　横式　直式　c 门顶弹簧

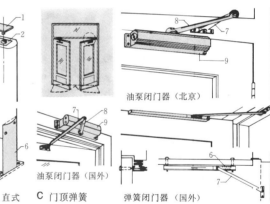

油泵闭门器（北京）　油泵闭门器（国外）　弹簧闭门器（国外）

1 顶轴　2 顶轴套板　3 地轴套座　4 底座　5 底板
6 弹簧框架　7 牵杆　8 主臂　9 油泵

③ 几种弹簧的安装示意

各地区一般木弹簧门门扇木料尺寸参考　表1

门扇部位	中南 门底、地弹簧	山东 门底、地弹簧	山东 双弹簧铰链	华北 双弹簧铰链	安徽 双弹簧铰链
上冒头	52×120	50×105	45×105	52×105	45×115
中冒头	40×52	50×105	45×105	52×105	45×115
下冒头	52×300	50×245	45×245	52×210	45×230
边梃	52×120	50×105	45×105	52×105	45×115

弹簧铰链选用　表2

弹簧铰链规格	单弹簧铰链 门扇重量(kg)	单弹簧铰链 门扇宽度	双弹簧铰链 门扇重量(kg)	双弹簧铰链 门扇宽度	备注
75	12～15	600～700	10～12	600～700	门扇的重量或宽度有一项超过本表规定时应选较大一号铰链
100	17～20	600～800	12～16	600～750	
125	20～30	700～900	20～25	650～750	
150	30～35	750～900	25～30	650～750	
200	40～50	750～900	30～35	750～900	
250	50	900	35～40	750～900	

地弹簧选用　表3

型号	门扇宽度	门扇高度	门扇厚度	门扇重量(kg)	生产单位
266	500～800	2000～2500	40～50	50～80	上海红光建筑五金厂
365	700～1000	2000～2600	40～50	70～130	

门顶弹簧选用　表4

型号	门扇宽度	门扇高度	门扇厚度	门扇重量(kg)	生产单位
M167	600～800	2000～2500	40～50	15～25	上海红光

普通门扇重量参考　表5

门扇	重量(kg)	门扇	重量(kg)
全玻璃门	16～20	夹板门	11～14
半截玻璃门及拼板门	14～18	纱门	8～10

注：①门底弹簧相当于200或250的双面弹簧铰链，适用于木门。
②鼠尾弹簧适用于内、外开木门。规格为200～300的用于轻便门上，400和450的用于一般门扇上。

常用门[10] 弹簧门

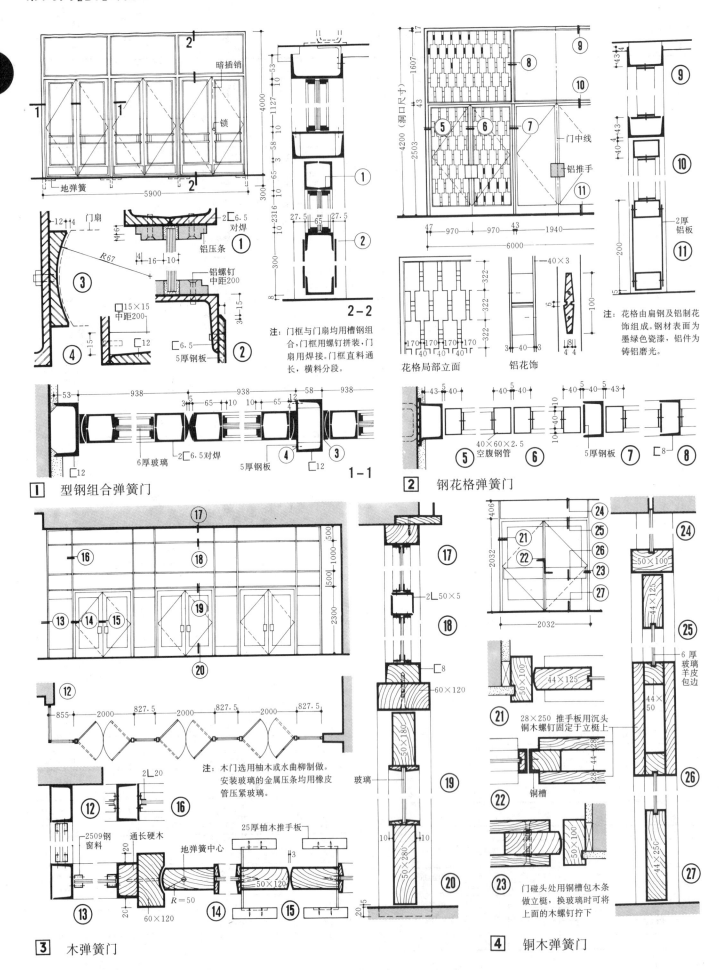

1 型钢组合弹簧门
2 钢花格弹簧门
3 木弹簧门
4 铜木弹簧门

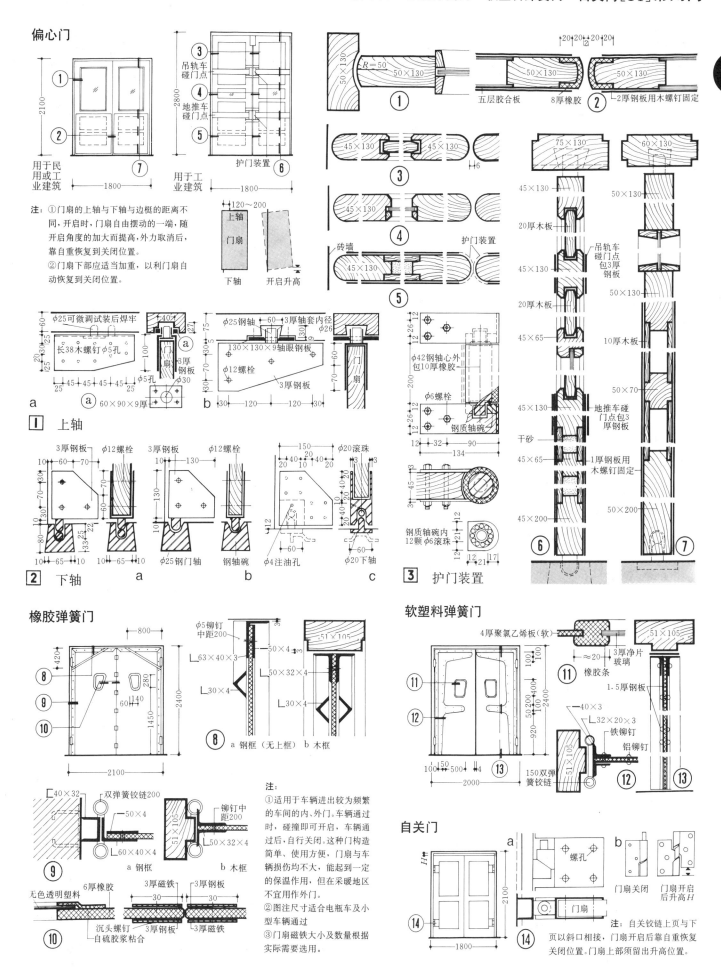

常用门 [12] 传统木、竹门

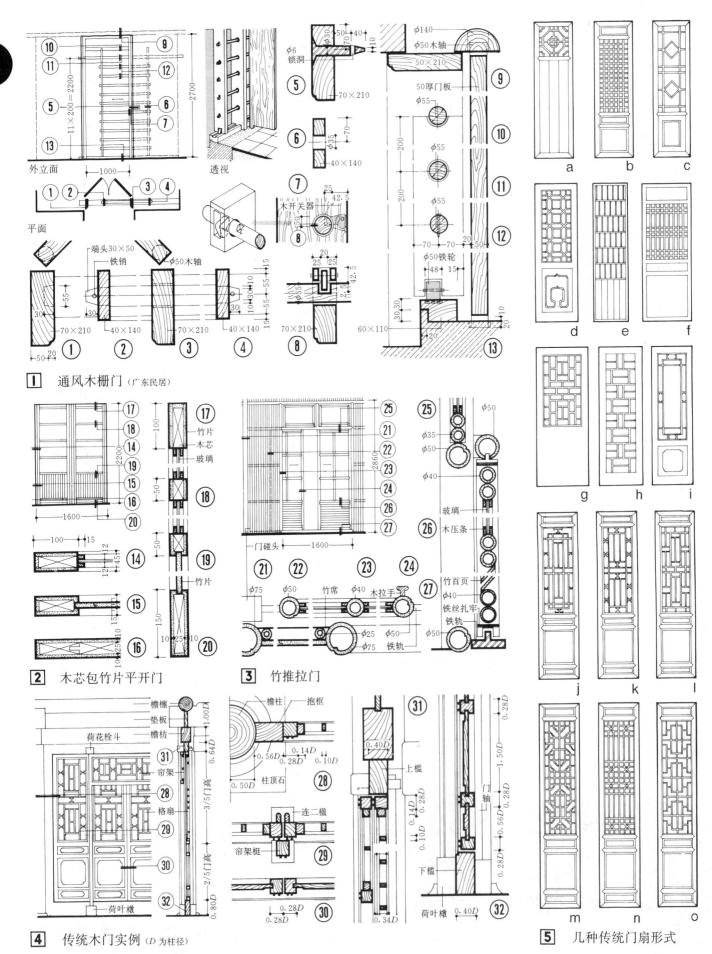

1 通风木栅门（广东民居）

2 木芯包竹片平开门

3 竹推拉门

4 传统木门实例（D 为柱径）

5 几种传统门扇形式

平开车间大门 [13] 常用门

一、平开车间大门制作、安装比较简单,使用最普遍。但门扇受力状态较差,门轴受力较大,容易损坏,内开时占用车间面积。

二、门洞口尺寸一般不宜＞3600×3600。设计时应采取措施,防止门扇下垂和扭曲变形。

三、当一扇门的面积＞5m² 时,宜采用钢骨架。

四、外开门上部应设雨棚,并应设定门器。门扇上的人行小门,亦应采取定门措施,防止损坏。

五、每扇门以设两个门轴为宜,以防止由于安装误差而产生阻力。

六、有车辆进出时,应采用钢筋混凝土门框。

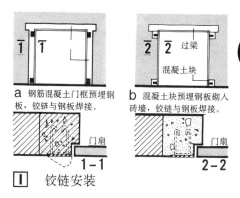

a 钢筋混凝土门框预埋钢板,铰链与钢板焊接。
b 混凝土块预埋钢板砌入砖墙,铰链与钢板焊接。

1 铰链安装

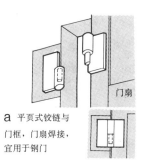
a 平页式铰链与门框、门扇焊接,宜用于钢门

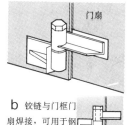
b 铰链与门框门扇焊接,可用于钢门及钢木门

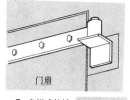
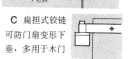
c 扁担式铰链可防门扇变形下垂,多用于木门

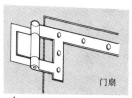
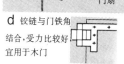
d 铰链与门铁角结合,受力比较好宜用于木门

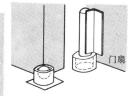
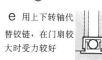
e 用上下转轴代替铰链,在门扇较大时受力较好

2 几种铰链示意

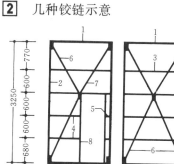

骨架

骨架用料

1 上下冒	L50×5	5 短横档	L30×4
2 边框	L50×5	6 双折撑	L75×50×6
3 般横档	L30×1	7 单折撑	L75×50×6
4 短横档	L30×4	8 小门扇边框	L30×3

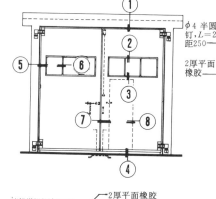

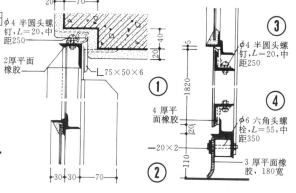

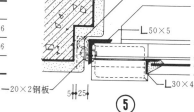

注:虚线示密缝、防风沙门型采用。

3 钢大门

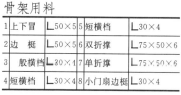

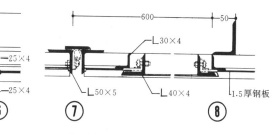

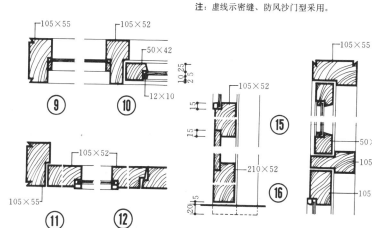

1m 宽门型基本扇

4 拼板门

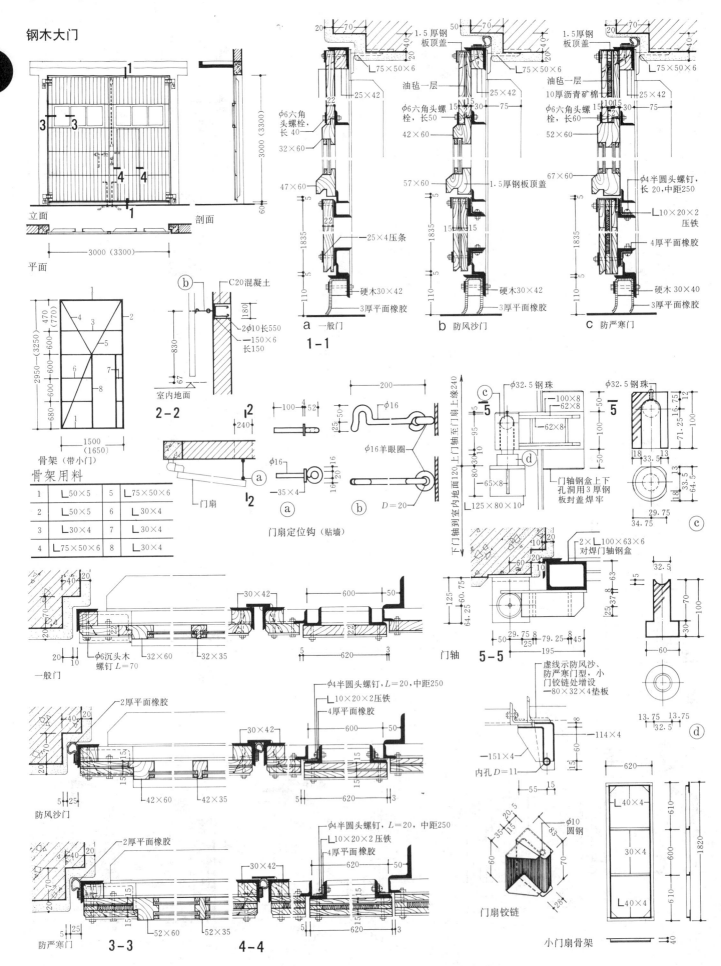

推拉门 [15] 常用门

推拉门一般可分为上挂式、下滑式两种。当门扇高度<4m时，多用上挂式；当门扇高度>4m时多用下滑式。推拉门的门扇受力状态较好，构造简单，但滑轮及导轨的加工、安装要求较高。推拉门适用于各种大小洞口，广泛用于工业及民用建筑。

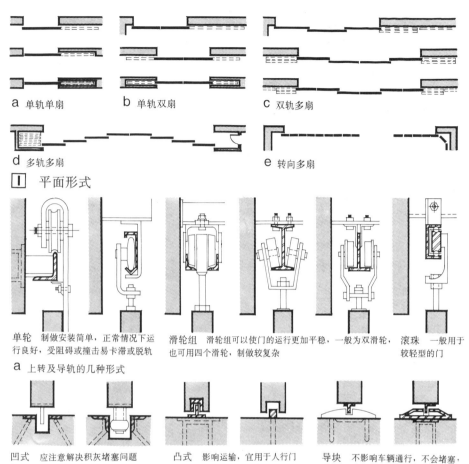

a 单轨单扇　　b 单轨双扇　　c 双轨多扇

d 多轨多扇　　e 转向多扇

1 平面形式

单轮　制做安装简单，正常情况下运行良好，受阻碍或撞击易卡滞或脱轨

滑轮组　滑轮组可以使门的运行更加平稳，一般为双滑轮，也可用四个滑轮，制做较复杂

滚珠　一般用于较轻型的门

a 上转及导轨的几种形式

凹式　应注意解决积灰堵塞问题　　凸式　影响运输，宜用于人行门　　导块　不影响车辆通行，不会堵塞，应注意导块的平面位置

b 下部导向装置的几种形式

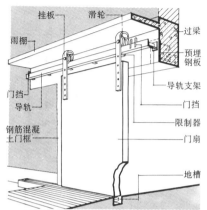

上导轨承受门的重量，要求平直并有一定的刚度，固定支架排列均匀，导轨端部悬臂不应过大。上导轨根据使用要求可以明装或暗装，暗装时应考虑检修的可能性。为了保持门在垂直状态下稳定运行，下部应设导向装置。滑轮处应采取措施防止脱轨

2 上挂式

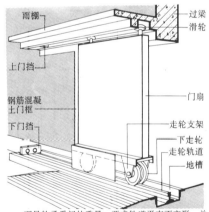

下导轨承受门的重量，要求轨道平直不变形，并便于清除积灰。大型推拉门门扇较重，下导轨应设地梁或条形基础，以防止由于地基下沉或冻胀造成轨道变形，影响开关。门的上部应设导向槽和导向轮。下导轨端部应设门挡

3 下滑式

滑槽　构造简单，用于轻型门　　单导轮　用于较大的门，减少摩擦　　双导轮　用于门扇较厚的大型门

a 上部导向装置的几种形式

凸式　影响运输，易受碰撞变形　　凹式　容易积尘堵塞，影响门的运行，可加除泥铲刀　　平式　轨道比较牢固，积尘不致使走轮阻滞

b 下轮及导轨的几种形式

注：①为了减少摩擦阻力，使推拉门运行轻便，上挂式或下滑式推拉门的承力滑轮应设有滚珠轴承。当门扇重量不超过500kg时，一般可采用轻窄系列单列向心球轴承，轴承型号可根据经验确定。

②当门扇较大较重时，为了正确选择轴承型号及确定轮轴尺寸，应进行必要的机械计算。

③滑轮直径及各部尺寸一般按构造要求确定，并应考虑制造和安装的方便。

 a 用导块作下部导向装置，布置导块时与铁路轨错开

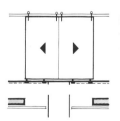 b 下导轮设于门扇中部，使地槽不穿过铁路轨

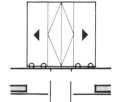 c 每扇门设一个侧挂扇，使门导轨与铁路轨不交叉

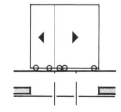 d 门作成大小两扇，在大扇的一端设双导轮，使门扇可以平稳地越过铁路轨

4 有铁路通过时的几种处理方法

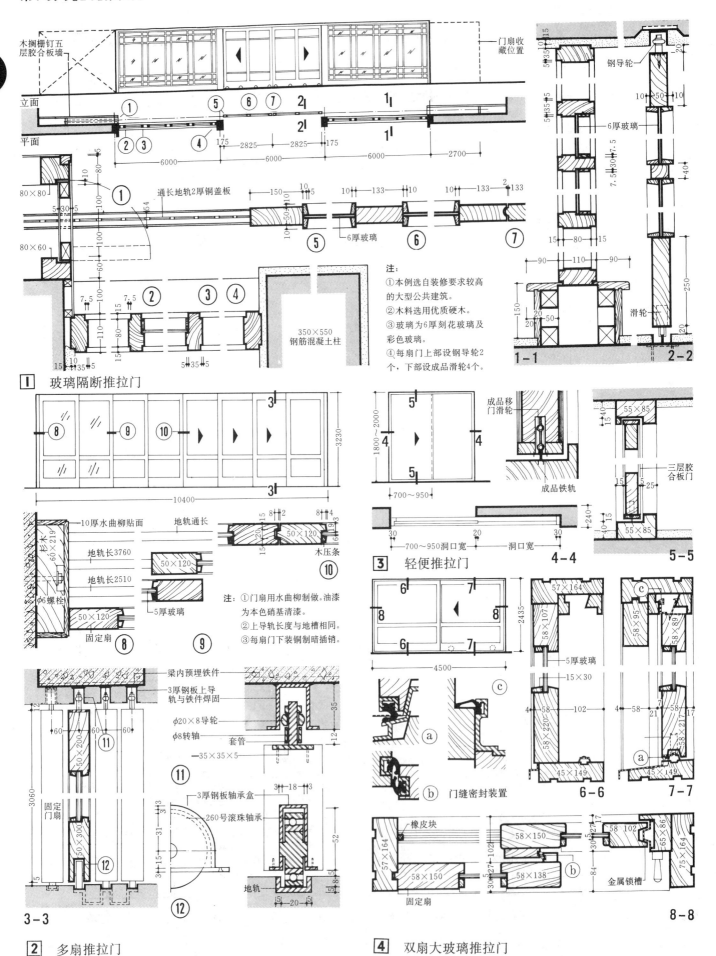

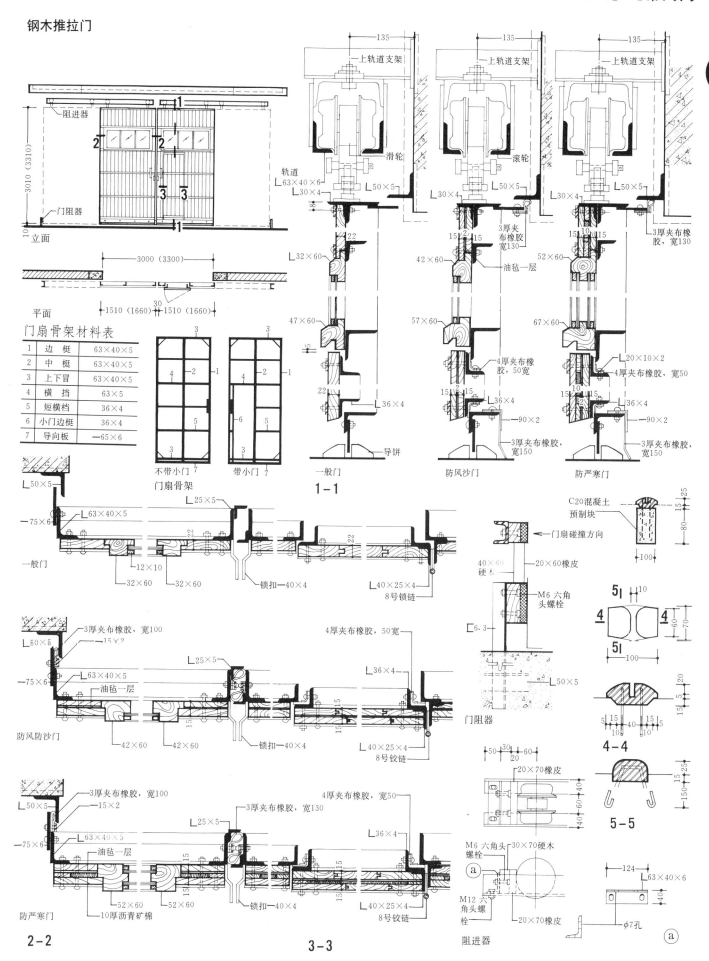

常用门 [18] 推拉门

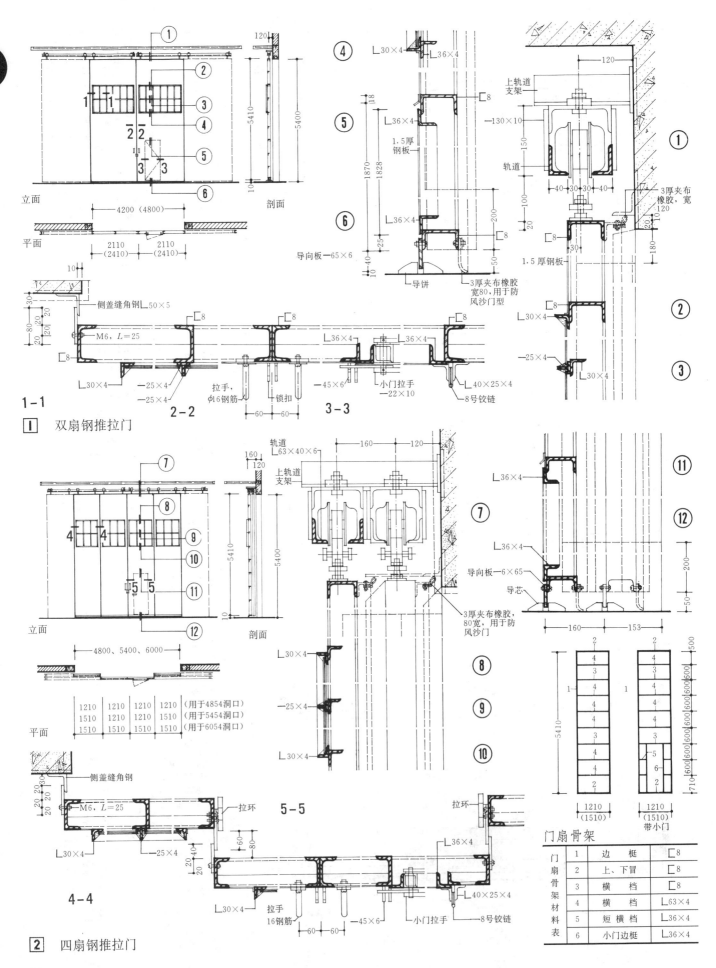

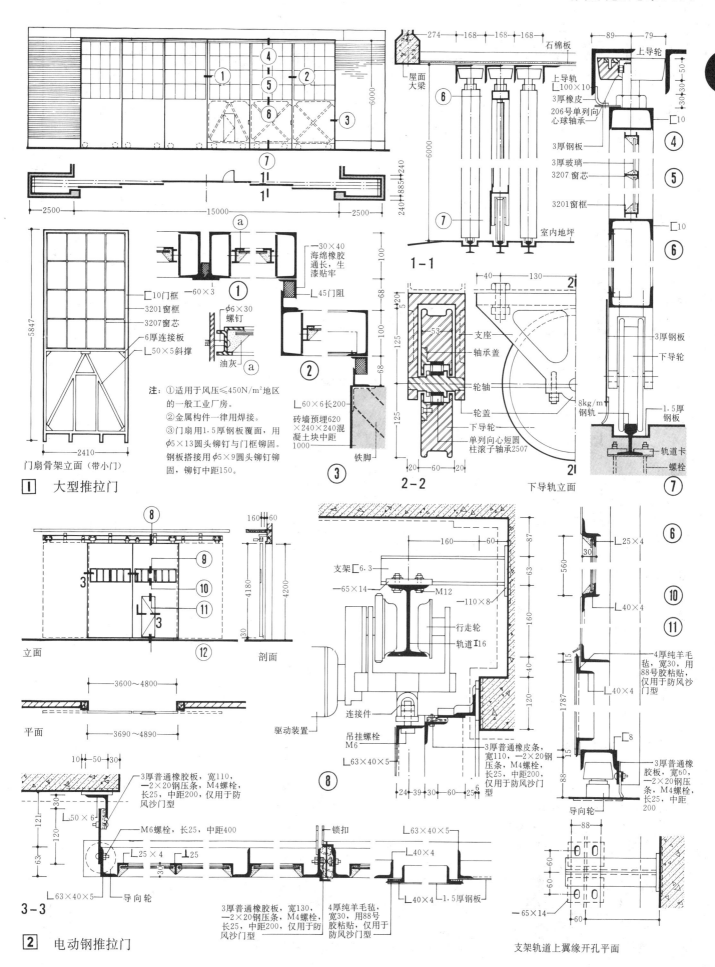

常用门 [20] 推拉门

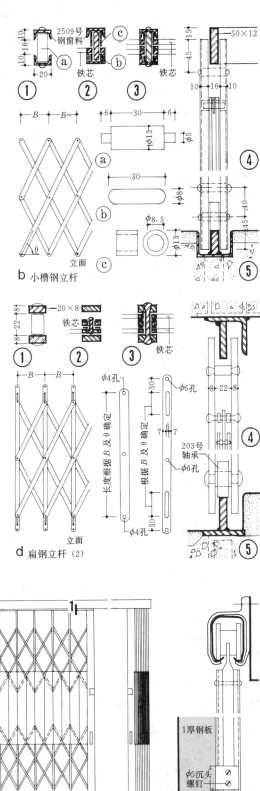

1 形式及上下导轨
a 立面形式
b 平面布置
c 几种上下导轨

a 立面
b 小槽钢立杆

2 几种常用的做法
c 扁钢立杆（1）
d 扁钢立杆（2）

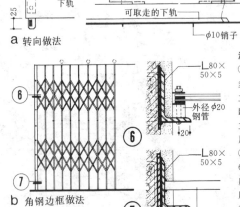

3 其他做法
a 转向做法
b 角钢边框做法

注：
① 门高 $H<3.3m$ 时，多用2509钢窗料或扁钢立杆。常用的扁钢立杆断面尺寸为20×4～10。立杆间距 B 一般多采用120～160。
② 芯杆倾斜角 θ 一般为60°～70°，芯杆断面宽度应≤立杆断面宽度，厚度一般为3～6。
③ 铁栅门合拢时，立杆间缝隙可按4宽考虑。

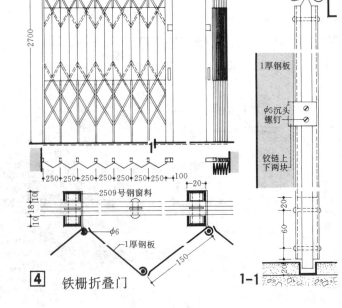

4 铁栅折叠门

20

折叠门 [21] 常用门

折叠门一般可分为侧挂折叠，侧悬折叠和中悬折叠三种类型。侧挂折叠式可使用普通铰链，但一般只能挂一扇，不适用于宽大洞口。侧悬折叠式开关时比较灵活省力。中悬折叠式推动一扇牵动多扇，开关时比较费力。中悬折叠式和侧悬折叠式适用于工业与民用建筑的较宽洞口。

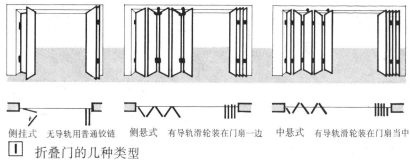

① 折叠门的几种类型

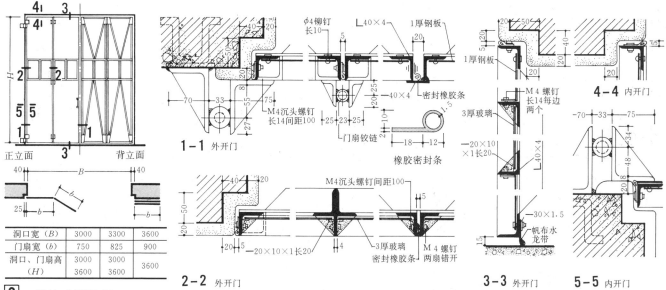

洞口宽 (B)	3000	3300	3600
门扇宽 (b)	750	825	900
洞口、门扇高 (H)	3000 3600	3000 3600	3600

② 侧挂式折叠门 通行载重汽车用

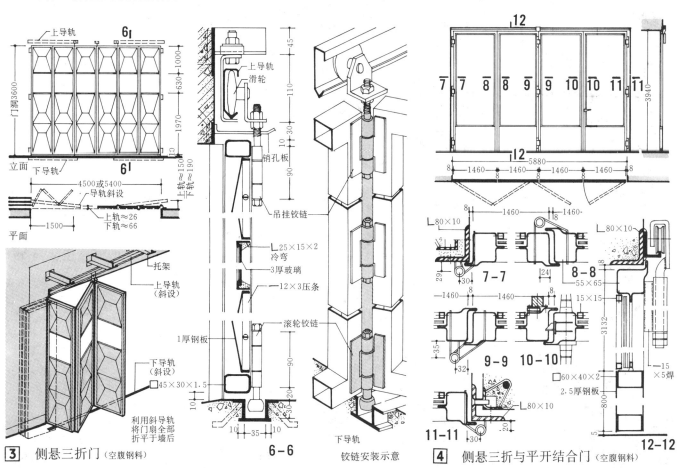

③ 侧悬三折门（空腹钢料）

④ 侧悬三折与平开结合门（空腹钢料）

常用门 [22] 折叠门

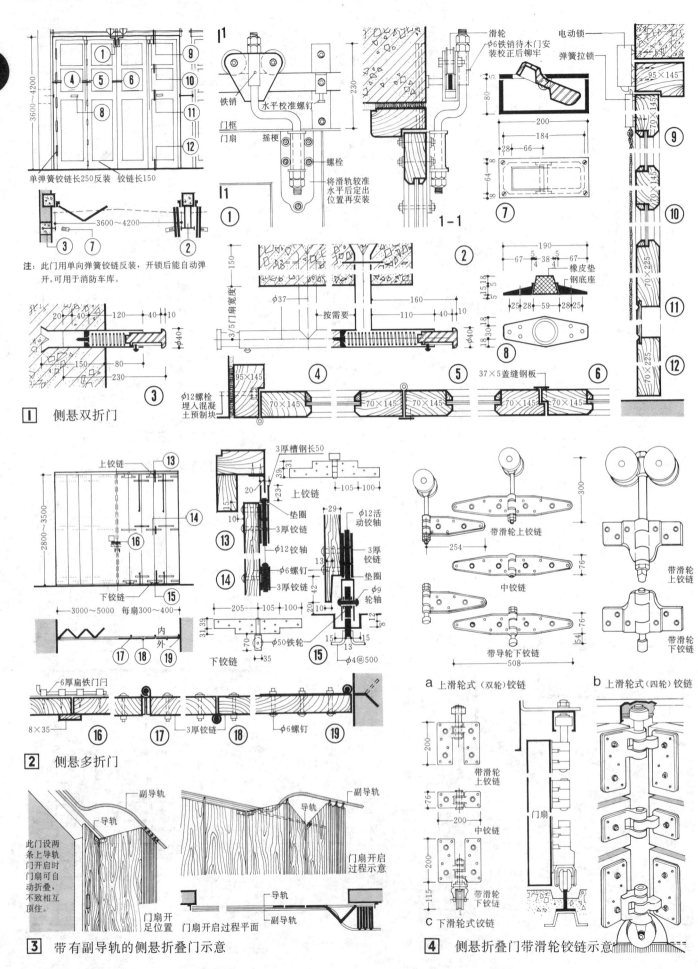

1 侧悬双折门

2 侧悬多折门

3 带有副导轨的侧悬折叠门示意

4 侧悬折叠门带滑轮铰链示意

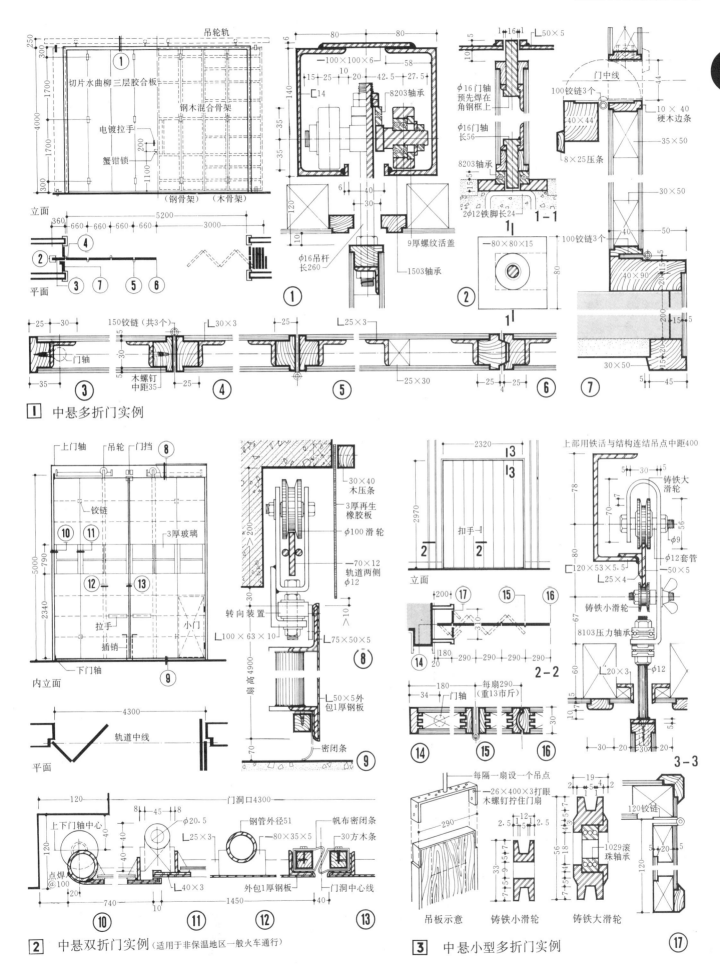

常用门 [24] 升降门

升降门可利用空间，不占使用面积，且门扇构造简单，主要用于工业厂房大门。设计时，必须考虑大门上部留有门扇上升时足够的位置。开启方式有电动与手动两种。

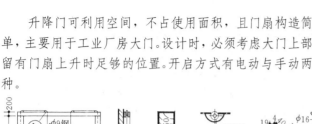

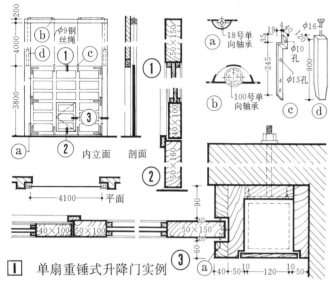

1 单扇重锤式升降门实例

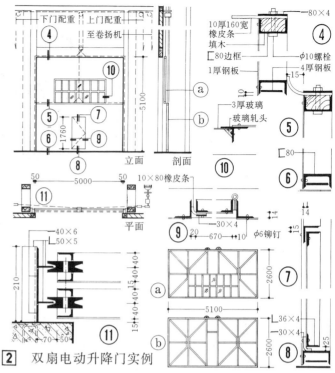

2 双扇电动升降门实例

1 电动机
2 滑轮
3 钢丝绳
4 安全钩
5 挂钩
6 平衡锤
7 护架
8 小滑轮
9 厂房柱
10 槽钢
11 门框柱

注：本升降门未包括传动设备部分。

开启示意：电动机通过绳1提升上扇，使固定在梁上的绳2提升中扇，中扇通过绳3提升下扇。

3 三扇电动升降门实例

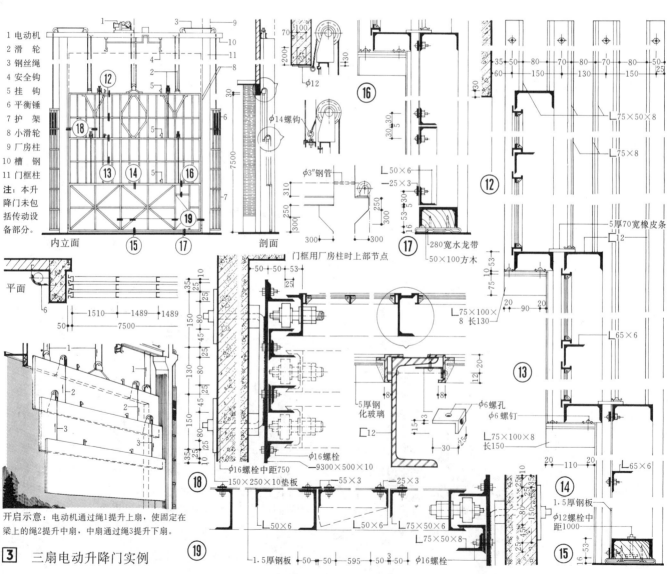

上翻门 [25] 常用门

一、上翻门利用空间较好，可避免大风、车辆造成门扇碰撞损坏，适用于汽车库等建筑。

二、上翻门一般由门扇、平衡装置和导向装置三部分组成。

三、重锤平衡装置加工制作较易，安装调整也很方便。

四、弹簧平衡装置一般用于尺寸较小的车库门，对弹簧性能要求较高。

五、水平轨道及其他机械装置往往占用室内空间，须妥善处理。

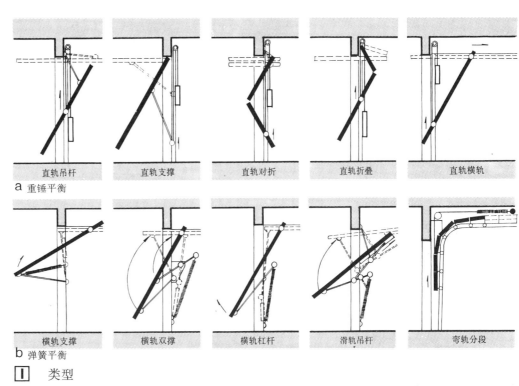

a 重锤平衡：直轨吊杆、直轨支撑、直轨对折、直轨折叠、直轨横轨

b 弹簧平衡：横轨支撑、横轨双撑、横轨杠杆、滑轨吊杆、弯轨分段

1 类型

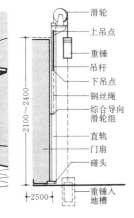

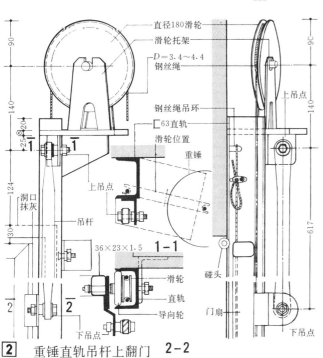

2 重锤直轨吊杆上翻门　2-2

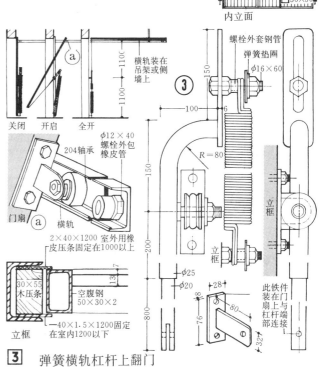

3 弹簧横轨杠杆上翻门

常用门 [26] 上翻门

重锤直轨折叠上翻门

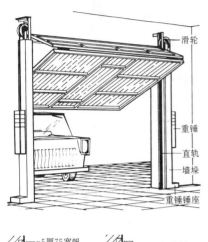
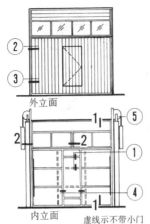
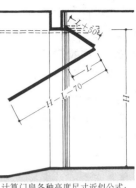

门洞高度和门扇尺寸 表1

H	L	L+50	H−L−70
2500	707	757	1723
2700	765	815	1865
3000	853	903	2077
3300	941	991	2289
3500	999	1049	2431
3600	1028	1078	2502
3900	1117	1167	2713
4000	1146	1196	2784
4200	1204	1254	2926
4500	1292	1342	3138

计算门扇各种高度尺寸近似公式：
$$L^2 + L(L+50) = (H-2L-70)^2$$

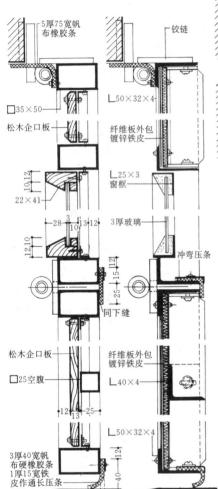
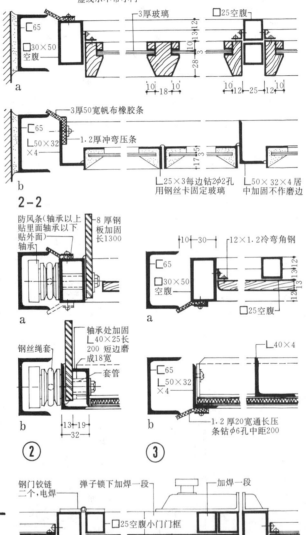
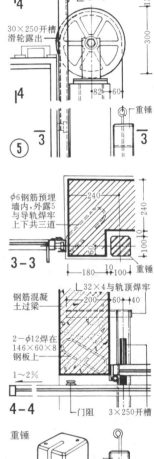
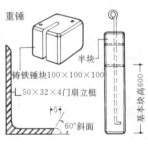

注：
① 适用于较大洞口，宽、高均以3000～3600为宜。
② 门扇材料可就材选用：
　门立梃——空腹型钢或角钢；
　门心板——松木板或纤维板外包镀锌铁皮。
③ 连系导轮轴及平衡锤的钢丝绳有关节点必须连接牢固，确保安全。

卷帘门 [27] 常用门

卷帘门开启时不占室内外面积，且适用于非频繁开启的高大洞口；宽度要与帘板刚度相适应，加工制作及安装要求较高。页板式多用于工业建筑。空格式多用于民用建筑。当采用电动开关时，必须考虑停电时手动开关的备用措施。

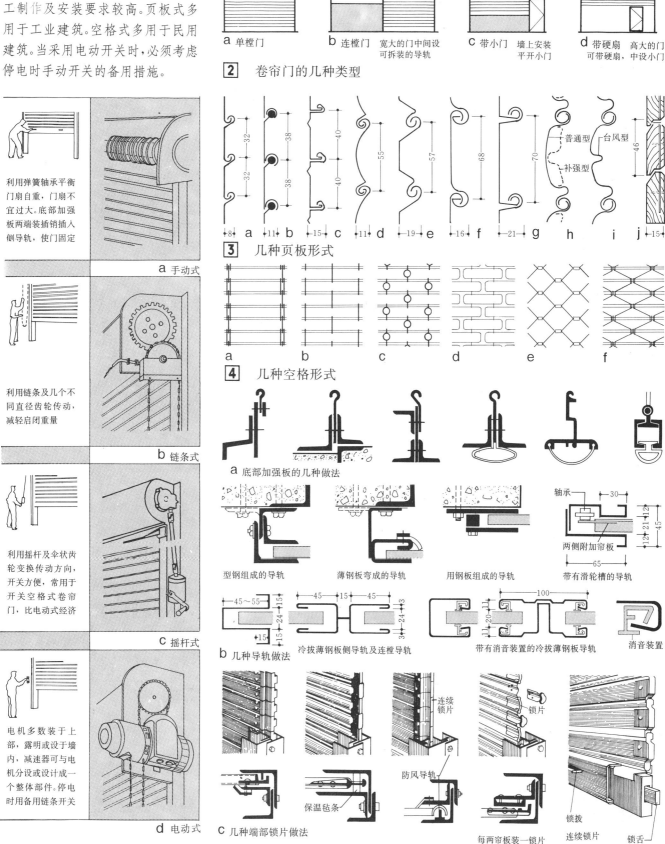

① 卷帘门的几种开启方式
　a 手动式　b 链条式　c 摇杆式　d 电动式

② 卷帘门的几种类型
　a 单樘门　b 连樘门　c 带小门　d 带硬扇

③ 几种页板形式

④ 几种空格形式

⑤ 底部加强板、导轨、端部锁片

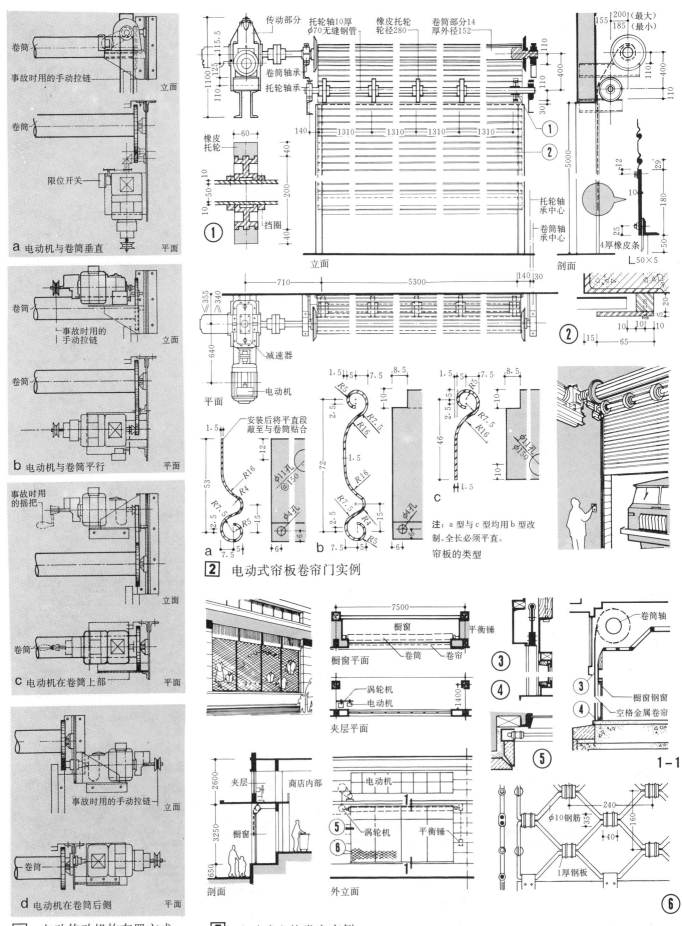

空腹钢门用料断面 [29] 常用门

空腹钢门与普通实腹钢门相比较,可节约钢材15%～23%(见右表),具有自重轻、刚度大、减轻工人加工制作时的劳动强度、便于运输和安装等优点,但空腹钢料的壁厚较薄,不适于喷砂或酸洗,须采用不去锈底漆,且不宜用于腐蚀性严重的环境,在潮湿的环境中,钢门应选用抗腐蚀性强的涂料涂装,日常使用应加强维护保养。

钢门在搬运时不可穿入材芯扛抬和吊运,应轻抬缓放,防止变形和损坏;现场堆放时,要用垫块垫平,立放角度不小于70°并避免与腐蚀性物质接触。

空腹与实腹平开钢大门用料比较

钢门类型	洞口尺寸(宽×高)	钢门总重量(kg)			每m²钢门重量(kg/m²)			节约钢材(%)
		空腹	实腹	差额	空腹	实腹	差额	
带小门	3000×3000	145.30	171.74	26.44	16.14	19.08	2.94	15.4
	3000×3600	166.40	215.84	49.44	15.41	19.98	4.57	22.9
不带小门	3000×3000	157.36	185.75	28.39	17.48	20.64	3.16	15.3
	3000×3600	178.44	229.42	50.98	16.52	21.24	4.72	22.2

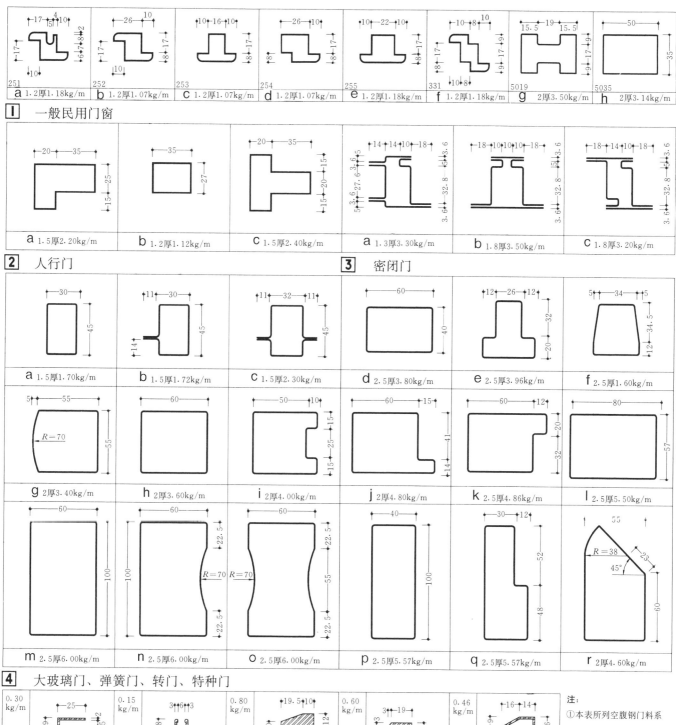

1 一般民用门窗

2 人行门

3 密闭门

4 大玻璃门、弹簧门、转门、特种门

5 铝合金零件

注:
① 本表所列空腹钢门料系国内常用的部分产品。
② 专供制作窗用的空腹钢窗料见窗资料。
③ 图中所注×厚系指壁厚,××kg/m 系指每m长的重量(kg)。

常用门 [30] 空腹钢门

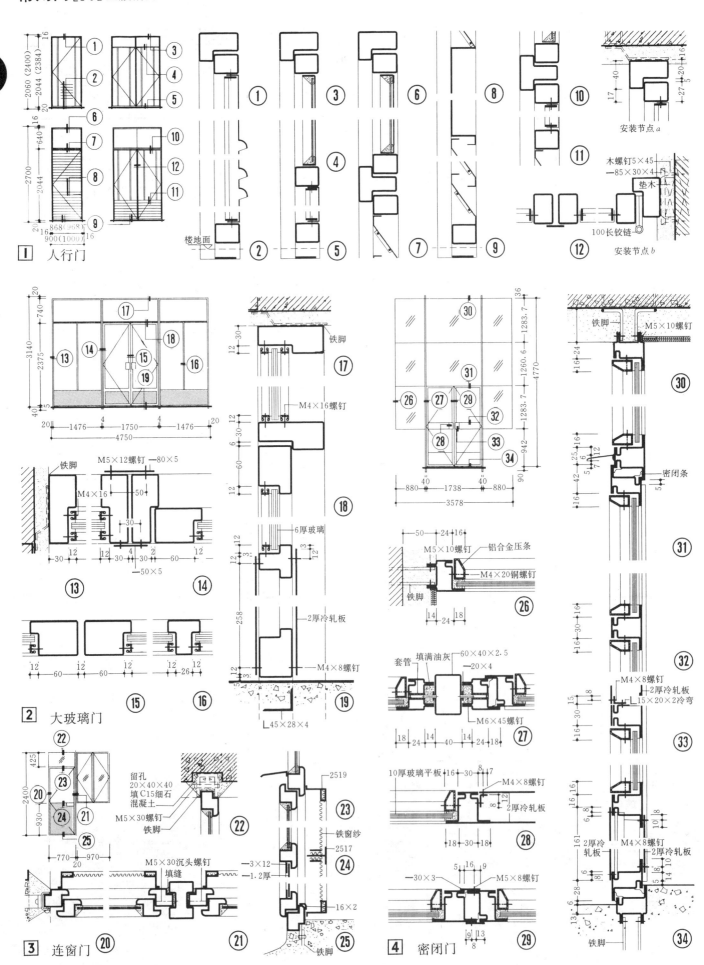

1 人行门

2 大玻璃门

3 连窗门

4 密闭门

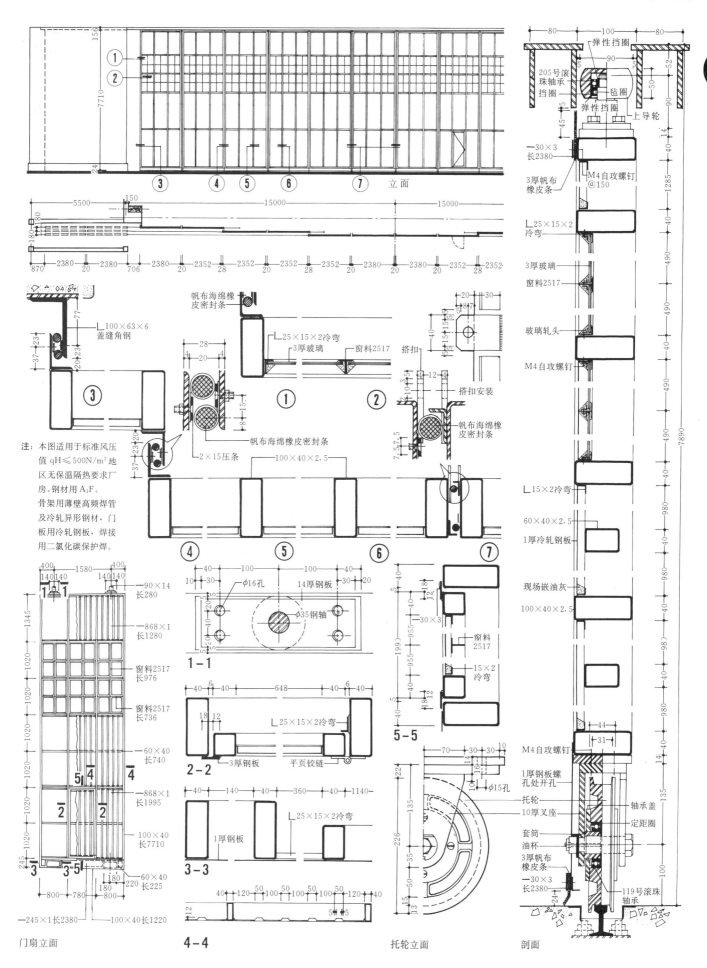

常用门 [32] 空腹钢门

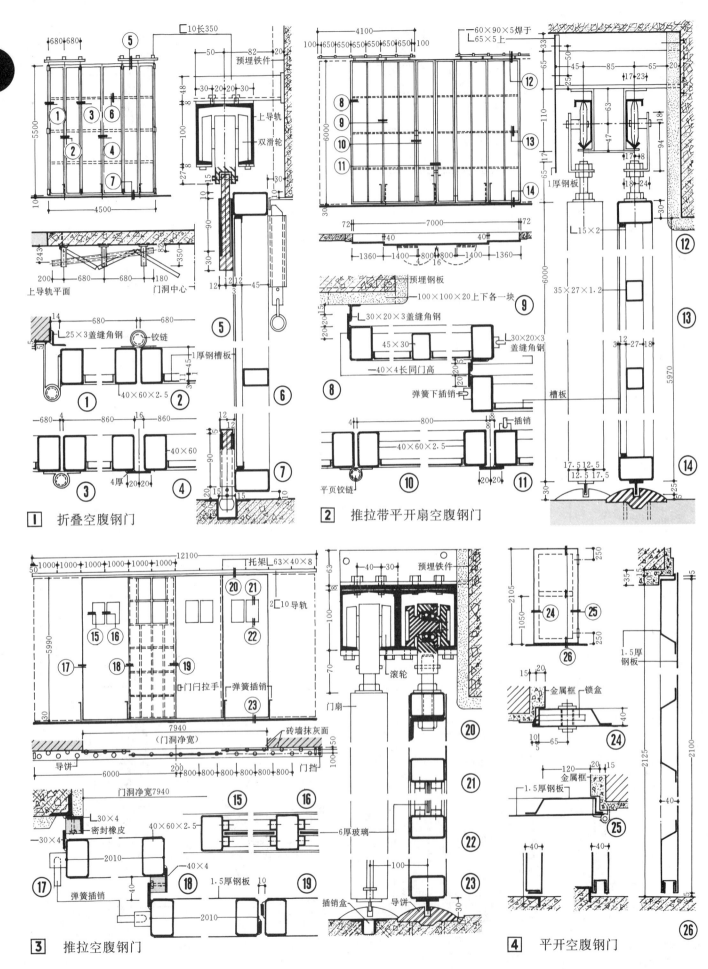

1 折叠空腹钢门
2 推拉带平开扇空腹钢门
3 推拉空腹钢门
4 平开空腹钢门

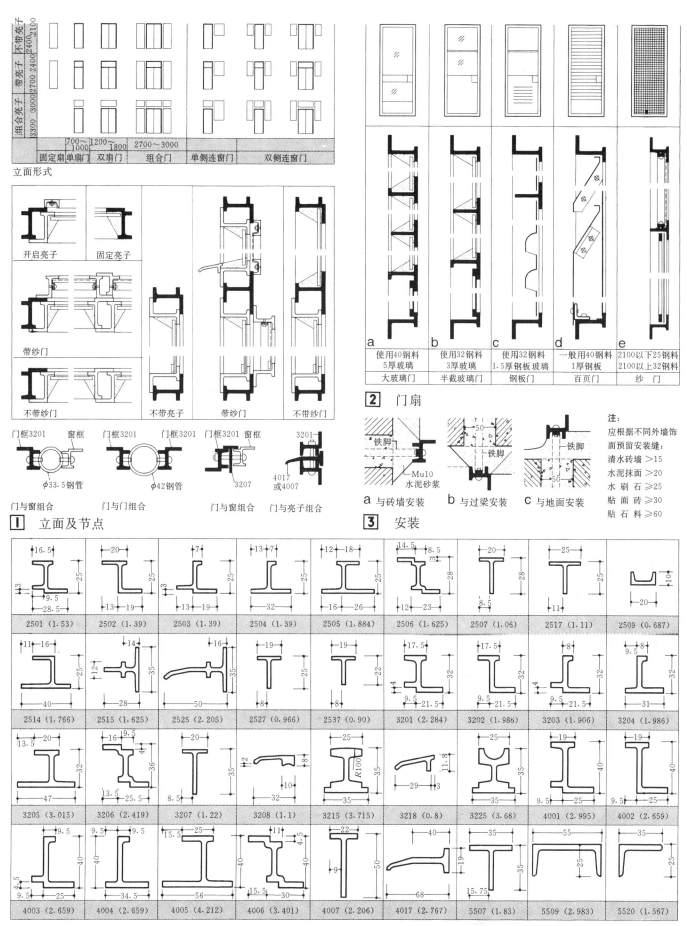

常用门 [34] 铁栅门

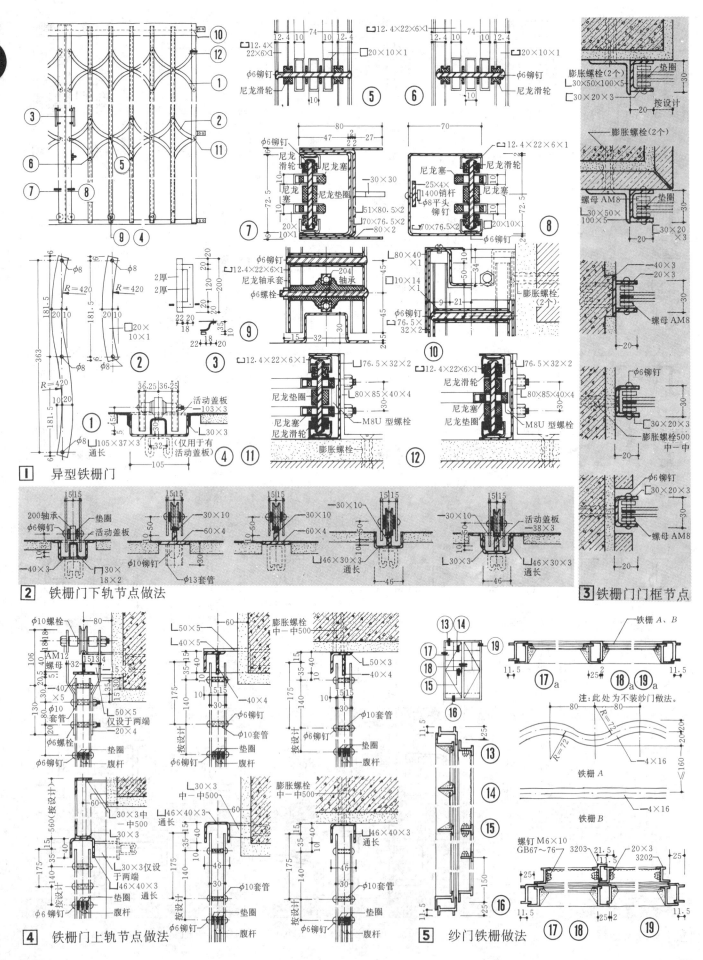

1 异型铁栅门
2 铁栅门下轨节点做法
3 铁栅门门框节点
4 铁栅门上轨节点做法
5 纱门铁栅做法

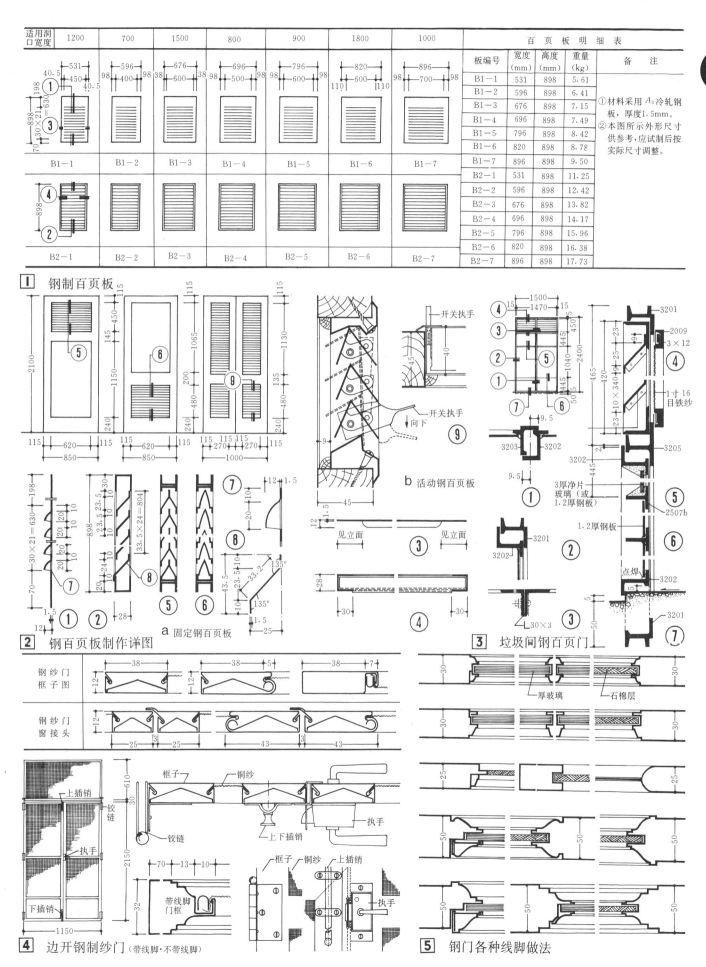

常用门 [36] 塑钢平开门

塑料门窗的材料主要有硬质聚氯乙烯〔UPVC〕、聚氯乙烯钙塑两类，后者的原材料中添加有未经活化处理的碳酸钙及增塑剂等助剂，而前者不含碳酸钙。聚氯乙烯钙塑的价格较低，但强度和抗老化等性能不及硬质聚氯乙烯。

硬质聚氯乙烯型材门窗具有良好的隔热、隔声、节能、气密、水密、绝缘、耐久、耐腐蚀等性能，适用于多种类型建筑，特别适用于防腐要求高的化工类建筑。

在塑料型材中加入钢、铝等加强型材，即成塑钢门窗，较之全塑门窗，其刚度更好，重量更轻，塑钢门窗型材内衬加强筋的额定长度按各生产厂产品相应规定。

基本平开门尺寸规格系列 表1

宽\高	700	800、900、1000	1200	1500	1800
2000 2100					
2400	—				
2700 3000	—	—			

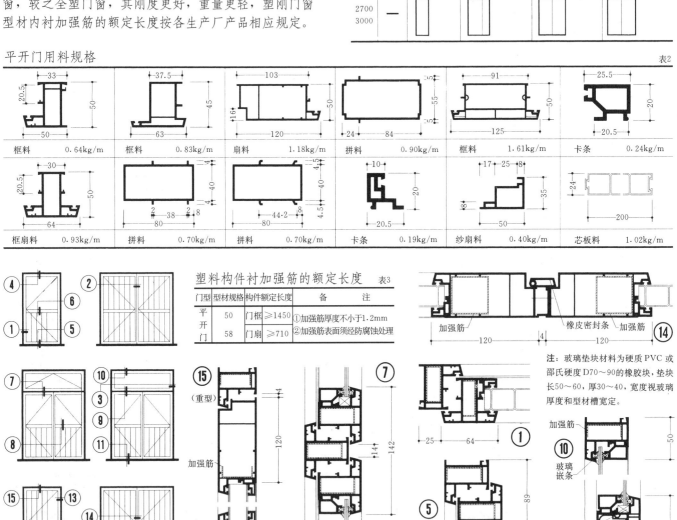

平开门用料规格 表2

塑料构件衬加强筋的额定长度 表3

门型	型材规格	构件额定长度	备注
平开门	50	门框 ≥1450	①加强筋厚度不小于1.2mm ②加强筋表面须经防腐蚀处理
	58	门扇 ≥710	

注：玻璃垫块材料为硬质PVC或邵氏硬度D70～90的橡胶块，垫块长50～60，厚30～40，宽度视玻璃厚度和型材槽宽定。

Ⅰ 平开门构造

推拉门的型式有半玻、全玻、全板三种，可根据需要增设推拉纱门，推拉门的型材也用于装配同系列推拉窗。公共场所，特别是托幼建筑中选用的各种门型，其玻璃均应采用钢化玻璃。

基本平开门尺寸规格系列 表3

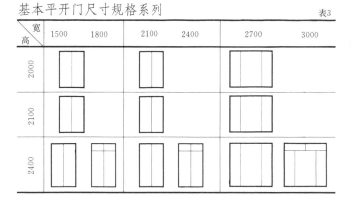

推拉门主要性能表 表1

规格系列	主要性能		
	抗风压 Pa	空气渗透 m³/m·h(10Pa)	雨水渗漏
80、86	500～1000	3.5～2	80～150
95A、95	600～1500	2.5～1.5	100～250

空气声计权隔声性能表 表2

门型	玻璃选用	空气声计权隔声量(dB)
推拉门	5mm 厚单层	>20
	内4 外5 mm 厚双层	>30

塑钢推拉门型材示例（上海） 表4

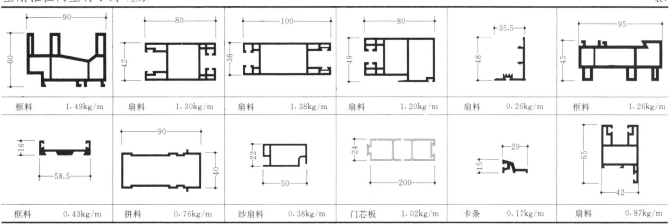

| 框料 1.49kg/m | 扇料 1.30kg/m | 扇料 1.38kg/m | 扇料 1.20kg/m | 扇料 0.26kg/m | 框料 1.26kg/m |
| 框料 0.43kg/m | 拼料 0.76kg/m | 纱扇料 0.38kg/m | 门芯板 1.02kg/m | 卡条 0.17kg/m | 扇料 0.87kg/m |

注：①塑料型材不得用丙酮之类的化学液擦洗以免损坏其装饰表面。
②塑料门如有手推车进出须按下图所示自制门槛保护设施。

塑料构件衬加强筋的额定长度 表5

门型	型材规格	构件额定长度			备 注
		门框	门扇宽度	门高度	
推拉门	95A、95	全部	800	全部	加强筋厚度不小于1.2mm，加强筋表面须经防腐蚀处理

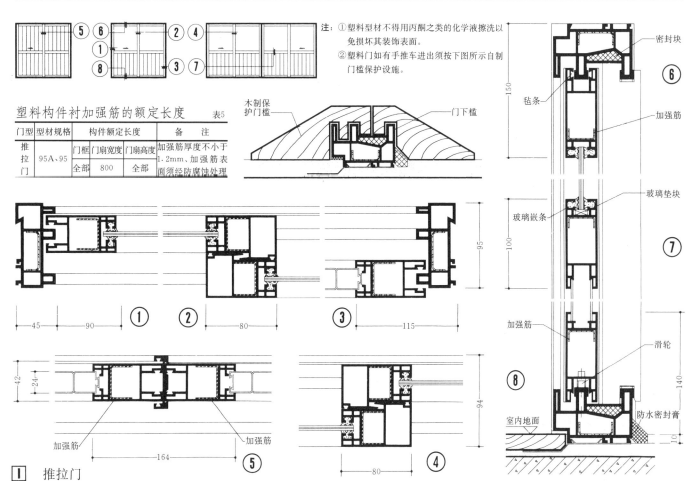

Ⅰ 推拉门

常用门 [38] 一般隔声门

一、隔声门的隔声效果与门扇的隔声量、门缝的密闭处理方式直接有关。门扇构造与门缝处理要互相适应；整个隔声门的隔声效果又应与安装隔声门的墙体结构的隔声性能互相适应。

二、门扇隔声量与所用材料有关，原则上门扇越重隔声效果越好，但过重则开启不便、五金易于损坏。一般隔声门扇多采用多层复合结构，复合结构不宜层次过多、厚度过大和重量过重。合理利用空腔构造及吸声材料，都是增加门扇隔声能力较好的处理方法。门扇的面层以采用整体板材为宜，因为企口木板干缩后将产生缝隙，对隔声性能产生不利影响。

三、门缝处理要求严密和连续，并须注意五金安装处的薄弱环节。

四、由于使用要求及具体条件不同，可在同一门框上做两道隔声门。亦可在建筑平面布置中设置具有吸声处理的隔声间，或利用门斗、门厅及前室作为隔声间。

单层材料的平均隔声量及重量　表1

名称及厚度	平均隔声量 (dB)	重量 kg/m²
6 厚单层玻璃	30.3	14.1
2 厚钢板	29.5	15.7
20 厚碎木加胶压渣板	28.5	13.8
5 厚聚氯乙烯塑料板	26.6	7.6
1 厚钢板	25.0	7.9
12 厚双面贴纸纤维石膏板	24.9	10.0
18 厚粗糙草纸板	24.5	4.0
5 厚五层胶合板	20.6	3.4

注：平均隔声量为 100～4000Hz/s 的平均值。

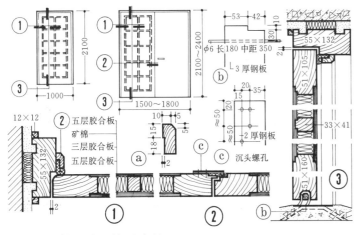

不同门缝处理的平均隔声量　表2

门扇类型	门缝处理方法	平均隔声量 (dB)
双扇门	门缝用橡皮泥完全密封（试验）	32.3
	单道橡胶管压缝，门扇下部用长扫地橡胶	28.7
	单道橡胶管压缝，门扇下部用短扫地橡胶（有缝隙）	26.9
单扇门	门缝用橡皮泥完全密封（试验）	33.3
	双道橡胶管压缝	30.6
	单道软橡胶管压缝	27.6
	单道硬橡胶管压缝	25.6
	无橡胶管压缝	19.8

注：平均隔声量为 500Hz/s 的平均值。

① 胶合板隔声门　② 钢木隔声门

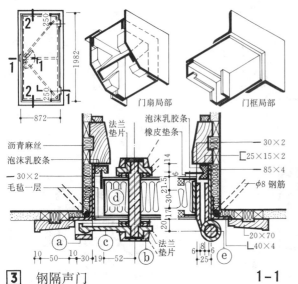
③ 钢隔声门

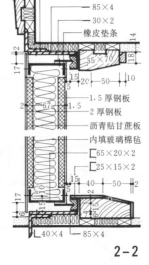

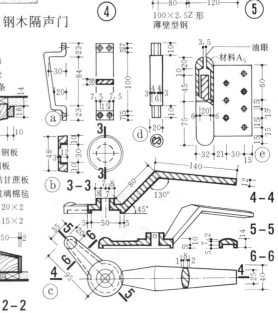

密闭门 [39] 常用门

密闭门主要用于地下人民防空有密封要求的房间。其门外入口通道的宽度不小于1200mm，净高应不小于2000mm，门槛高度为150mm。钢门框需校正平整后方可进行立模固定。门扇与框平面保持平行、紧密贴合。外露金属表面涂防锈漆一道，灰色面漆两道。

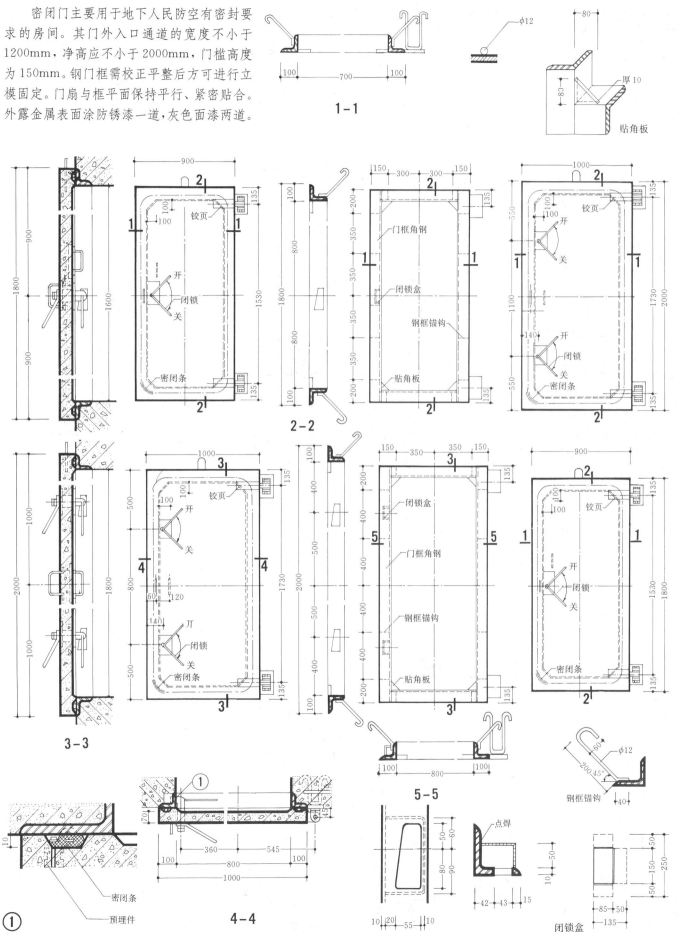

常用门[40]钢质防火门

门型特点 GFM型钢质防火门门框及门扇面板均采用优质冷轧薄钢板,内填耐火隔热材料;HFM型复合防火门门框采用冷轧薄钢板,门扇系用无机耐火材料,门扇四周包边,表面粘贴面。它们具有良好的耐火稳定性、完整性和隔热性。

应用范围 适用于高层建筑的宾馆饭店、居室、重要设施、仓库、资料室等的防火隔断。

分类 1.按门扇数量区分有单扇防火门和双扇防火门;2.按门的结构分有镶玻璃防火门和不镶玻璃防火门;带亮窗防火门和不带亮窗防火门;3.按耐火极限分有甲级防火门、乙级防火门、丙级防火门。

性能参数 甲级、乙级、丙级防火门耐火极限分别大于1.2小时、0.9小时、0.6小时。

规格色彩 规格按国标规定洞口尺寸设计。GFM防火门表面作烤漆或静电喷涂,色彩多样。HFM型无机防火门表面按需要粘贴不则色彩贴面。

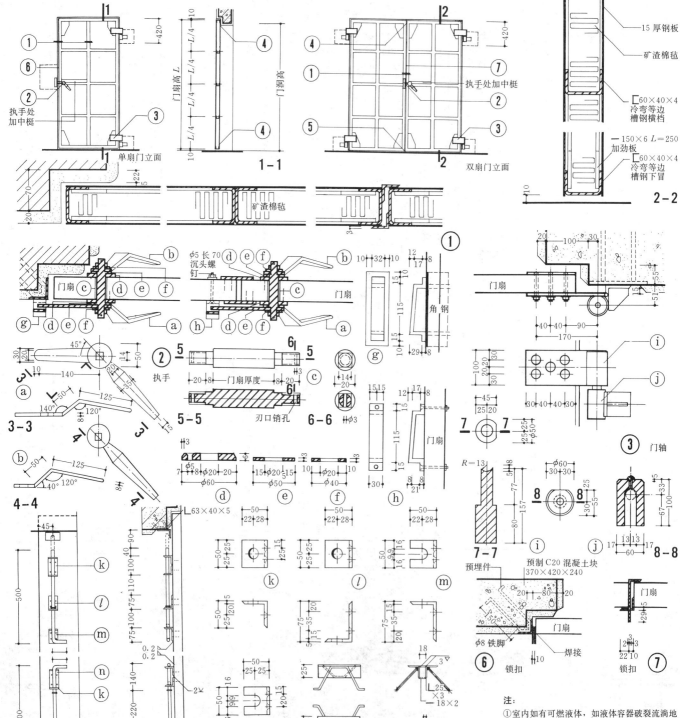

注:
① 室内如有可燃液体,如液体容器破裂流淌地面,有扩大火灾蔓延危险者,防火门宜设置相应门槛,其高度设置以使液体不流淌至相邻房间为准。

② 单扇防火门应设置闭门器;双扇防火门装设闭门器、顺序器(常开防火门除外)。

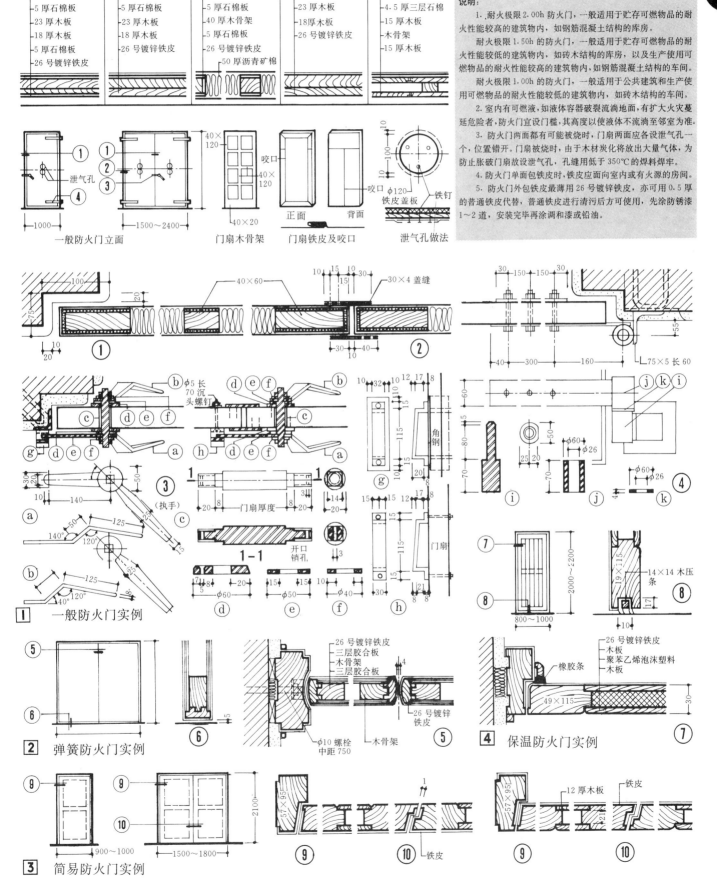

常用门 [42] 防火卷帘门

一、防火卷帘门适用于各类建筑物的防火分区，能隔烟、隔火、阻止火势蔓延，达到争取消防时间的目的，也可作为工业与民用建筑的厂房、仓库、车库、商店的门。它具有造型新颖、外形平整美观、结构紧凑、刚性强、密封性好、启闭方便、少占使用面积等优点，并兼有电动和手动启闭的条件。它如与烟感、报警装置等配套使用，遇有火情能自动关闭或由消防控制室遥控控制。

二、防火卷帘门是由帘板、导轨、卷筒、驱动机构和电气设备等部件组成。帘板系以1.5mm厚钢板轧成"C"型板串接而成，它的板与板间结合面大，缝隙小，具有隔烟、隔火、抗压的能力，导轨结构及密封条件，同样能达到隔烟、隔火的性能要求。卷筒是由可安装在门上方左端或右端，接有380V，50Hz电源的驱动机构或手动拉链驱动启闭。

三、防火卷帘门的洞口规格建议按国家标准GB 5824-86《建筑门窗洞口尺寸系列》选用或根据实际需要自定；但洞口宽度不宜大于4.50m，洞口高度不宜大于4.80m。

项目设计选用，须按常规标准门洞宽、高代号。并按防火卷帘门各部位基本尺寸表的有关要求、自留条件配合使用，其中局部后砌墙、磁力起动器、电气控制系统及驱动机构位置，可自行决定。

四、防火卷帘门平时必须处于正常使用状态，遇火灾时方能发挥防火作用；因此该门应有专人负责检查管理。防火卷帘门每月应定期运行检查二、三次；电气控制应灵敏、机械传动应正常、行程开关控制帘板升降的位置要准确；若发现故障，必须及时予以排除，且不应让其年久失修。

防火卷帘门各部位基本尺寸　　表1

类别	窄轨		宽轨	
表面装修	砂子灰面	大理石面	砂子灰面	大理石面
洞口宽	W			
洞口高	H			
最大外形宽 A	W+410	W+310	W+410	W+340
最大外形高 B	H+700			
最大外形厚 G	655			
卷轴中心高	H+340			
净宽 (W)	W−50	W−150	W−80	W−150
净高 (H)	H−30	H−75	H−30	H−75
顶高 (H)	H+20	H−25	H+20	H−25
a	25	75	40	75
b	210	160	210	175
c	200	150	200	165
d	130	80		
e	30	75	30	75
板条长	W+40	W−60	W+40	W−30

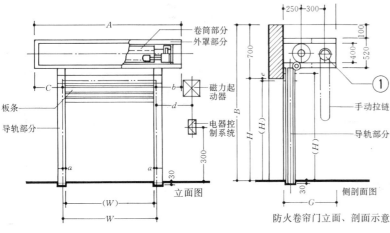

防火卷帘门立面、剖面示意

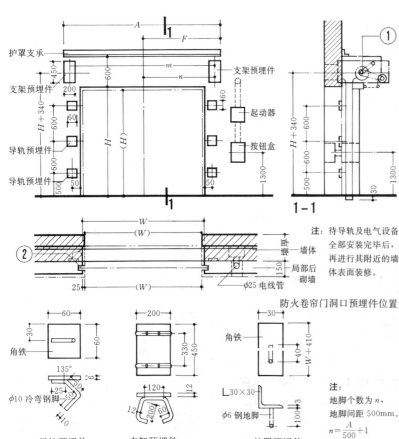

防火卷帘门洞口预埋件位置

注：待导轨及电气设备全部安装完毕后，再进行其附近的墙体表面装修。

注：地脚个数为 n，地脚间距 500mm。
$n = \dfrac{A}{500} + 1$

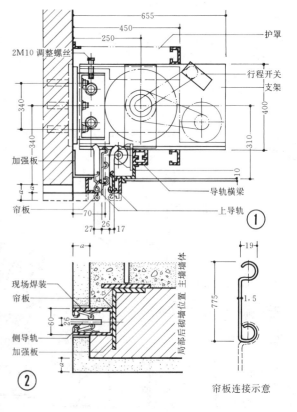

帘板连接示意

注：该产品出厂时除帘板根据要求进行喷塑或镀锌处理外，其余零部件均涂有防锈底漆。

一、转门对隔绝室内外气流有一定作用，适用于非大量人流集中出入的场所。
二、转门不能作为疏散门使用，当转门设置在疏散口时，必须在转门两旁另设供疏散用的门。
三、不装采光玻璃的转门，可用作暗室的遮光门。
四、转门的轴承型号应根据门的重量选用。
五、转门的构造比较复杂，不宜大量采用。

转门常用尺寸　　　　　　　　　　　　　表1

D	1650	1750	1800	1850	1900	1950	2000	2050	2100	2156	2200	2250
O	1125	1190	1225	1265	1300	1335	1370	1400	1440	1480	1510	1545
W	1280	1355	1390	1425	1455	1500	1525	1565	1600	1635	1670	1710

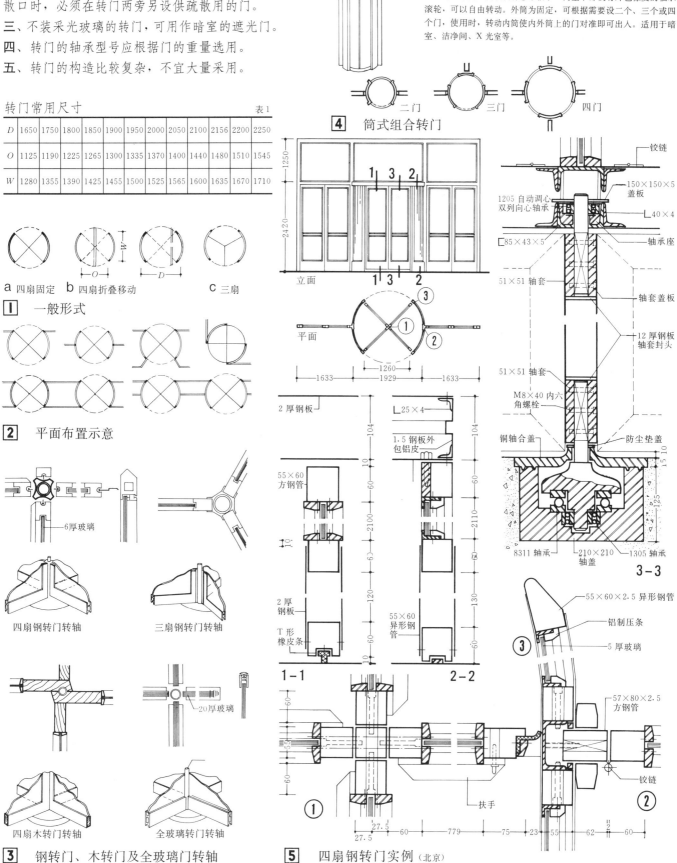

a 四扇固定　　b 四扇折叠移动　　c 三扇

1 一般形式

2 平面布置示意

3 钢转门、木转门及全玻璃门转轴

4 筒式组合转门

5 四扇钢转门实例（北京）

常用门 [44] 转门

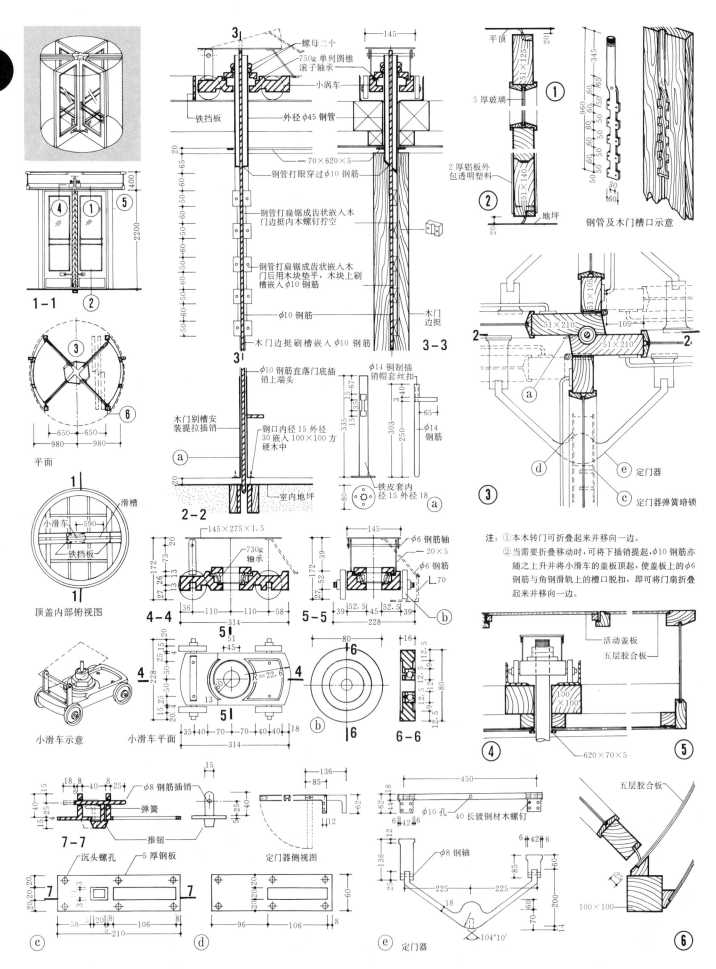

围墙大门 [45] 常用门

围墙大门根据使用需要，应与警卫、传达室统一组成，并要综合考虑车辆、人流及建筑物的规模等因素恰当地选择其形式、樘数、宽度及高度。大型公共建筑围墙大门一般应较宽敞，以满足人流、车辆及总体布置等方面的要求。

围墙火车大门要符合铁道部门关于标准轨距铁路限界的各项规范。

围墙大门门墩和门柱一般选用砖墩、石墩、钢筋混凝土墩（柱）及钢柱等形式。

围墙大门常有人停留时可局部或全部做雨蓬。

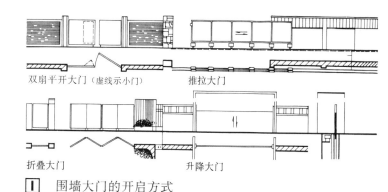

① 围墙大门的开启方式

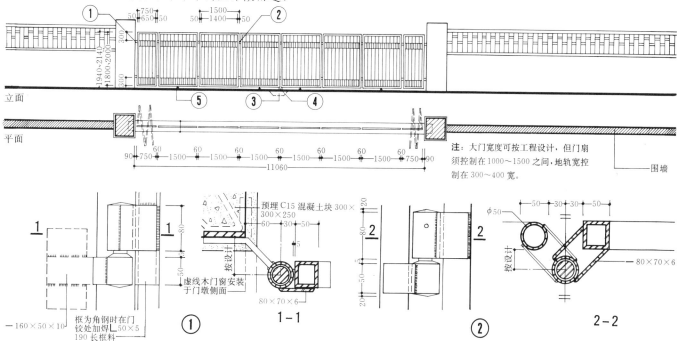

注：大门宽度可按工程设计，但门扇须控制在1000～1500之间，地轨宽控制在300～400宽。

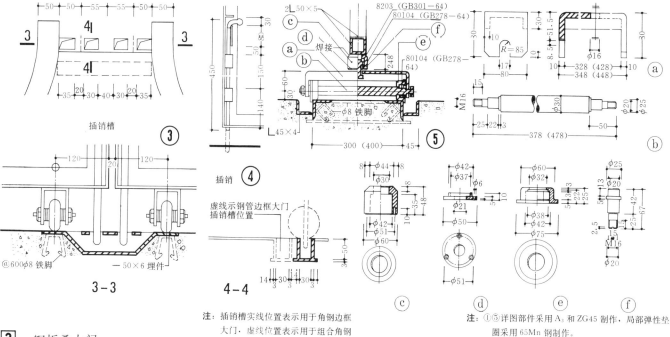

② 钢折叠大门

注：插销槽实线位置表示用于角钢边框大门，虚线位置表示用于组合角钢边框大门或钢管边框大门。

注：①⑤详图部件采用A_3和ZG45制作，局部弹性垫圈采用65Mn钢制作。

②编号 ⓒ 部件与门框底焊牢位置参钢大门立面

常用门[46] 围墙大门

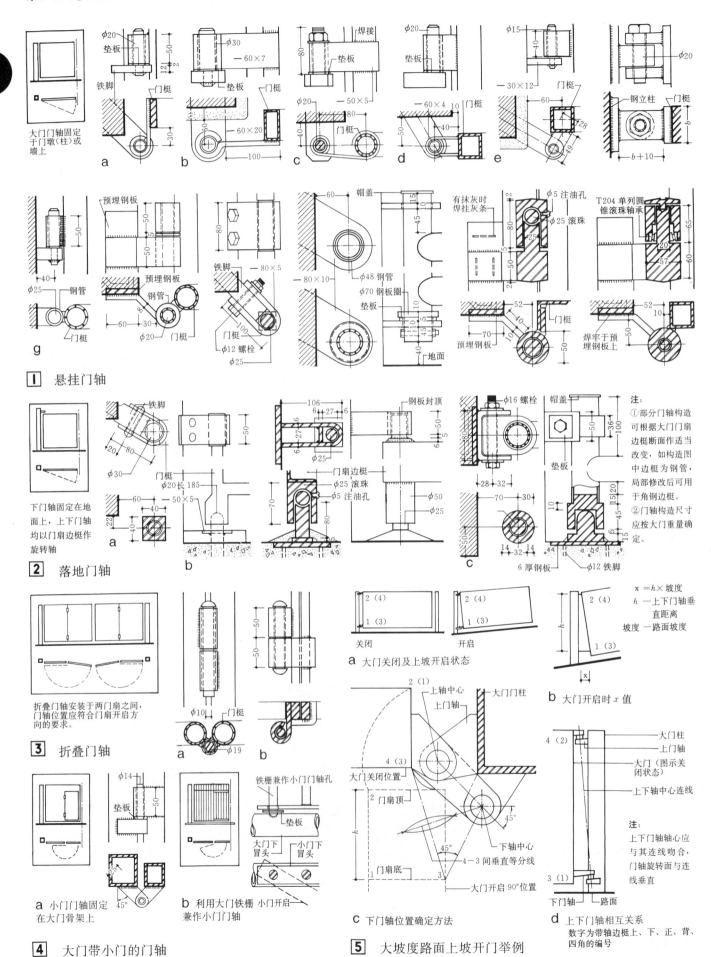

围墙大门 [47] 常用门

推拉式围墙大门适用于开口较大的入口，门扇宽度可达十几米甚至20米以上。为了大门开启，沿推拉方向必须留有储存门扇的位置。

推拉式围墙大门按其受力状态可分为导轨式及悬挑式两种。导轨式门扇受力状态较好，但开口处地面上须设置导轨，不利行车。悬挑式门扇的受力状态较差，但开口处地面不设导轨行车方便。门的开启方式有手动及电动两种。如采用电动装置，应考虑适当的启动速度及必要的安全措施。

门扇宜用网式或格栅式，以减少风力影响。

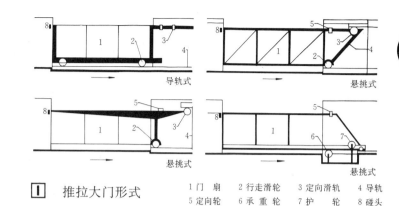

① 推拉大门形式

1 门 扇　2 行走滑轮　3 定向滑轨　4 导 轨
5 定向轮　6 承重轮　7 护 轮　8 碰 头

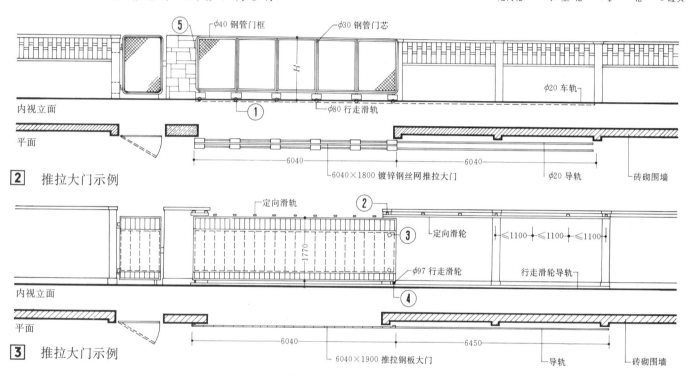

② 推拉大门示例

③ 推拉大门示例

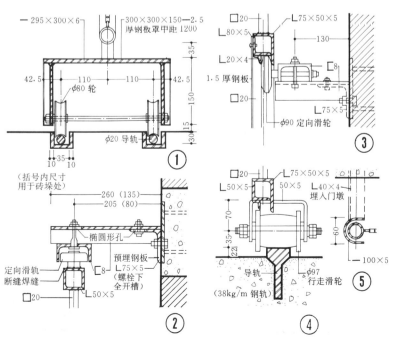

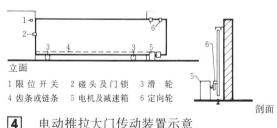

④ 电动推拉大门传动装置示意

1 限位开关　2 碰头及门锁　3 滑 轮
4 齿条或链条　5 电机及减速箱　6 定向轮

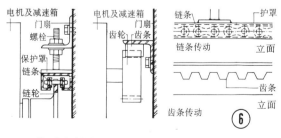

注：①电动推拉大门的电机和减速箱固定于地上。
②行走滑轮可安装滚珠轴承并开注油孔，以减轻推拉重量。
③行走滑轮导轨须平直不得有坡，以防门扇自动滑动。

47

常用窗[1]—般概念

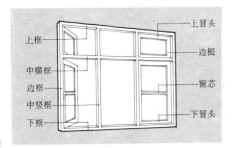

窗的类型

一、按材料分类：木窗、钢窗、钢木窗、铝合金窗、不锈钢窗、塑料窗、玻璃钢窗、涂色镀锌钢板窗、预应力钢丝网水泥窗及其它材料窗。

二、按使用功能分类：一般工业及民用建筑窗、特殊工业及民用建筑窗、玻璃幕窗、隔音窗、密闭窗、避光窗、屏蔽窗、传递窗、防火窗、防盗窗、橱窗、防爆窗、卸爆窗、观察窗、售货窗等。

三、按开启方式分类：固定窗、平开窗、推拉窗、提拉窗、悬窗、折叠窗等。

窗的设计要求

一、选定窗的形式，应根据使用要求、材料供应、加工条件、便于维修及经济合理等方面综合考虑，妥善选择。

二、选材应因地制宜，充分利用本地资源，注意节约木材和贵重材料。尽量减少玻璃、窗纱裁割的浪费。

三、构造应坚固耐久，开启灵活，关闭紧密。应尽量减少洞口规格，力求减少窗的类型并应符合《建筑模数协调统一标准》的规定。

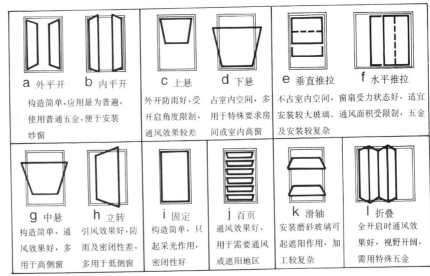

1 窗的各种开启形式

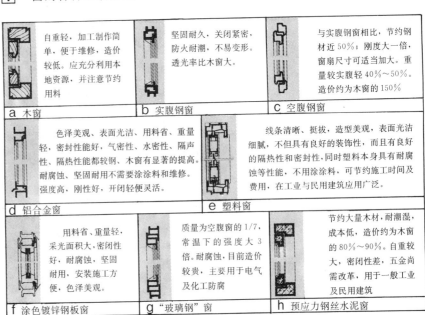

2 几种不同材料窗性能比较

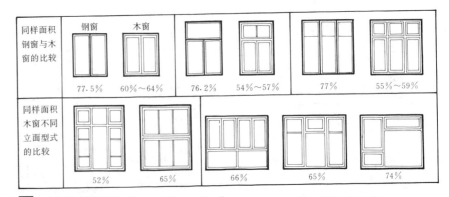

3 透光率比较

四边固定时耐风压最大面积(cm×cm) 表1

玻璃厚度	风压 (kg/m²)		风压 (kg/m²)	
	100	200	100	200
2	67×67	48×48	52×52	37×37
3	81×81	57×57	62×62	43×43
5	123×123	87×87	95×95	68×68
6	143×143	101×101	111×111	78×78
7	160×160	113×113	124×124	88×88
8	182×182	128×128	141×141	100×100

几种窗材料及制成窗的隔热性能 表2

材料及窗的名称	材料的导热系数 W/(m·k)					制成窗的导热系数 W/(m·k)		
	铝	钢	松木	PVC	空气	铝窗	木窗	PVC窗
导热系数	174.45	58.15	0.17~0.35	0.13~0.29	0.04	5.95	1.72	0.44

窗的式样［2］**常用窗**

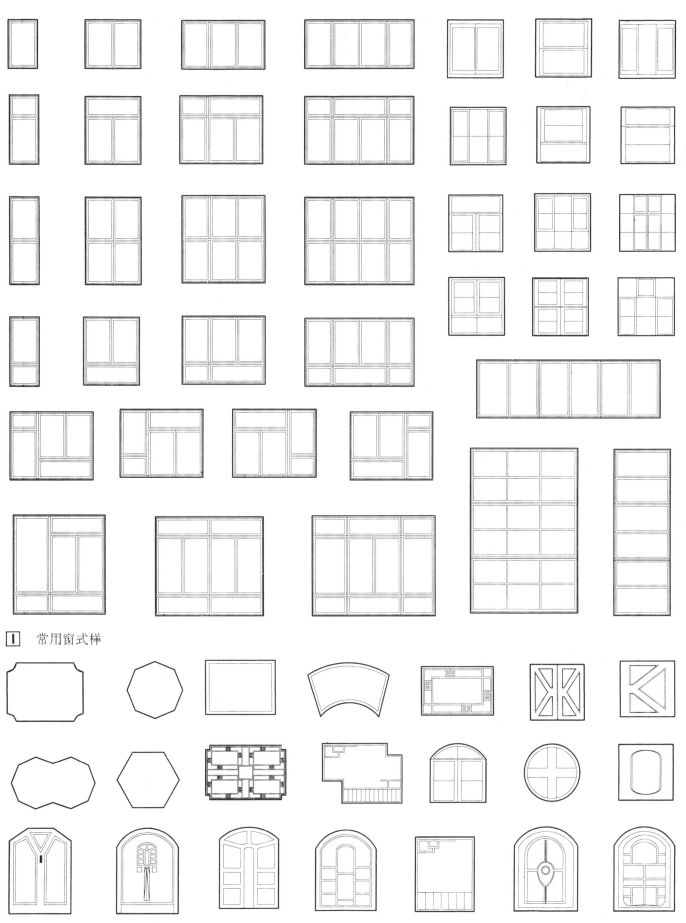

1 常用窗式样

2 什锦窗

常用窗[3] 常用木窗窗料断面

平开窗框		单层玻璃窗窗框				单层玻璃带纱窗窗框				双层玻璃窗窗框		
		边框、上框	下框	中竖框	中横框	边框、上框	下框	中竖框	中横框	边框、上框	中竖框	中横框
华北	(内开窗)	45×70	45×70	62×70	52×70	45×90	45×90	62×90	52×90	45×105	62×105	52×125
	华北外开窗	45×70	45×70	62×70	52×90	45×90	45×90	62×90	52×105			
中南		57×84(74)	57×84(74)	57×84(74)	59×104(94)	57×100	57×100	64×100	57×100			
东北		57×85(65)	57×85(65)	55×85(65)	55×105(85)					57×115	55×115	55×135
西北(陕)		55×75	55×75	55×95	55×95	55×95	55×115	55×105	55×105	55×125		
华东(沪)		52×90	52×90	64×90	50×110	52×110	52×110	64×110	50×130	52×110	64×110	50×130
西南		42×95	42×95	50×95	50×115	42×115	42×115	50×115	50×135			
国标		边框 45×75	55×75	42×75	52×95	边框 45×105	上框 42×105	42×105	52×125	45×105	42×105	52×125

平开窗扇	纱窗扇		玻璃窗扇			中悬窗框及扇		中南	华北	西北(陕)	东北	西南	华东(沪)
		窗芯	下冒头		上冒头、边挺								
华北	25×43	30×35	35×63		35×53 (63)	窗框(中悬窗)	上框	57×74	45×90	55×75	57×85	42×95	52×90
中南	29×64	30×39	39×64		39×74		下框	57×74	45×90	55×75	57×85	42×95	52×90
东北		36×36	36×55		36×55		边框	57×74	45×90	55×75	57×85	42×95	52×90
西北(陕)	30×55(75)	30×40	40×75		40×55		中竖框	57×74	42×90 52×90	55×75	55×85	50×95	
华东(沪)	30×55	30×40	40×55		40×55		中横框		42×90	55×75	55×85	50×95	50×90
西南	30×45	27×40	40×75		40×55	扇(中悬窗)	上冒头	39×64 39×54	42×52	40×55	36×55	40×55	40×55
							下冒头	39×64 39×54	42×52	40×55	36×55	40×55	40×55
							窗芯	30×39	35×42	30×40	36×36	27×40	30×40
国标	30×52	32×40	40×62		40×52		边挺	39×64 39×54	42×52	40×55	36×55	40×55	40×55

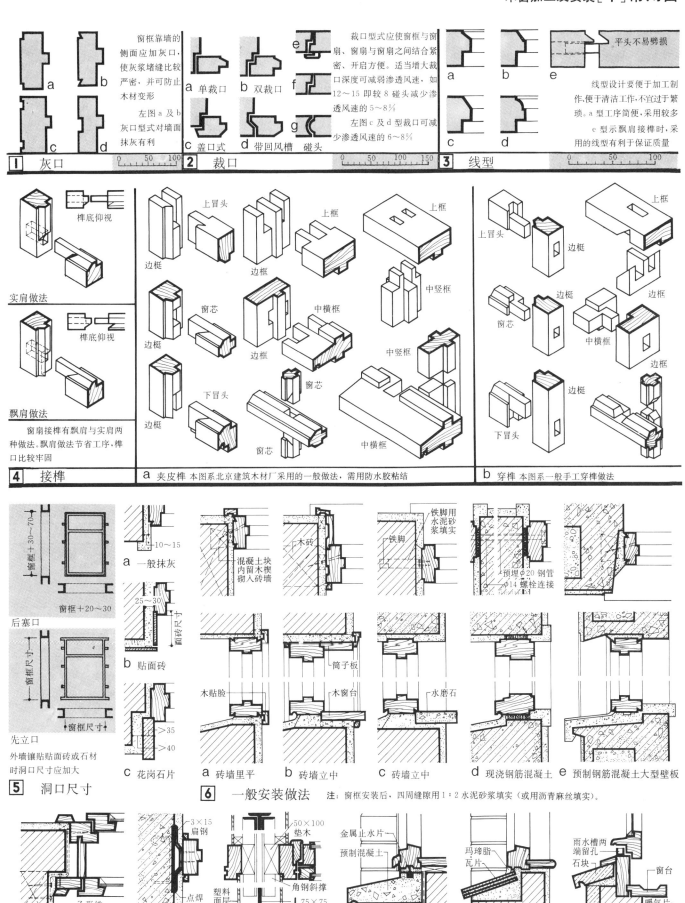

常用窗[5] 窗(门)用密封材料

密封材料用于窗（门）接缝，进行水密和气密处理，起着防气体渗漏、防水、防尘隔声等作用，是现代建筑不可缺少的配套材料。

窗（门）用密封材料主要有密封膏和密封条两类。

密封膏

一、单组分有机硅建筑密封膏

具有使用寿命较长、便于施工等特点。

主要产品有 GM-615RTV、GM-616RTV、GM617RTV、GM-622RTV 和 GM-613RTV 五个品种。

GM-615RTV 为高模量有机硅建筑密封膏，分脱醇型和脱醋酸型两种型号。脱醋酸型固化快。

GM-616RTV 亦为高模量、高粘结性的密封膏，为脱醇型中性，克服了 GM-615RTV 对水泥、塑料粘结性较差的缺点。

GM617RTV 为半透明型、硫化速度快、粘结密封材料好的密封膏。GM-622RTV 为中模量有机硅建筑密封膏。GM-631RTV 为低模量有机硅建筑密封膏，延伸率最高。

二、双组分聚硫密封膏

双组分聚硫密封膏是以混炼研磨等工序配成聚硫橡胶基基料和硫化剂两种组分，灌装于同一个塑料注射筒中使用。按类型分有 DB-XM-Ⅲ型、DB-XM-Ⅳ型。按颜色分，有白色、驼色、孔雀蓝、铁丸、浅灰、黑色等多种颜色。

另外以液体聚硫橡胶为基料配制而成的双组分室温硫化建筑用密封膏，具有良好的耐气候、耐燃烧、耐湿热、耐水和耐低温等性能。工艺性良好，材料粘度低，两种组分容易混合均匀，施工方便。

按用途分为 XM-38 和 JLC 系列等通用型的以及 BT-100 和 BT-101 中空玻璃专用型的。BT-10D 与丁基橡胶热熔密封膏配套使用，而 BT-101 则可单独使用。

三、水乳丙烯酸密封膏

以丙烯酸酯乳为基料，加入增塑剂、防冻剂、稳定剂、颜料等经搅拌研磨而成。水乳丙烯酸密封膏具有良好的弹性、低温柔性、耐老化性、延伸率大，施工方便等特点，并具有各种色彩，可与密封基层配色。

四、橡胶改性聚醋酸密封膏

以聚醋酸乙烯酯为基料，配以丁腈橡胶及其他助剂配制而成的单组分建筑用密封膏。商品名为 DD-884 建筑密封膏。

其特点是快干，粘结强度较高，溶剂型、不受季节、温度变化的影响；不用打底，不用保护；在同类产品中价格较低。

五、单组分硫化聚乙烯密封膏

以硫化聚乙烯为主要原料，加入适量的增塑剂、促进剂、硫化剂和填充剂等，经过塑炼、配料、混炼等工序制成的建筑密封材料。

硫化后能形成具有橡胶状的弹性坚韧密封条，耐老化性能好，适应接缝的伸缩变形，在高低温下均保持柔韧性和弹性。

密封条

一、铝合金门窗橡胶密封条

以氯丁、顺丁和天然橡胶为基料，利用剪刀机头冷喂料挤出连续硫化生产线制成的橡胶密封条。

规格多样（有50多个规格），均匀一致，强力高，耐老化性能优越。

铝合金门窗橡胶密封条的技术性能　表1

项　目	指　标		生产单位
硬度(邵氏A)	65±5	75±5	北京市橡胶六厂
扯断强度,最小(MPa)	8	8	
扯断伸长率,最小(%)	250	250	
伸长永久变形,最大(%)	25	25	
压缩永久变形,最大(%)	50	50	
热老化(70℃×70h)			
扯断强度变化,最大(%)	-25	-25	
扯断伸长率变化,最大(%)	-25	-25	
脆性温度,不高于(℃)	-35	-35	
污染性(23℃×168h)	在试样上允许有轻微的浅黄色污染轮廓		

二、丁腈胶-PVC 门窗密封条

以丁腈橡胶和聚氯乙烯树脂为基料，通过一次挤出成型工艺生产的门窗密封条。具有较高的强度和弹性、适当的硬度、优良的耐老化性能。

规格有塔型、U型、掩窗型等系列，还可根据要求加工各种特殊规格和用途的密封条。

丁腈胶-PVC 门窗密封条的主要技术性能　表2

项　目	指标	生产单位
扯张强度(MPa)	5	广州市大华橡胶制品厂
扯断伸长率(%)	>300	
硬度(邵氏A)	65±5	
老化系数(70℃×96h)	>0.85	
脆性温度(℃)	-30	

三、彩色自粘性密封条

以丁基橡胶和三元乙丙橡胶为基料制成的彩色自粘密封条。

具有较优越的耐久性、气密性、粘结力及延伸率。

彩色自粘性密封条的技术性能　表3

项　目	指　标	生产单位
抗张强度(MPa)	0.24	上海市隧道工程公司防水材料厂
抗剪强度(MPa)	0.1	
伸长率(%)	>2mm	
垂度(80℃×48h)		
包　装	盒装，每盒2卷，每卷1m	

氯丁海绵橡胶密闭条	氯丁海绵橡胶密闭条	橡塑密闭条	橡塑窗纱压条
氯丁海绵橡胶粘贴式密闭条	氯丁橡胶镶嵌式密闭条	丁腈橡胶/PVC镶嵌式密闭条	丁腈橡胶/PVC镶嵌式密闭条

Ⅰ　钢门窗密封条

窗(门)用玻璃 [6] 常用窗

窗用玻璃的分类　　　　　　　　　　表1

按面积分类		按厚度分类		按外观质量分类	附注
类别	面积范围 (m²)	厚度 (mm)	长宽尺寸范围 (mm)		
1	0.120~0.400	2	宽 300~900	特选品 一级品 二级品	1. 在长宽尺寸范围内,每隔50mm为一进位,但长度不得超过宽度的2.5倍。 2. 凡不属于经常生产的尺寸或宽度和质量超出上述范围的玻璃均为特殊订货,由供需双方协商解决
2	0.405~0.600				
3	0.605~0.800		长 400~1200		
4	0.805~1.000	3	宽 300~900		
5	1.005~1.200				
6	1.205~1.500		长 400~1600		
7	1.505~2.000	5	宽 400~1600		
8	2.005~2.500				
9	2.505~3.200		长 600~2000		
10	3.205~4.000	6	宽 400~1800		
11	4.505以上		长 600~2200		

浮法玻璃

以海砂、硅砂、石英砂岩粉、纯碱、白云石等为原料,在熔窑里经过1500~1570℃高温熔化后,将玻璃液引成板状进入锡槽,再经过纯锡液面上延伸入退火窑,逐渐降温退火,切割而成。

具有表面平整光洁,厚度均匀,极小的光学畸变等特点。

主要用于汽车、火车、船舶的门窗挡风玻璃,高级建筑物的门窗玻璃,玻璃深加工的原片玻璃等。

吸热玻璃

能吸收大量红外线辐射而又保持良好可见光透过率的平板玻璃称为吸热玻璃。它是在普通钠一钙硅酸盐玻璃中引入有着色作用的氧化物,如氧化铁、氧化镍、氧化钴以及硒等,使玻璃着色而且有较高的吸热性能;或在玻璃表面喷涂氧化锡、氧化锑、氧化铁、氧化钴等着色氧化物薄膜而制成。

特点
1. 吸收太阳的辐射热:吸热玻璃的颜色和厚度不同,对太阳的辐射热吸收程度也不同。可根据不同地区日照条件选择使用不同颜色的吸热玻璃。如6mm蓝色吸热玻璃能挡住50%左右的太阳辐射热。
2. 吸收太阳的可见光:如6mm厚的普通玻璃能透过太阳的可见光78%,同样厚度的古铜色镀膜玻璃仅能透过太阳的可见光26%。
3. 吸收太阳的紫外线:它除了能吸收红外线外,还可以显著减少紫外线的透射而对人体与物体的损害。
4. 具有一定的透明度,能清晰地观察室外景物。
5. 色泽经久不变。

吸热玻璃在建筑工程中应用广泛,凡既需采光又需隔热之处,均可采用。尤其是炎热地区需设置空调、避免眩光的建筑物门窗,或外墙体及火车、汽车、轮船挡风玻璃等。

热反射玻璃

又称镀膜玻璃,是在玻璃表面涂上金、银、铜、铝、铬、镍、铁等金属或金属氧化薄膜或非金属氧化物薄膜;或采用电浮法、等离子交换法,向玻璃表面层渗入金属离子以置换玻璃表面层原有的离子而形成热反射膜。

对太阳辐射有较高的反射能力。热反射率达30%左右。并具有单向透像的特性。由于其面金属层极薄,使它在迎光面具有镜子的特性,而在背光面则又如普通玻璃那样透明。对建筑物内部起遮蔽及帷幕的作用,建筑物内可不设窗帘。但当进入内部,人们看到的是内部装饰与外部景色融合在一起,形成一个无限开阔的空间。

由于热反射玻璃具有良好的隔热性能,在建筑工程中获得广泛应用。

离子交换增强玻璃

又名化学钢化玻璃。是用离子交换方法,对普通平板玻璃进行表面处理,从而提高其机械强度的新型玻璃。

具有较高的抗冲击强度,为普通玻璃的4~5倍,但表面层受到损伤后,强度会降低。

可用于强度要求较高的建筑物门窗、制作夹层玻璃、中空玻璃以及仪器、仪表等。

钢化玻璃

采用普通平板玻璃、浮法玻璃、磨光玻璃、吸热玻璃等在钢化炉中,控制加热至接近软化点时,用高速吹风骤冷而制成。

具有较高的抗弯强度、抗机械冲击和抗热震性能。破碎后,碎片不带尖锐棱角,可减少对人的伤害。钢化玻璃不能进行机械切割、钻孔等加工。

主要适用于建筑物的门窗、隔墙与幕墙、汽车车窗、仪器、仪表等。

夹层玻璃

是将两片或多片普通平板玻璃、浮法玻璃、磨光玻璃、吸热及热反射玻璃或钢化玻璃等之间嵌夹聚乙烯醇缩丁醛塑料薄膜,经加热、加压粘合成平型或弯型的复合玻璃制品。

夹层玻璃透明性好,抗冲击机械强度要比普通平板玻璃高出几倍。当玻璃被击碎后,由于中间有塑料衬片的粘合作用,仅产生辐射状的裂纹,而不落碎片。夹层玻璃还具有耐光、耐湿、耐寒等特点。

主要用作汽车、飞机的风挡玻璃、防弹玻璃和有特殊安全要求的建筑物的门窗和天窗等。

压花玻璃

又称花纹玻璃或滚花玻璃。由双辊压延机连续压制出的一面平整、一面有凹凸花纹的半透明玻璃。具有透光不透视的特点,可使室内光线柔和悦目,在灯光照耀下,得格外晶莹光洁,具有良好的装饰效果。

主要用于室内的间壁、窗门、会客室、浴室、洗脸间等需要透光装饰又需要遮断视线的场所及飞机大厅、门厅等,作为一种艺术装饰之用。

夹丝玻璃

是在连续压延法生产时,将六角拧花金属网丝板从玻璃熔窑液口下送入到引出的玻璃带上,经过对辊压制使其平行地嵌入玻璃板中间而制成。具有均匀的内应力和一定的抗冲击强度及耐火性能,当受外力作用超出本身强度,而引起破裂时,其碎片仍连在一起,不致伤人,具有一定安全作用。透光率大于60%。

主要用于振动较大的工业厂房等建筑物屋面、门窗、仓库门窗、地下采光窗、防火门窗以及建筑物的墙体装饰、阳台围护等。

磨砂玻璃

又称毛玻璃,系采用普通平板玻璃经研磨、抛光加工制成,有双面磨砂和单面磨砂之分。

具有透光而不透明的特点。由于光线通过磨砂玻璃后形成漫射,具有避免眩目的优点。

主要用于建筑物的门、窗、隔断、浴室、玻璃黑板、灯具等。

中空玻璃

中空玻璃有双层和多层之分。可以根据要求选用各种不同性能的玻璃原片,如透明浮法玻璃、压花玻璃、彩色玻璃、防阳光玻璃、镜面反射玻璃、夹丝玻璃、钢化玻璃等与边框(铝框架或玻璃条等)经胶接、焊接或熔结而制成。

具有良好的保温、隔热、隔声等性能。如在玻璃之间充以各种漫射光材料或电介质等,则可获得更好的声控、光控、隔热等效果。

主要用于需要采暖、空调、防止噪声、结露及需要无直射阳光和特殊光的建筑物上,广泛用于住宅、饭店、宾馆、办公楼、学校、医院、商店等需要室内空调的场合,也可用于火车、汽车、轮船的门窗等处。

电热玻璃

又称防霜玻璃。按其加工工艺不同分为"导电网电热玻璃"和"导电膜电热玻璃"两种。导电网电热玻璃是两层厚度不等的平面玻璃和锰白铜丝网状的电加温装置用聚乙烯醇缩丁醛中间膜经热压而成。导电膜电热玻璃是由喷有导电膜溶液的薄玻璃组成的电加温装置与未喷导电膜溶液的厚玻璃中间夹聚乙烯醇缩丁醛中间膜经热压而成。具有自控温好、安全可靠、透光度好等特点。

在建筑上用于陈列室、严寒地区的建筑门窗、了望塔窗及工业建筑的特殊门窗。可以防止玻璃表面结露、结霜、结冰。

光致变色玻璃

光致变色玻璃在太阳或其他光线照射时,玻璃的颜色会随光线增强而渐渐变暗。当照射停止时,又恢复到原来的颜色。光致变色玻璃适用于汽车和建筑物上,能自动调节室内或车内的光线。这种玻璃是在玻璃内引入卤化银,用吹制、压制和拉制方法生产。亦可直接在玻璃或有机夹层中加入钼或钨的感光化合物。由于生产这种玻璃要耗费大量的银,因使用受到一定限制。

防弹、防爆玻璃

防爆、防弹玻璃系特种玻璃之一,具有较大的抗冲击强度及透明度好、耐温、耐寒等优点。如遇爆炸或弹击时,轻者可以无损,重者即使玻璃破裂,子弹亦不易穿透,碎片亦不致脱落伤人。

防爆、防弹玻璃适用于防爆容器、防爆实验室的观察窗以及飞机、坦克、舰艇的观察窗和其他防爆建筑的防爆门窗等处。

常用窗 [7] 钢窗五金

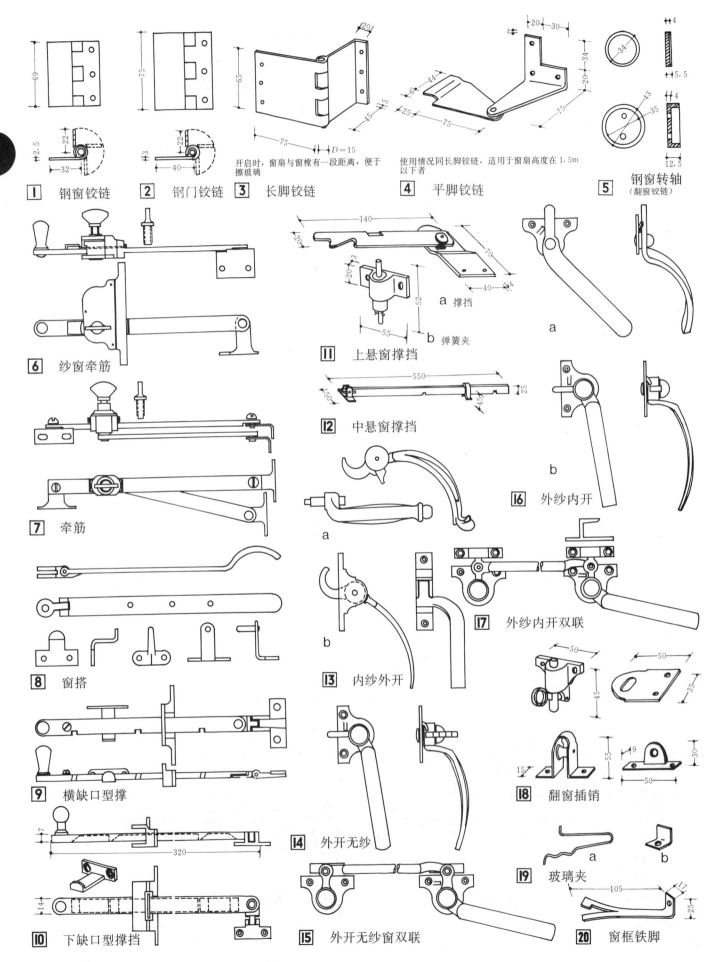

内平开木窗 [8] 常用窗

窗扇向内开启，便于擦窗，大风时不致造成掉扇或损坏玻璃。但开时占室内空间，不便安装窗帘，如设计考虑不周，容易造成向室内渗水。因此，设计时须注意解决防水问题。

下冒头加披水条

无披水条

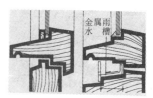
下冒头带披水条

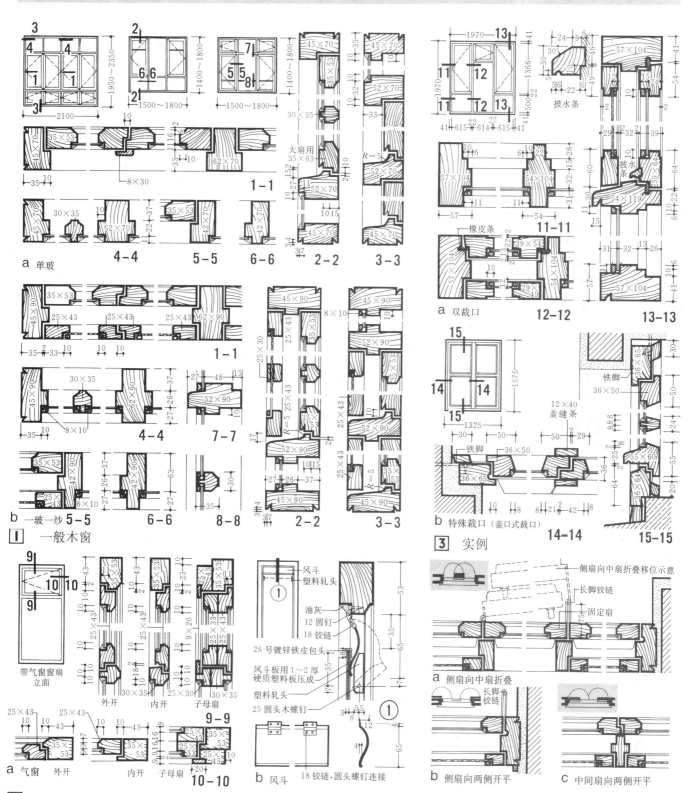

1 一般木窗（a 单玻；b 一玻一纱）

2 气窗及风斗　注：为表示方便，本图除内开窗的气窗外，将外开及子母扇的气窗一并列出。

3 实例（a 双裁口；b 特殊裁口（盖口式裁口））

4 不占室内空间的措施（a 侧扇向中扇折叠；b 侧扇向两侧开平；c 中间扇向两侧开平）

常用窗 [9] 外平开木窗

外平开窗的排水问题容易解决,开启时不占室内空间,但开扇有被风刮落或损坏的缺点。窗扇为奇数时,擦外侧玻璃不便。楼层窗应解决擦窗问题。

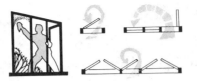

楼层外开窗窗扇为奇数(1、3、5)且中扇固定时擦窗不安全,设计时应考虑便于擦窗问题

解决奇数外开窗擦窗的两种基本方式:(一)把中间扇设计成特殊开启方式;(二)利用特殊装置使侧扇开启时与窗框留有适当距离

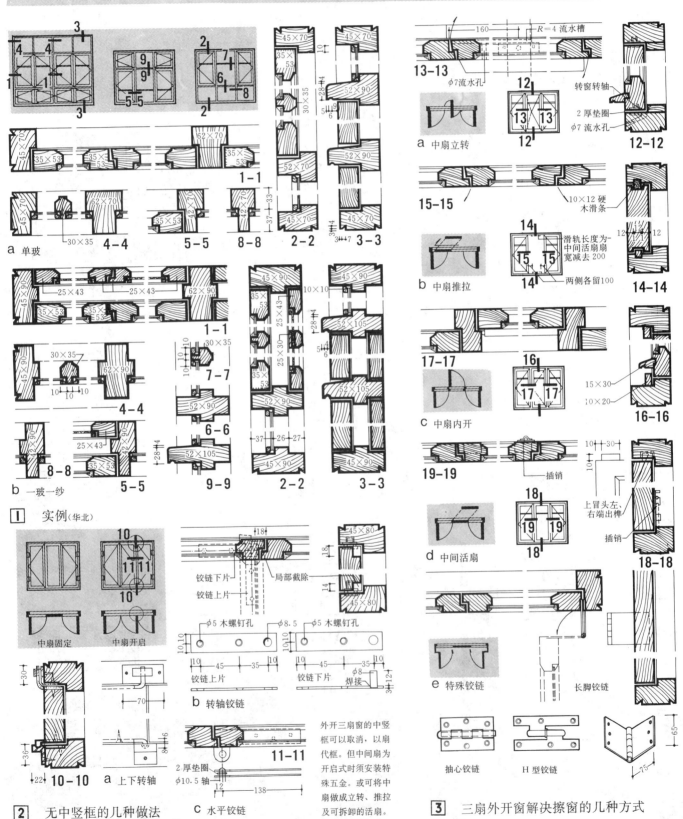

1 实例(华北)

2 无中竖框的几种做法

3 三扇外开窗解决擦窗的几种方式

双层平开木窗 [10] 常用窗

双层玻璃木窗适用于寒冷地区或有特殊需要的建筑。一般有子母扇、内外开扇、大小框式及采用中空玻璃等几种型式。安装中空玻璃的窗构造简单，节约材料，条件许可时宜尽量采用。

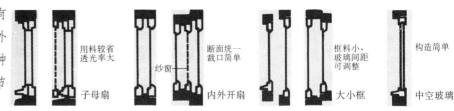

子母扇　用料较省透光率大
内外开扇　纱窗　断面统一裁口简单
大小框　框料小，玻璃间距可调整
中空玻璃　构造简单

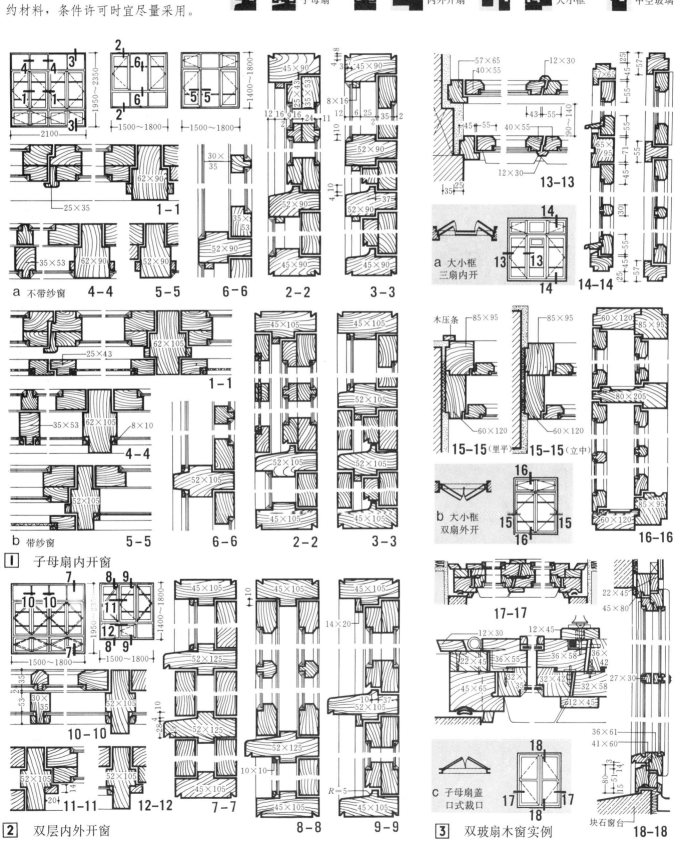

1 子母扇内开窗
2 双层内外开窗
3 双玻扇木窗实例

常用窗 [11] 中悬木窗

中悬木窗一般可分为靠框式，进框式两种。靠框式利于排水，当窗扇发生微小变形或木材膨胀时，不影响开关，多用于工业厂房，但用料稍大，且密闭性较差，不适于严寒地区。进框式密闭性较好，可用于工业及民用建筑。

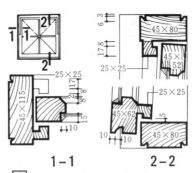

[1] 靠框式基本构造

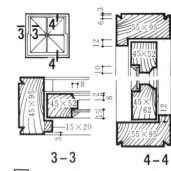

[2] 进框式基本构造

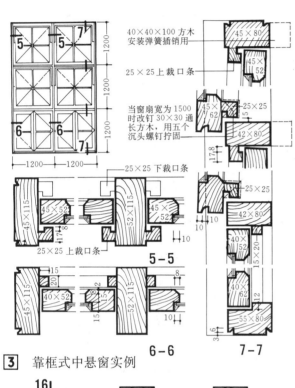

[3] 靠框式中悬窗实例

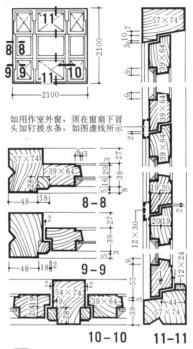

[4] 无横框中悬窗实例

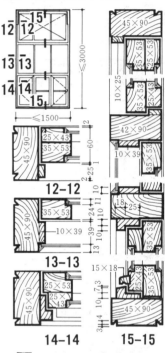

[5] 子母扇中悬窗实例

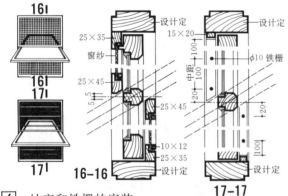

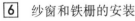

[6] 纱窗和铁栅的安装

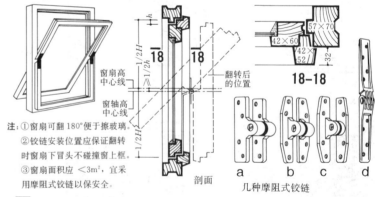

[7] 可翻转180°中悬窗扇

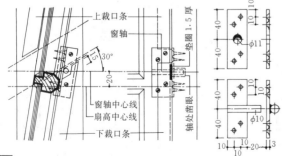

[8] 翻窗铰链及安装　　图示为靠框窗，进框窗与此相同

[9] 拼框及节点

注：①洞口尺寸横向或竖向>3600时应拼框，但高度≤4800，宽度≤6000。
②无论横向或竖向拼框一般应以一次为宜。
③拼缝>30时应加垫木，压条改为70宽。

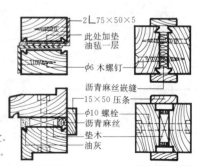

竖向拼框节点　　横向拼框节点

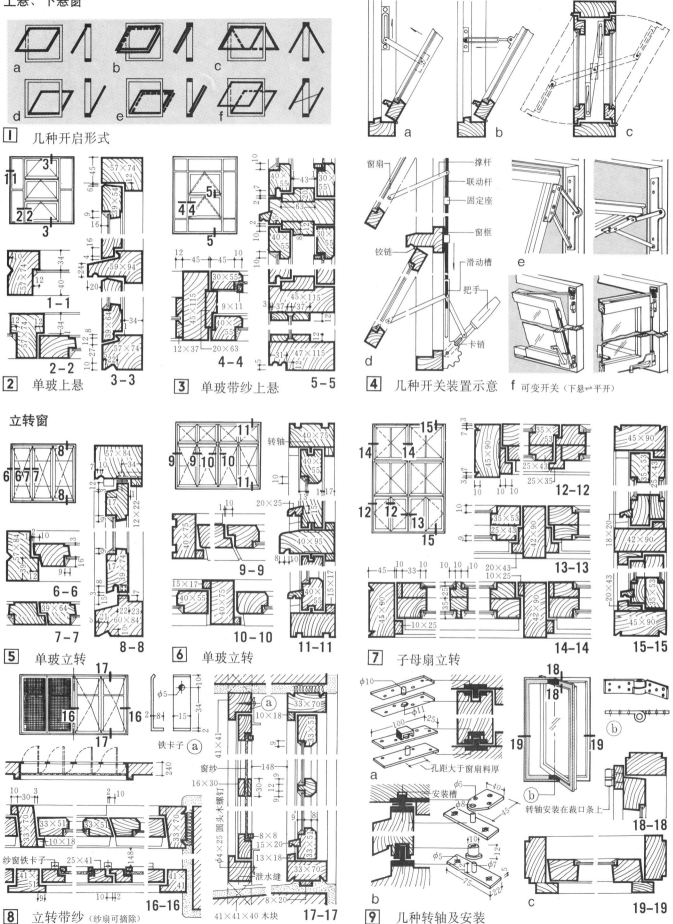

常用窗 [13] 木窗实例

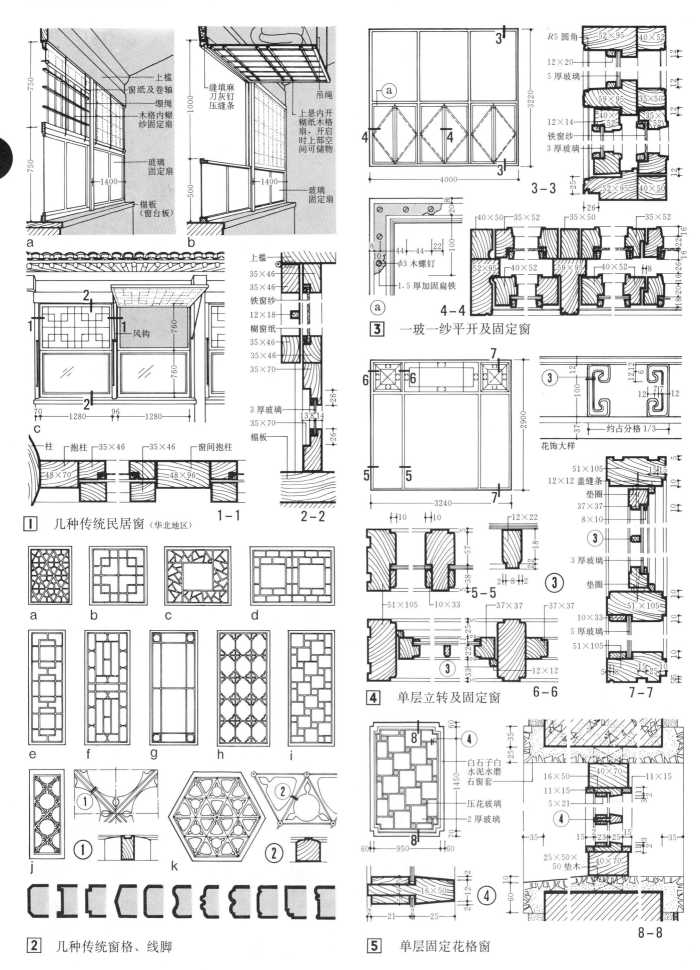

1 几种传统民居窗（华北地区）

2 几种传统窗格、线脚

3 一玻一纱平开及固定窗

4 单层立转及固定窗

5 单层固定花格窗

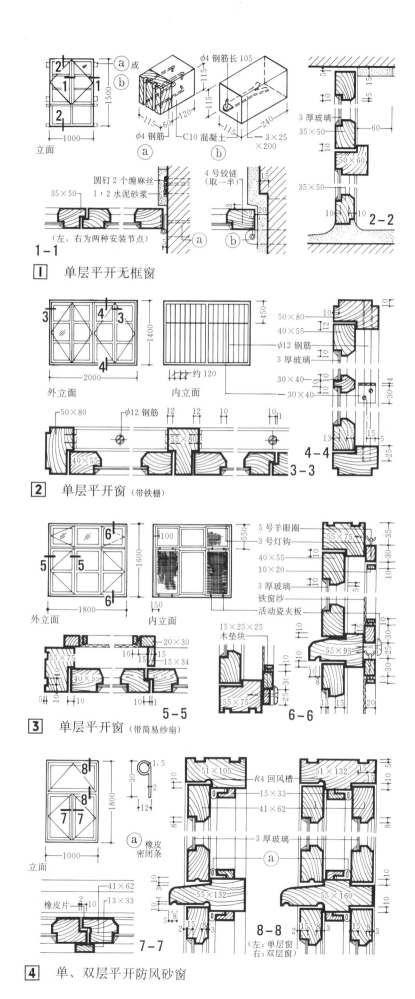

常用窗 [15] 木窗实例

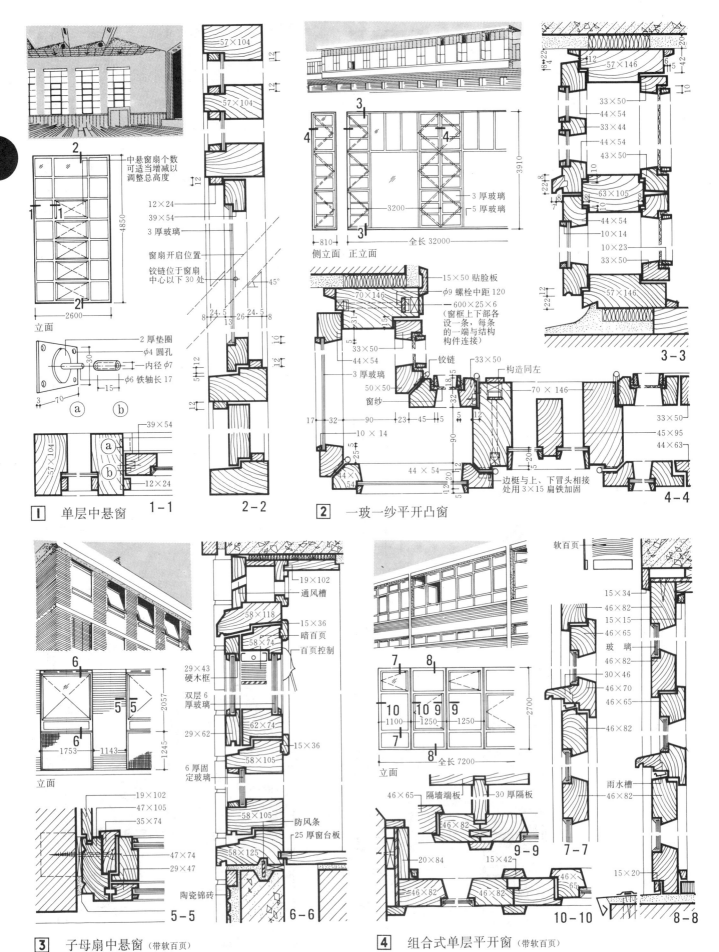

钢窗[16]常用窗

各类基本窗尺寸范围及立面划分

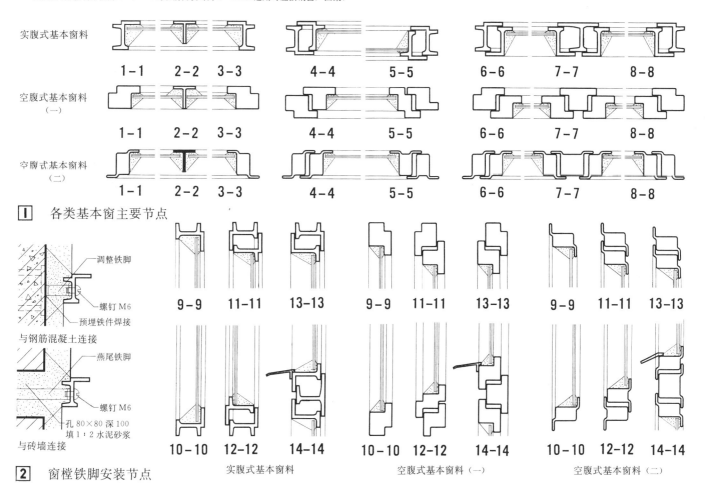

注：钢窗按尺度大小分为基本窗和组合窗；按窗料断面形式分为实腹式和空腹式；按窗料断面规格分为25、32、40系列；按窗扇开启方式分为固定窗、平开窗、中悬窗、上悬窗、下悬窗、立转窗；窗玻璃厚度为3～4mm，当取消窗棂时为5～6mm，选用时应按钢窗厂图集。

1 各类基本窗主要节点

2 窗樘铁脚安装节点

常用窗 [17] 钢窗

各类组合窗尺寸范围及立面划分

洞口尺寸	(2400)(2100)1800	(3600)2700	(4800)4200	4500	5400	6000
600(900)(1200)						
1500(1800)(2100)						
1800(2100)(2400)(2700)						
3600(4200)						

注：本页组合钢窗拼樘料仅供参考，具体选用请详钢窗厂图集。

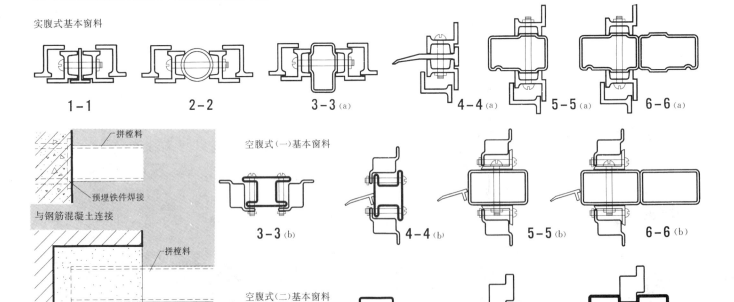

1 拼樘料安装节点　　**2** 组合窗拼装节点

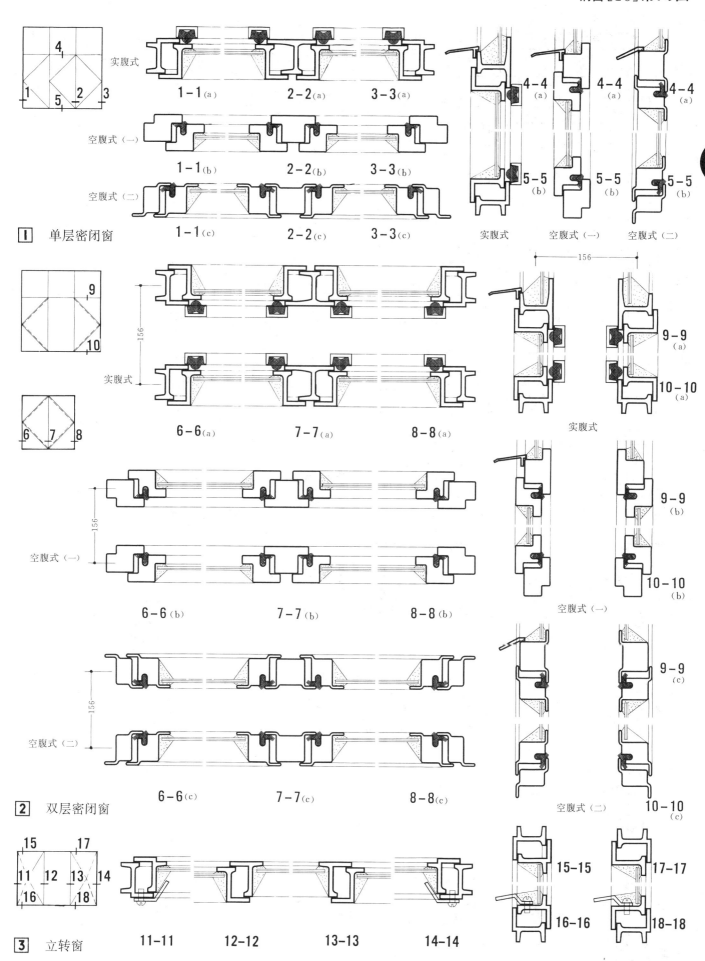

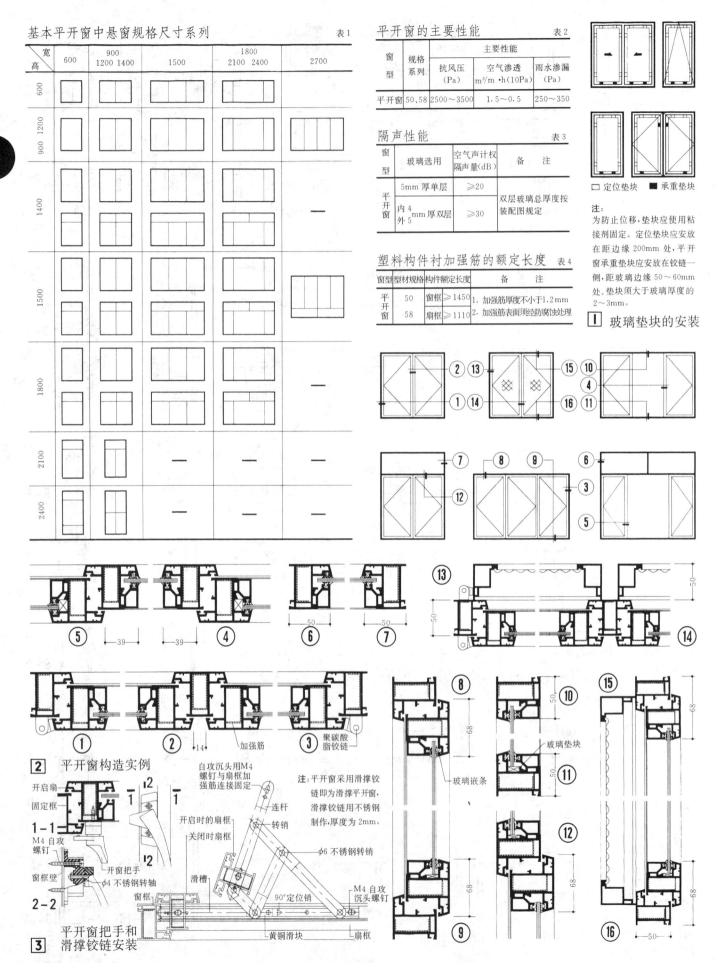

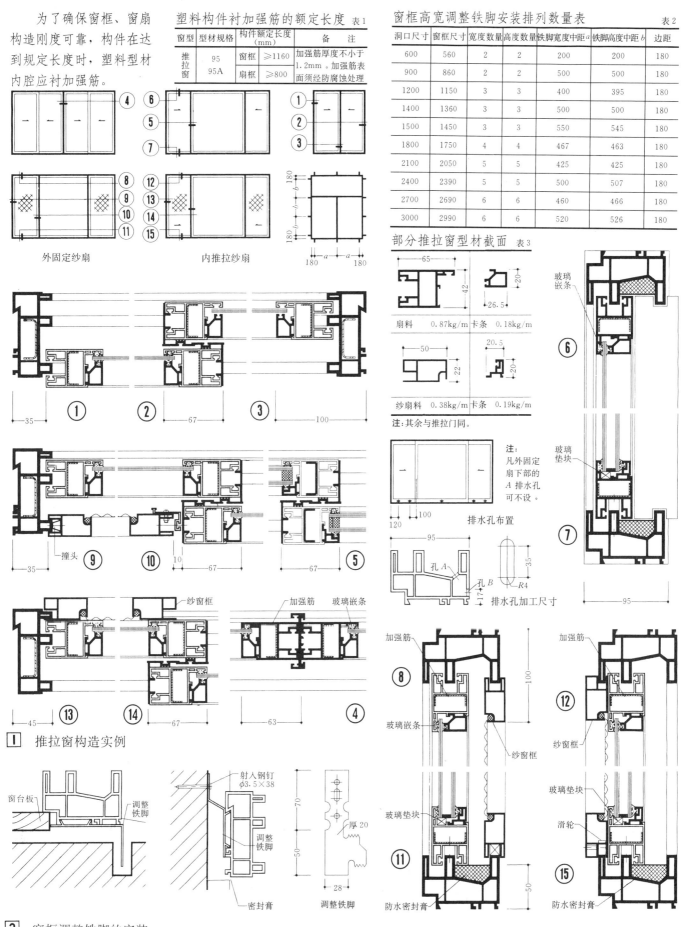

常用窗[21] 塑钢中悬窗·组合窗

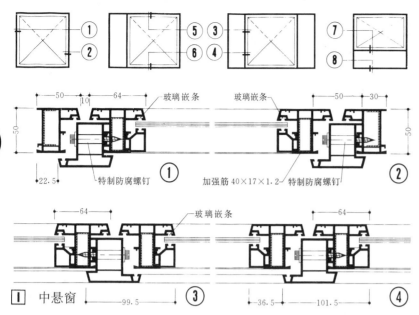

1 中悬窗

组合窗由各种基本窗组合而成。组合方式有横向和竖向组合两种；也可用各种基本门窗组合成组合门窗。组合（门）窗的拼条是承受风载的主要构件，拼条端部视具体情况采用预埋铁件焊接或预留洞座浆等方式，与结构构件连接牢固，其内腔所衬加强筋的规格应根据组合（门）窗面积和相应风荷载的大小加以选择。

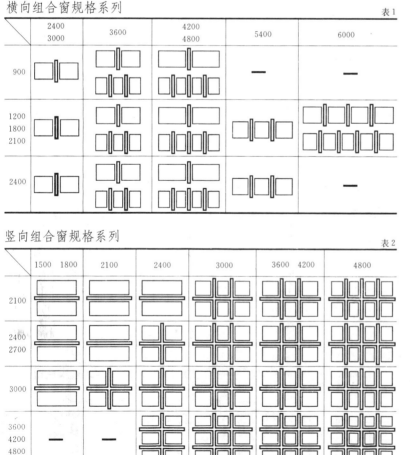

2 组合窗

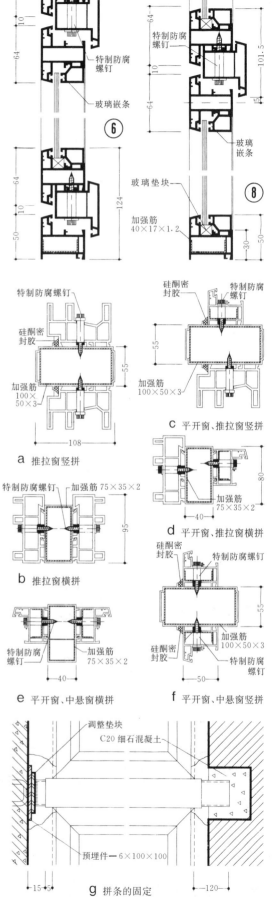

预应力钢丝水泥窗 [22] 常用窗

预应力钢丝水泥窗可节约大量木材，造价较木窗低10%～20%，耐潮湿和防火性能良好，可用于一般工业、民用和农业建筑。

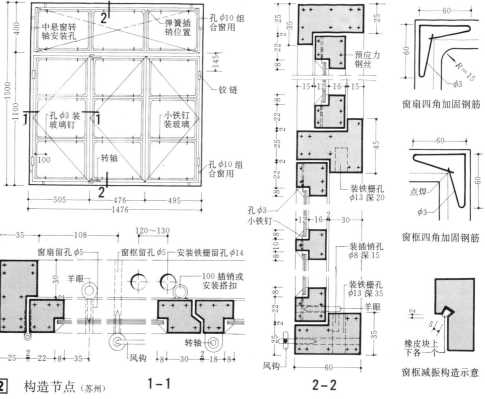

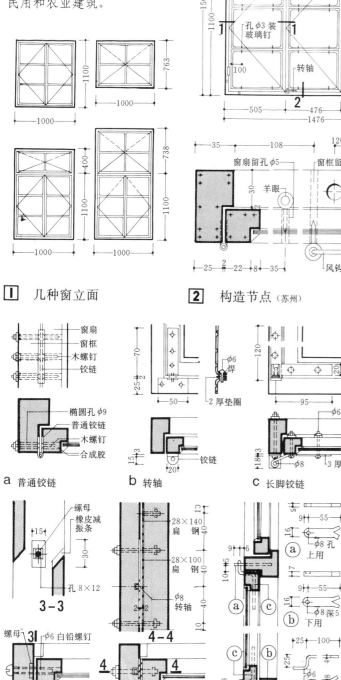

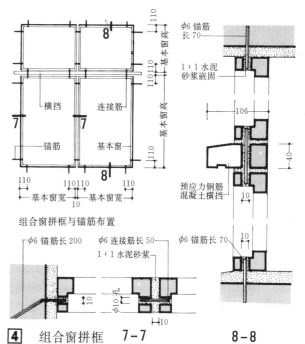

1 几种窗立面　　**2** 构造节点（苏州）

3 五金安装

4 组合窗拼框

注：①采用 Mu40 水泥砂浆，18 号低碳冷拔钢丝（A_3），2～3 厚玻璃。
②预应力钢丝张拉力约为 600N，待水泥砂浆达到 70% 强度时剪丝，强度达到 100% 时方可出厂。
③安装时，框扇必须在构件厂配套安装（包括全部五金零件铁栅等），只留下玻璃在现场安装。五金安装可采用两种方案：a 环氧树脂或熊猫牌 "505" 合成胶固定：先将合成胶配好，再加水泥拌合油灰状嵌入预留孔中，随即将木螺钉或螺钉涂上凡士林旋入孔内，静置 24 小时即可使用。b 采用木塞入预留孔中，再将木螺钉旋入木塞中。
④安装玻璃时，先在窗扇预留孔内插入小钉再嵌油灰。

常用窗 [23] 密闭窗

密闭窗多用于有防尘、保温、隔声等要求的房间。在构造上应注意：尽量减少窗缝；对缝隙做好密闭填塞；选用适当的窗扇及玻璃的层数、间距、厚度，以保证达到密闭效果。隔声窗还应采取防止各层玻璃间空气层发生共振的措施。

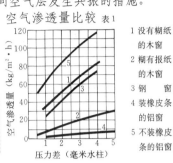

空气渗透量比较 表1

1 没有糊纸的木窗
2 糊有报纸的木窗
3 钢窗
4 装橡皮条的铝窗
5 不装橡皮条的铝窗

窗缝是灰尘袭入、噪声传播、热量损失的主要途径之一，为能取得防尘、保温、隔声效果，应尽量减少窗缝，包括墙与窗框之间、窗框与窗扇之间、窗扇与玻璃之间的缝隙。同时对缝隙必须采取密闭措施

传热性能比较 表2

窗 型	传热系数（K）	
	普通天气	风雪天气
普通单玻窗	5.5～6.5	8.1～8.25
普通双层窗	3.5	4.5
双层中空玻璃	2.5～3.2	3.5～3.8
240 砖墙	2.75	

几种窗的传热阻比较 表3

窗 型	传热阻（R=1/K）
单层木制窗	0.200
双层木制窗	0.435
单层金属窗	0.182
双层金属窗	0.357

隔声性能比较 表4

窗 型	隔声量（dB）
普通单层玻璃窗	10～15
普通双层玻璃窗	20～30
双层中空玻璃窗	27～33
150 混凝土墙	50

单层玻璃窗的保温、隔热、隔声性能均较差。因此，密闭窗多采用增加窗或玻璃层数的做法，做成双层窗或双层、多层中空玻璃，以保证密闭效果

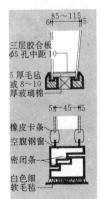

密闭窗隔声量实测 表5

名 称	构 造 要 点	平均隔声量(dB)
固定窗 单层玻璃	6厚玻璃，5厚毛毡填塞玻璃缝隙	30.3
固定窗 双层玻璃	空气层85～115，胶合板压毛毡或玻璃棉	44～46.7
平开窗 不密闭时	图b，窗缝内不装密闭条	18.2
平开窗 装密闭条	图b，窗缝内装一根φ10 或 φ15乳胶条	26.5～27.1
平开窗 装密闭条	图b，窗缝内装两根φ10 或 φ15乳胶条	30.3
密封	缝满填白灰黄土麻刀	37.5

隔声窗的双层玻璃间距以80～100为宜，在窗间四周应设置有良好吸收作用的吸声材料，或将其中一层玻璃斜置，以防止玻璃间的空气层发生共振现象，保证隔声效果良好

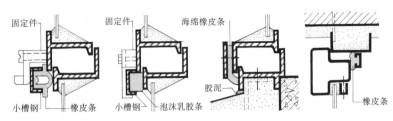

贴缝式 a 密闭条附在窗框外沿，嵌入小槽钢内或用扁钢固定，安装比较简单；便于检查质量；但当开启扇尺寸较大或小槽钢的固定件间距较大时，小槽钢易翘曲影响密闭质量

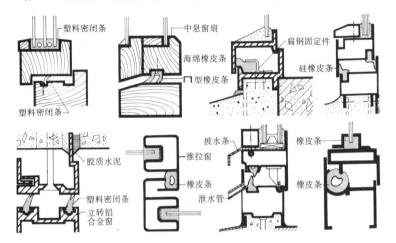

内嵌式 b 密闭条装在框、扇之间的空腔内堵住窗缝。其优点是：构造简单；不受窗扇开启形式的影响；不妨碍安设纱窗；但不易检查质量，对制作安装的精度要求较高

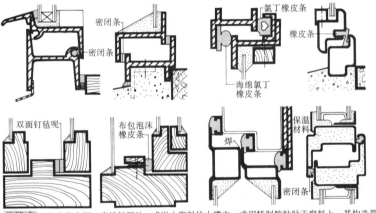

垫缝式 c 密闭条装在框、扇接触面处，或嵌入窗料的小槽中，或用特制胶粘贴于窗料上，其构造简单；密闭效果较好；但加工精度要求较高

1 窗扇与窗框间的密闭处理

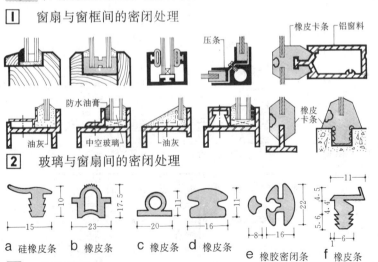

2 玻璃与窗扇间的密闭处理

a 硅橡皮条　b 橡皮条　c 橡皮条　d 橡皮条　e 橡胶密闭条　f 橡皮条

3 几种密闭条

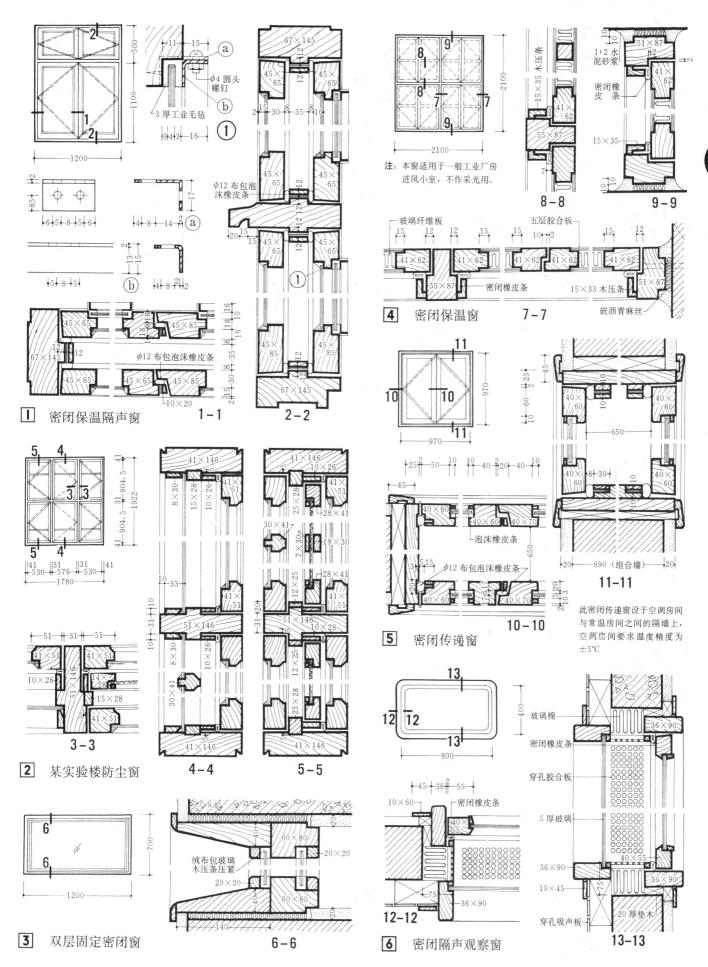

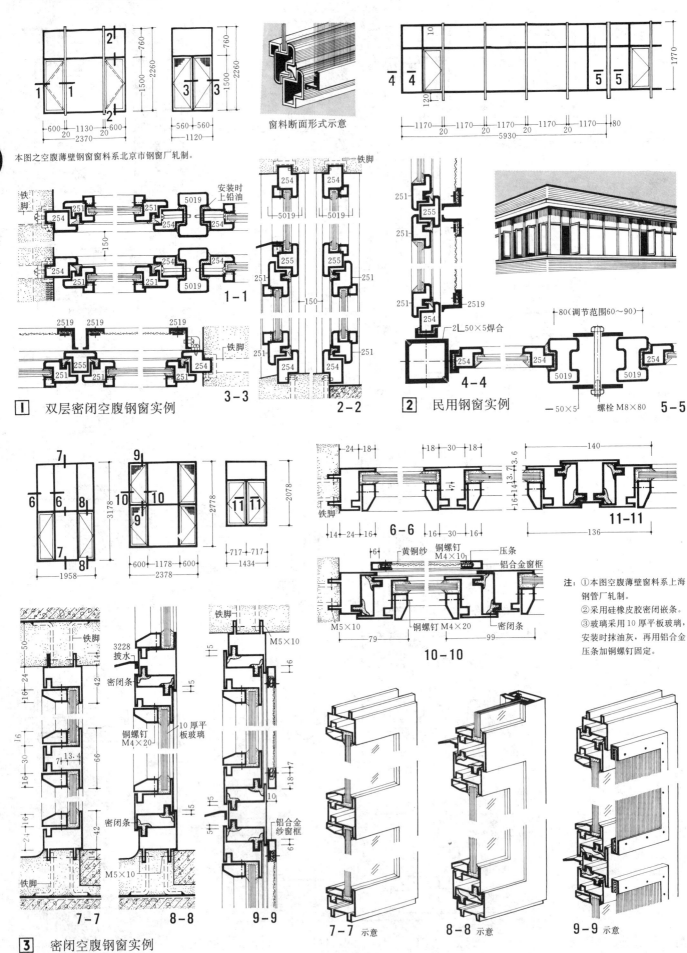

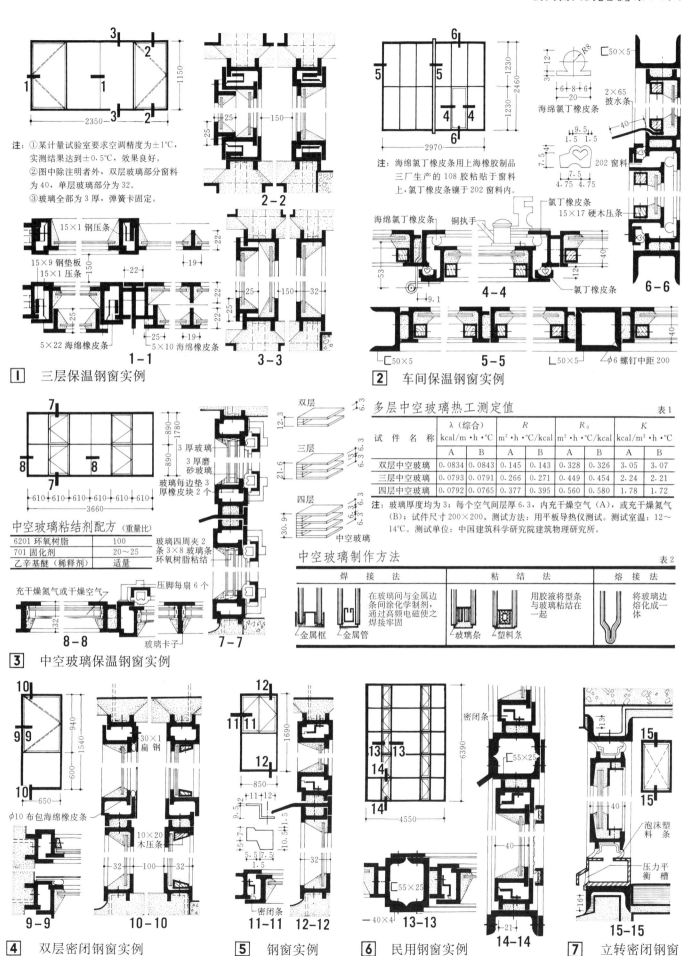

常用窗 [27] 传递窗

传递窗一般有：平开、水平推拉、垂直推拉、旋转式及箱式等。设计时，应根据具体要求加以选用。

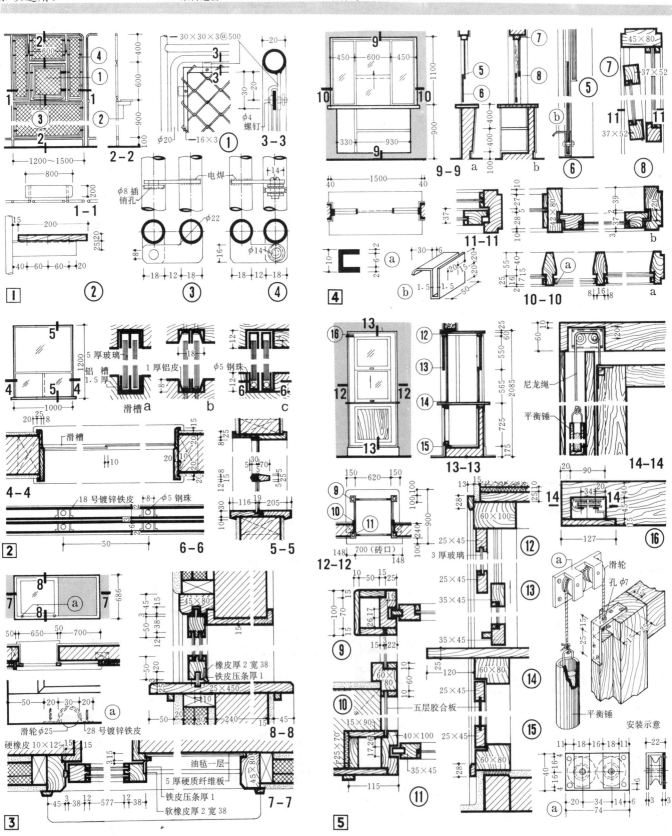

a 一般传递窗　常用于：售票、售饭、领发物等。

b 旋转式　90°旋转式／120°旋转式　常用作暗室防光传片窗　联锁装置

c 箱式　具有两道窗扇，设置开关联动装置，使其中一扇窗经常保持关闭。适用于有高气压、洁净、恒温、隔声等密闭要求的房间。

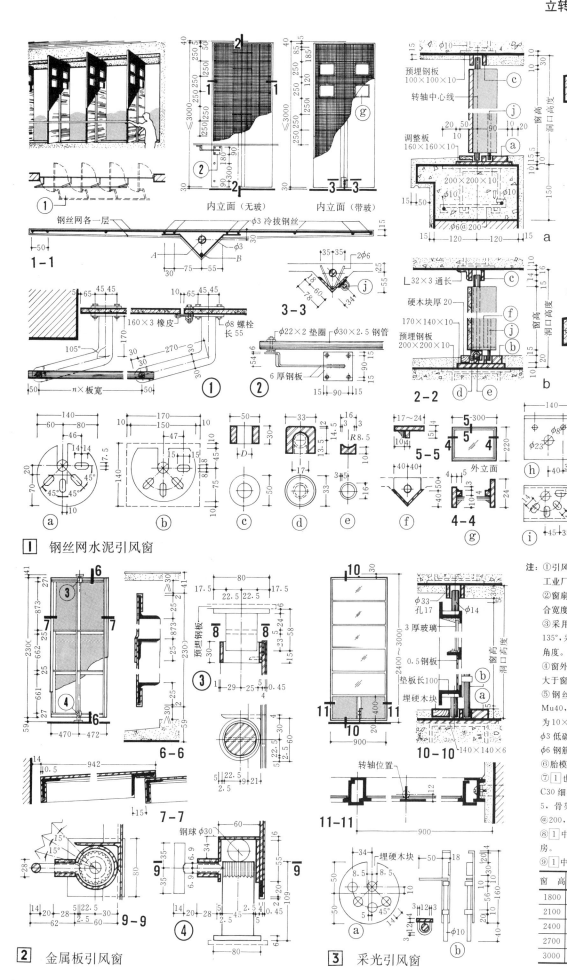

立转引风窗[28] 常用窗

注:
① 引风窗适用于散发大量热量、粉尘的工业厂房,起组织自然通风及遮阳作用。
② 窗扇的宽度≤1000,高度≤3000,组合宽度≤5400。
③ 采用插销固定可开0°、45°、90°、135°,采用连杆或螺栓固定时,可开任意角度。
④ 窗外上部应设挡雨板,其出墙宽度应大于窗扇最大出墙宽度。
⑤ 钢丝网水泥引风窗的水泥砂浆为Mu40,钢丝采用φ0.9冷拔钢丝,网孔为10×10,$R_g=50kN/cm^2$;骨架钢筋为φ3低碳冷拔钢丝,$R_g=31kN/cm^2$;≥φ6钢筋用A_3,$R_g=21kN/cm^2$。
⑥ 胎模必须做主肋在下,并调整保护层。
⑦ 1 也可取消钢丝网,水泥砂浆改为C30细石混凝土,板厚比图示尺寸增加5,骨架钢筋改为φ4,竖向间距改为@200,骨料粒径应<10。
⑧ 1 中,剖面2-2c一般用于多层厂房。
⑨ 1 中,钢筋A及B见下表:

窗 高	A筋直径	B筋直径	孔径D
1800	16	6	18
2100	18	8	20
2400	18	8	20
2700	20	8	22
3000	22	10	24

常用窗[29] 百页窗

百页窗有固定式、活动式两种，可采用木材、金属、混凝土、玻璃、塑料等制作。百页窗一般具有透风、遮阳、防水、遮挡视线的功能。当挡雨、遮光要求较高时，可采用活动式或异形固定页片；如有采光要求，可采用透明或半透明页片。

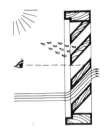

常用百页窗安装角度：
百页窗安装角度应结合通风透气、遮阳、挡雨、隔阻视线等使用要求及便于加工制作等确定。一般多用45°。当百页窗安装在开启窗扇上时，为减少百页数量，并保证页片具有一定宽度，安装角度多采用60°

常用的百页间距尺寸：
百页中距 $d=45\sim70$
百页间距 $h=35\sim50$
遮挡距离 $c=10\sim20$
页片厚度 木百页 $b=10\sim15$
　　　　　玻璃百页 $b=5\sim6$
裁口尺寸 $a=10\sim20$
框料尺寸 $(40\sim50)\times(06\sim09)$

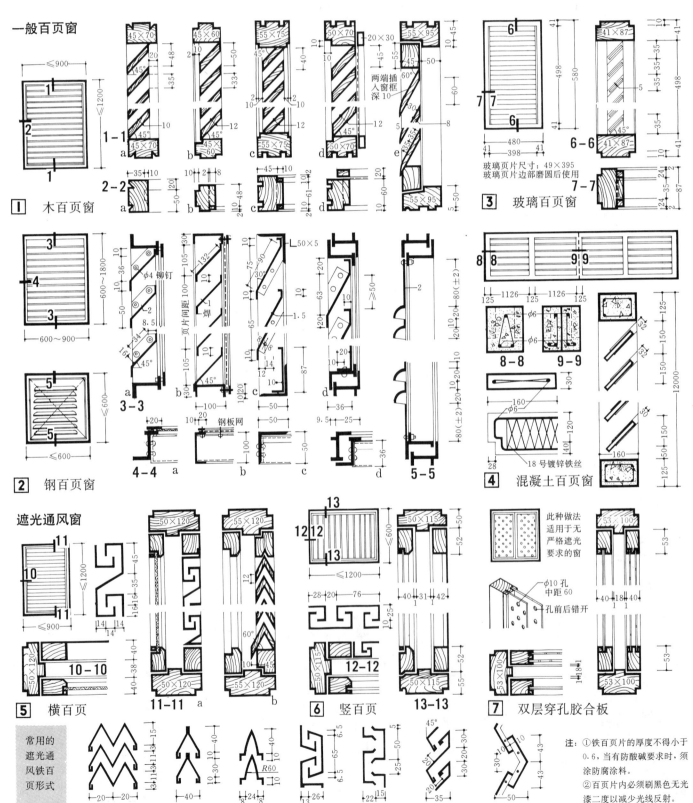

1 木百页窗　　2 钢百页窗　　3 玻璃百页窗　　4 混凝土百页窗
5 横百页　　6 竖百页　　7 双层穿孔胶合板

注：①铁百页片的厚度不得小于0.6，当有防酸碱要求时，须涂防腐涂料。
②百页片内必须刷黑色无光漆二度以减少光线反射。

活动百页窗 [30] 常用窗

玻璃百页窗

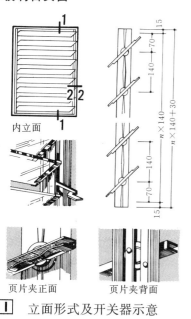

1 立面形式及开关器示意

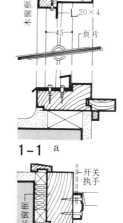

2 安装节点

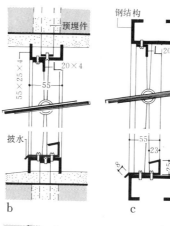

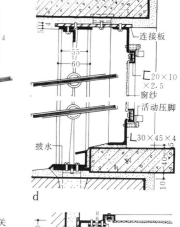

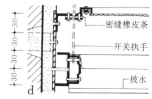

注：
① 摘自上海玻璃机械厂BC150。
② 适用于炎热地区，须同时满足通风、采光、遮阳要求的工业与民用建筑（风力<700Pa）
③ 可任意控制百页角度。页片为磨砂玻璃，亦可为铝板或涂铝粉漆的钢板制成，规格见表1；基本窗为2～9片，规格见表2。
④ 横向可连续拼框，由设计定；竖向最大可组合36片，高5070。
⑤ 表2及表3中：n 为总片数，H 为组合总高度 $=n\times140+30$，n_1 为上部片数，n_2 为下部片数，h_1 为上部执手高，h_2 下执手高。
⑥ 与下列结构连接时洞口尺寸：
钢结构：H
砖或混凝土：$H+$框厚$+$灰缝
有木框时：$H+$木框厚$+$灰缝

页片种类及规格 表1

各种页片厚度			页片允许长度	
玻璃	钢板	铝板	用于外窗	用于内窗
5			≤900	≤1000
6			≤1100	≤1200
	1	1.5	≤600	≤700
	1.5		≤800	≤900

基本窗高度规格 表2

n	2	3	4	5	6	7	8	9
H	310	450	590	730	870	1010	1150	1290
h_2	170	170	170	170	450	450	450	450

竖向组合窗高度规格 表3

n	10	11	12	13	14	15	16	17
H	1430	1570	1710	1850	1990	2130	2270	2410
n_1	5	6	6	7	7	8	8	9
n_2	5	5	6	6	7	7	8	8
h_1	870	1150	1290	1290	1430	1430	1570	1710
h_2	170	170	450	450	450	450	450	450

 a 木料拼框
 b 方钢管拼框
 c 扁钢拼框

3 横向拼框节点

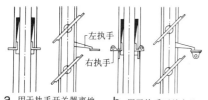

a 用于执手开关器离地 <2m 的单樘低窗
b 用于执手开关离地 2～3m 的单樘高窗
c 用于执手离地 2～2.5m 需两樘同时开启的高窗

4 执手开关器安装类型示意

金属百页窗

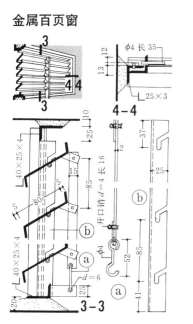

木百页窗

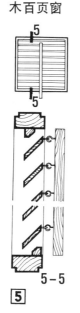

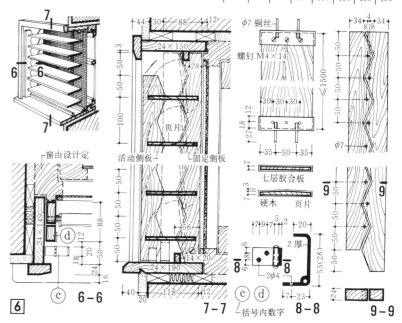

铝合金门[1]—一般概念

铝合金门窗制造是我国70年代末期开始发展起来的新兴建材工业。随着改革开放的经济发展以及建设的需要,80年代初各省市地区的铝合金门窗制造业,蓬勃地发展了起来,以独资或中外合资的形式引进国外生产设备。北京、上海、广州等地率先根据本地区特点,编制了适合本地区的规定与图集,如华东地区编制的《铝合金门窗》,广东省编制的《普通铝合金门窗工程设计与施工规定》,深圳市装饰行业协会编制的《铝合金门窗规范汇编》。90年代初,在我国建设部领导下制定出规范,并编制出铝合金门窗全国通用标准设计。

铝合金门窗型材用料系薄壁结构,它比起实腹钢门窗及空腹钢门窗具有更多的优点:自重轻、强度高、外形美观、色彩多样、密封性能好、耐腐蚀、易保养。适用于有密闭、保温、空调等使用要求的房间以及内外装修标准较高的工业与民用建筑。但对防腐蚀有特殊要求的建筑物应依据铝合金的耐蚀性能慎重采用。

铝合金的成分

铝合金门窗用铝是工业铝合金中的变形铝合金。再细的分类则为热处理强化铝合金中的铝—镁—硅系合金。该系合金具有良好的耐蚀性和工艺性能,可进行阳极氧化着色、涂漆和珐琅,而且在热状态下的塑性很高,适合于挤压结构复杂的薄壁建筑型材。

1. 纯铝:铝含量最少为99.0%,并且其他任何元素的含量不超过下述规定界限值的金属:

表1

金属名称	硅	铁	铜	锰	镁	铬	锌	镍	钛	其他	铝
元素符号	Si	Fe	Cu	Mn	Mg	Cr	Zn	Ni	Ti		Al
所占比例	≤0.1%			每种含量≤0.10%						≤0.15%	余量

2. 铝合金:铝含量超过任何其他元素,并符合下述任一条件:
   a. 其他元素至少有一种元素的含量或铁+硅的含量超过上表规定的界限值。
   b. 所有其他元素的总含量超过1.0%。

铝合金型材的质量(摘编自广东省标准《普通铝合金门窗工程设计与施工规定》)

建筑行业用LD30和LD31合金热挤压型材的质量应符合铝合金建筑型材标准(GB5237—85)。

该标准对型材的化学成分、力学性能作出了明确规定,并详尽制定了型材的外形尺寸及允许偏差,包括型材的角度允许偏差、型材的间隙、型材的弯曲度、型材的扭拧度、型材的波浪度。

此外,型材的表面质量,应当:
a. 表面应清洁,不允许有裂纹、起皮、腐蚀存在。装饰面不允许有气泡。
b. 对普通精度的型材,装饰面上允许有轻微的压坑、碰伤、擦伤及划伤存在,其深度不得超过0.2mm。
c. 高精度型材的表面缺陷允许深度:装饰面不大于0.1mm;非装饰面不大于0.25mm。
d. 型材的装饰面要求应在图纸中注明。
e. 空心型材的内表面质量不检查。
f. 型材经表面处理后,其氧化膜厚度应不小于10μm(系Ⅲ级膜厚,较高等级的厚度,Ⅱ级为15μm,Ⅰ级为20μm)。
g. 经表面处理后的型材,不允许有腐蚀斑点、氧化膜脱落等缺陷,允许有局部着色不均和因型材表面缺陷而产生的黑色斑点。

铝合金型材的壁厚

铝合金门窗型材壁厚不得小于0.8mm,地弹簧门型材壁厚不得小于2mm。建筑外铝门窗型材壁厚一般在1.0～1.2mm;基本风压≥0.7kPa之地区则不应小于1.2mm;必要时,可增设加固件。组合门窗拼料和坚梃的壁厚则应进行更细致的选择。

铝合金型材的表面处理

铝合金通过表面处理,提高耐蚀性并获得某种颜色,不同的处理方法,可以获得不同的颜色。主要有:浅茶、青铜、黑;浇黄、金黄、褐;银白、银灰;灰白、深灰;还有橙黄、琥珀色、灰褐;黄绿、蓝绿、橄榄绿;粉红、红褐以及紫色、木纹色。

铝合金的表面处理   表2

按不同的处理方法	按不同的颜色及平均膜厚	表面处理后的优点
a. 阳极氧化法	a. 银白色 ≥10μm	提高耐磨性
b. 涂漆膜	b. 金色 或向厂家提出所需厚度要求	提高耐蚀性
c. 氧化着色	c. 古铜色	提高耐候性
	d. 黑色	

注:
① 铝在大气中虽能产生氧化膜,但这种自然氧化膜的厚度只有几十Å到几百Å,不足以防止恶劣环境下的腐蚀。而采用阳极氧化处理获得的人工氧化膜,其厚度通常为3～30μm,从而可显著提高铝及其合金制品的耐蚀性、耐磨性以及耐候性。
② 铝合金的表面处理是指将基体金属表面经过处理而形成新的表面层,一般是在基体表面形成一层氧化层薄膜。其基本工序为预处理、氧化着色处理和后处理。
③ 预处理的目的是清除铝材表面上的杂质、油污,后处理的目的在于改善氧化膜的耐蚀性能及保护着色层,主要是封孔处理。氧化着色处理则是表面处理的主要工序。主要由阳极氧化处理及阳极氧化着色处理组成。
④ 阳极氧化处理可在多种电解液中进行,通过电解生成氧化膜。阳极氧化着色处理主要有三种方法:
   a. 自然发色法。自然发色法是阳极氧化不同时就使氧化膜获得了颜色。就铝合金门窗主要使用的Al—Mg—Si系,颜色主要为银白、浅黄、金黄等。生成的氧化膜大多是硬质氧化膜,耐候性良好。
   b. 电解着色法(浅田法为代表)。该法可获得多种色调的氧化膜。其耐候性不低于自然发色法,色调也不受氧化膜厚度的限制,且成本较低。所获得的色调,在理论上可获得多种颜色,主要是青铜系、黑色系。
   c. 染色法。染色法可以获得多种颜色,但要进行严格的封孔处理,否则影响质量。
⑤ 表面处理方法还有化学氧化处理及电镀处理。

铝合金型材的主要力学性能   表3

性能名称	指标	性能名称	指标
屈服强度	≥110N/mm²	弹性模量	65500N/mm²
抗拉强度	≥150N/mm²	线性膨胀系数	23×10⁻⁶/℃
抗压强度	324N/mm²	硬度	≥58HV
延伸率	≥8%	比重	2710kg/m³

铝合金门窗的安装

一、铝门窗五金配件的质量应与门的质量等级相适应。

二、铝门窗选用的连接件及固定件,除不锈钢外,均应经防腐处理。连接时宜在与铝材接触面加设塑料或橡胶垫片。

组合门窗的拼料,除铝型材和不锈钢外,均应经防腐或防锈处理。

三、安装铝门窗应采用预留洞口的方法,预留间隙视墙体饰面材料总厚度而定,一般在20～60mm。

四、铝门窗框与墙体间缝隙塞填时,不得损坏铝门窗防腐面。当塞缝材料为水泥砂浆时,可在铝材与砂浆接触面涂沥青胶或满贴厚度大于1mm的三元乙丙橡胶软质胶带。

注:当设计未规定填塞材料时,应采用矿棉或玻璃棉毡条分层填塞缝隙,外表面留5～8深槽口填嵌嵌缝油膏。

一般概念 [2] 铝合金门

铝合金门窗设计

一、应根据使用和安全要求确定铝合金门窗的风压强度性能、雨水渗漏性能、空气渗透性等综合指标。

二、组合门窗设计宜采用定型产品门窗作为组合单元。非定型产品的设计应考虑洞口最大尺寸和开启扇最大尺寸的选择和控制。

三、外墙门窗的安装高度应有限制。广东地区规定,外墙铝合金门窗安装高度≤60m(不包括玻璃幕墙)、层数≤20层;若高度>60m或层数>20层则应进行更细致的设计。必要时尚应进行风洞模型试验。

四、应正确选择铝合金门窗与墙体等的连接固定形式。门窗与墙体等的连接固定点,每边不得少于二点,且间距不得大于0.7m。在基本风压≥0.7kPa的地区,不得大于0.5m;边框端部的第一固定点距端部的距离不得大于0.2m。与砖墙连接固定时,严禁采用射钉直接固定。

五、建筑外铝门窗的防雷设计应符合国家有关规定。

铝合金门框料的系列

系列名称是以门框的厚度构造尺寸来区分各种铝合金门的称谓,如:平开门门框厚度构造尺寸为50mm宽,即称为50系列铝合金平开门;推拉铝合金门的门框厚度构造尺寸为90mm,即称为90系列铝合金推拉门。

我国各地铝合金门型材系列对照参考　　表1

地区\系列门型	平开门	推拉门	有框地弹簧门	无框地弹簧门
北京	50、55、70	70、90	70、100	70、100
上海华东	45、53、38	90、100	50、55、100	70、100
广州	38、45、46、100	70、108、73、90	46、70、100	70、100
广东	40、45、50、55、60、70、80			
深圳	40、45、50、55、60、70、80	70、80、90	45、55、100	70、100
		80、100		

铝合金门最大洞口尺寸、最大开启扇尺寸　　表2

门型种类	系列	最大洞口尺寸(B×H)	最大开启扇尺寸(b×h)
平开门	50	1800×2700	900×2400
	55	1800×2700	950×2350
	70	1800×2700	900×2400
推拉门	70	1800×2100	893×2033
	90	3600×3000	1000×2350
有框地弹簧门	70	3900×3300	1800×2400
	100	3700×3300	1000×2400
无框地弹簧门	70	4800×2100	1000×2100
	100	4800×2100	1000×2100

铝合金门的开启形式　　表3

平开门	推拉门
有框地弹簧门	无框地弹簧门

平板玻璃种类和最大允许面积 (m²)　　表4

玻璃种类(厚mm)		耐风压性等级						
		80	120	160	200	240	280	360
浮法玻璃及磨光玻璃	3	1.97	1.31	0.98	0.79	0.66	0.56	0.44
	4	2.23	2.00	1.50	1.20	1.00	0.86	0.67
	5	4.00	2.81	2.11	1.69	1.41	1.21	0.94
	6	4.00	3.75	2.81	2.25	1.88	1.61	1.25
	8	4.00	4.00	3.60	2.88	2.40	2.06	1.60
	10	4.00	4.00	4.00	4.00	3.50	3.00	2.33
	12	4.00	4.00	4.00	4.00	4.00	4.00	3.20
压花玻璃	4	1.80	1.00	0.09	0.72	0.60	0.51	0.40
	6	3.38	2.25	1.69	1.35	1.13	0.96	0.75
钢化玻璃	4	1.80	1.80	1.80	1.80			
	5	1.80	1.80	1.80	1.80			
嵌网玻璃	磨光 6.8	4.00	3.21	2.41	1.93	1.61	1.38	
	非磨光 6.8	3.44	2.30	1.72	1.38	1.15	0.98	
夹层玻璃	6	2.16	2.10	1.58	1.26	1.05	0.90	0.70
	8	2.16	2.16	2.16	1.92	1.60	1.37	1.70
	10	4.00	4.00	3.38	2.70	2.25	1.93	1.50
	12	4.00	4.00	4.00	3.60	3.00	2.57	2.00
中空玻璃	3+3	1.92	1.92	1.47	1.18	0.98	0.84	0.65
	3+4	1.92	1.80	1.35	1.00	0.88	0.77	0.59
	4+4	2.16	2.16	2.16	1.80	1.50	1.29	1.00
	5+6.8 网丝	4.00	3.44	2.58	2.07	1.72	1.48	
	5+5	4.00	4.00	3.16	2.53	2.10	1.80	1.40
	5+6.8 网丝磨光	4.00	4.00	3.16	2.53	2.10	1.80	
	6+6	4.00	4.00	4.00	3.37	2.21	2.41	1.87

注:①3mm的浮法玻璃中包括3mm的普通玻璃。
②4mm的钢化玻璃中包括压花的钢化玻璃。
③夹层玻璃的材料玻璃使用浮法玻璃,公称厚度是材料玻璃厚度之和。
④中空玻璃的种类用材料玻璃的厚度表示,没有标记的均为浮法玻璃,两块玻璃间有6mm~12mm厚的气体层。
⑤除4mm厚的玻璃外,浮法玻璃和嵌网、嵌丝玻璃中均包括吸热玻璃,6mm以上的浮法玻璃中,包括热反射玻璃。

本表摘自深圳市装饰行业协会《铝合金门窗规范汇编》

铝合金门[3]—般概念

普通铝合金门窗在选用时，应根据不同地区、不同气候、不同环境、不同建筑物的不同使用要求和不同构造处理，选择不同的门窗形式和结构形式。

有关的几个性能指标如下：

a. 抗风压性能。见表1、表2。
b. 空气渗透性能。见表3。
c. 雨水渗透性能。见表3。

平开铝合金基本门抗风压性能计算表（抗风压值：Pa） 表1

洞口尺寸 (B×H)	型别	A			B			A			B			A			B			A			B		
	系列	50	55	70	50	55	70	50	55	70	50	55	70	50	55	70	50	55	70	50	55	70	50	55	70
800×2100			3400			2900			3800	5400		5000	3600	4000											
2400			3400			2900			3000	5400		5000	3600	3700			4000								
2700			3400			2900			3800	5400		5000	3600	3350			4000								
900×2100			2900			2500			3400	3400		2200	3500												
2400			2900			2500			2650	3400		5000	2200	3300			3700								
2700			2900			2500				3400		5000	2200	2950			3700								
1000×2100			2500			2200				2200			1400	3100											
2400			2500			2200				2200			1400	2900			3500								
2700			2500			2200				2200			1400	2550			3500								
1200×2100									3350			5000			4900		4000	3350	4000	3500	2400	2500			
2400															4900		4000	3350	4000	2570	2400	2500	3300		
2700															4900		4000	3350	4000	2300	2400	2500	2100		
1500×2100															3500		3200	2800	3200	2900	2000	2000			
2400															3500		3200	2200	3200	1900	1550	2000	2700		
2700															3500		3200	1950	3200	1600	1400	2000	1700		
1800×2100															2800		2400	2450	2700	2400	1750	1700			
2400															2800		2400	1250	1550	900	1700	2200			
2700															2800		2400	1100	2700	1300	800	1700	1350		

注：A 为普通玻璃抗风压值，B 为中空玻璃抗风压值。

推拉铝合金基本门抗风压性能计算表（抗风压值：Pa） 表2

洞口尺寸 (B×H)								
系列	70	70	70	70	70	70	90	90
1500×2100	2100	2000					2700	
1800	1800	1700					2400	
2100	1600	1400					2000	
1500×2400	1400	1300	2500	2300			1700	3100
1800	1200	1100	2100	1900	2100		1500	2700	2700
2100	1000		1900	1600		1600	1300	2400	2400
1500×2700			2100	2000				2600
1800			1800	1600	1800			2300	2300
2100			1600	1400		1400		2000	2000
1500×3000			1800	1500				1700
1800			1600	1400	1600			1500	1500
2100			1400	1200		1200		1300	1300

注：①本表抗风压值是按正压计算的，负压应另行核算，供设计参考。
②坡度允许值为 L/130。玻璃厚度：70 系列为 5mm；90 系列为 6mm。
③使用时应按工程所在地的瞬时风压进行。
④70 系列中 A 型和 B 型门抗风压性能均在 800Pa 以下，故只允许制作室内门。抗风压值未列入此表。70 系列为 A 型门（加强型门）抗风压值；普通门（原型门）抗风压值均在 1000Pa 以下，故作室内门。

空气渗透性及雨水渗漏性能表 表3

门种类	系列	标准门 (B×H)	空气渗透实测值 m³/h·m	雨水渗漏实测值 Pa
平开门	50	900×2100	1.89	450
	55	900×2100	1.30	500
	70	900×2100	1.00	300
推拉门	70	1800×2100	1.04	150
	90	1800×2100	1.80	150

铝合金门密封条及缓冲件（仅用在推拉门）

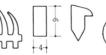

密封条 嵌装玻璃用的密封条亦称密封胶条；门窗扇关闭后封闭缝隙的密封条亦称密闭条。密封条主要用合成橡胶类、聚氯乙烯类和聚氨酯类材料制作。

缓冲件 推拉门使用的缓冲件一般用硬度较高的硬橡胶或尼龙制作，螺钉或胶固定。

五金配件[4] 铝合金门

铝合金门五金表
表1

小型	系列			合页	上插销	下插销	门锁	把手	滑轮	地弹簧	防拆卸装置	限位器	闭门器	备注
平开门	50	单扇	内开	○			○	○						不锈钢合页
			外开	○			○	○						不锈钢合页
		双扇	内开	○	○	○	○	○						不锈钢合页
			外开	○	○	○	○	○						不锈钢合页
	55	单扇	内开	○			○	○						铝合金型材合页
			外开	○			○	○						铝合金型材合页
		双扇	内开	○	○	○	○	○						铝合金型材合页
			外开	○	○	○	○	○						铝合金型材合页
	70	单扇	内开	○			○	○					○	不锈钢合页
			外开	○			○	○					○	不锈钢合页
		双扇	内开	○	○	○	○	○					○	不锈钢合页
			外开	○	○	○	○	○					○	不锈钢合页
推拉门	70	单扇	内开		○	○	○	○	○		○			不锈钢滑轮组
			外开		○	○	○	○	○		○			不锈钢滑轮组
		双扇	内开		○	○	○	○	○		○	○		不锈钢滑轮组
			外开		○	○	○	○	○		○	○		不锈钢滑轮组
	90	单扇	内开		○	○	○	○	○		○			不锈钢滑轮组
			外开		○	○	○	○	○		○			不锈钢滑轮组
		双扇	内开		○	○	○	○	○		○	○		不锈钢滑轮组
			外开		○	○	○	○	○		○	○		不锈钢滑轮组
有框地弹簧门	70	单扇	内开				○	○		○				铝合金执手
			外开				○	○		○				铝合金执手
		双扇	内开		○	○	○	○		○				铝合金执手
			外开		○	○	○	○		○				铝合金执手
	100	单扇	内开				○	○		○				铝合金执手
			外开				○	○		○				铝合金执手
		双扇	内开		○	○	○	○		○				铝合金执手
			外开		○	○	○	○		○				铝合金执手
无框地弹簧门	70	单扇	内开				○	○		○				直拉手、圆盘拉手
			外开				○	○		○				直拉手、圆盘拉手
		双扇	内开				○	○		○				直拉手、圆盘拉手
			外开				○	○		○				直拉手、圆盘拉手
	100	单扇	内开				○	○		○				直拉手、圆盘拉手
			外开				○	○		○				直拉手、圆盘拉手
		双扇	内开				○	○		○				直拉手、圆盘拉手
			外开				○	○		○				直拉手、圆盘拉手

注：不锈钢轴铝合金型材合页具有整体性强、开启灵活、造型美观之优点。

铝合金门的玻璃品种及厚度（mm）
表2

门型种类	系列	普通平板玻璃	浮法玻璃	夹层玻璃	钢化玻璃	中空玻璃
平开门	50	5、6	5、6	5、6	5、6	19（5+9+5）
	55	5、6	5、6	5、6	5、6	19（5+9+5）
	70	5、6	5、6	5、6	5、6	22（6+10+6）
推拉门	70	5、6、8	5、6、8		5、6	
	90	5、6、8	5、6、8		5、6	
有框地弹簧门	70	5、6、8	5、6、8	5、6	5、6	
	100	5、6、8	5、6、8	5、6	6	
无框地弹簧门	70	8、10	8、10	8	8	
	100	8、10、12	8	8	8	

注：5厚以上的浮法玻璃及6、8厚的嵌网（丝）玻璃中均包括吸热玻璃。6厚以上的浮法玻璃中包括热反射玻璃。

铝合金门的密封材料
表3

门型种类	系列	密封条	密封胶
平开门	50	橡胶密封条	硅酮胶
	55	橡胶密封条	聚硫胶
	70	橡胶密封条	聚氨酯胶
推拉门	70	密封毛条	密封胶一般配合泡沫塑料条（隔垫）使用
	90	密封毛条、橡塑密封条	
有框地弹簧门	70	密封毛条、橡塑密封条	密封胶一般用在朝室外一侧，也可同时用于室内外。
	100	密封毛条、橡塑密封条	
无框地弹簧门	70	密封毛条、橡塑密封条	
	100	密封毛条、橡塑密封条	

注：密封条截面形状详上页。

铝合金门窗编制资料来源

本图集中除注明者外，所有资料均摘自我国1992年编制的国家建筑标准设计图集。按门、窗图集顺序，参与上述图集编制的厂家如下：

- 上海玻璃陶瓷厂机械厂
- 北京市门窗公司
- 沈阳飞机制造公司铝合金结构工程公司
- 沈阳黎明铝门窗工程公司
- 西安飞机工业公司
- 深圳航空铝型材公司
- 广州铝合金门窗厂
- 哈尔滨飞机制造公司铝门窗分公司
- 北京海淀蓝天铝门窗厂
- 广州铝材厂

以上厂家，凡前面带"·"者，系96年7月"中国建设报"资料。

铝合金门[5]平开门

平开铝合金门具有密封性能好、隔音防尘的特点，并可带纱门。它适用于作高级住宅、小别墅、宾馆、酒店和办公写字楼等房间的内外门。门的开启方向可以内开，也可以外开。

它可与平开窗、推拉窗、固定窗（局部）组合成落地门连窗后，用于阳台。

标准较高的工业建筑，也可选用铝合金平开门。但对有特殊防腐蚀要求的建筑物，应根据铝合金的耐腐蚀性能慎重采用。

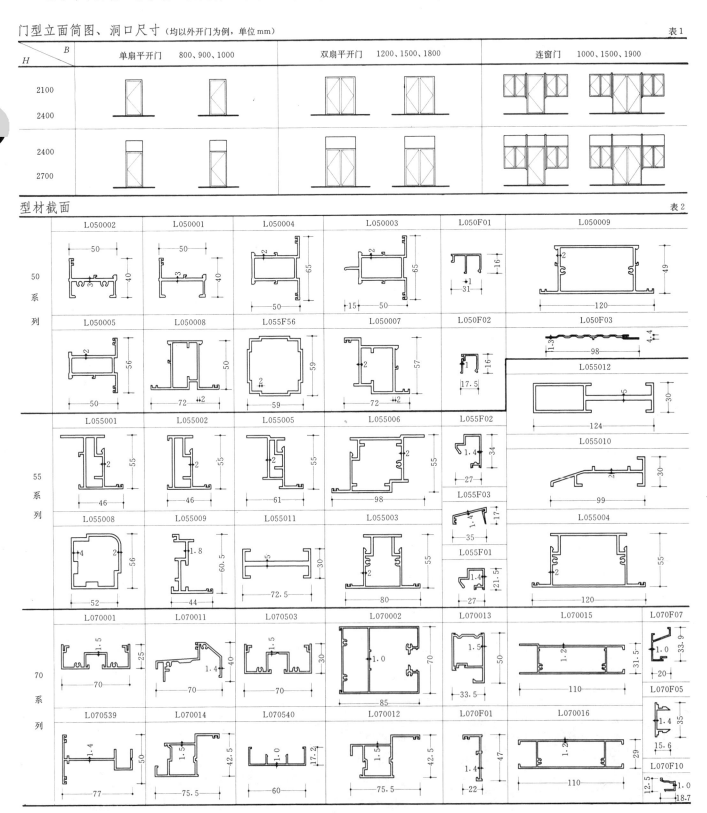

注：资料来源：国家建筑标准设计 92SJ605

平开门[6]铝合金门

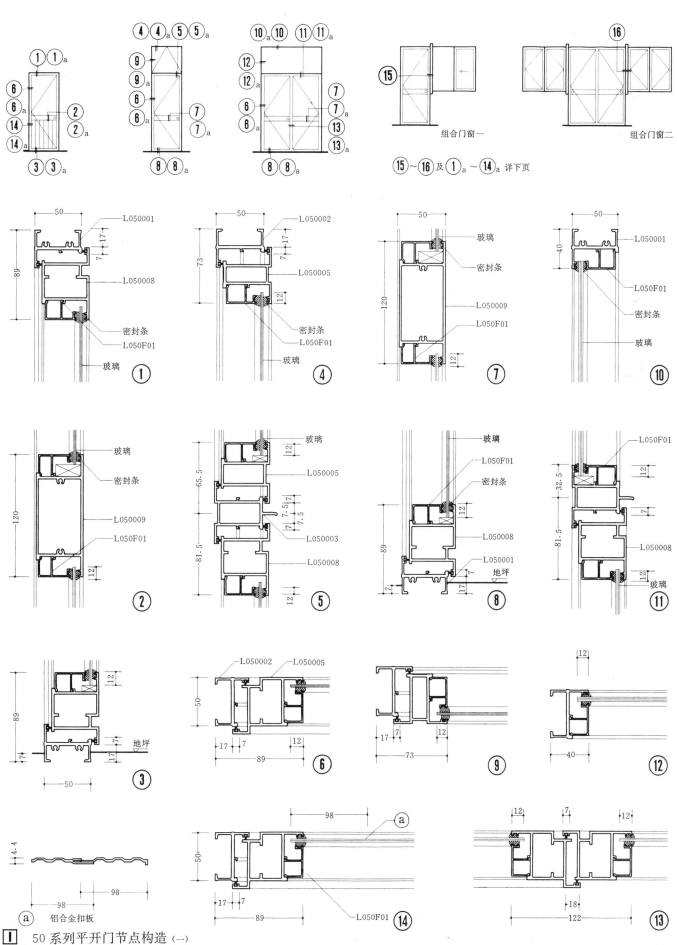

I 50系列平开门节点构造（一）

铝合金门 [7] 平开门

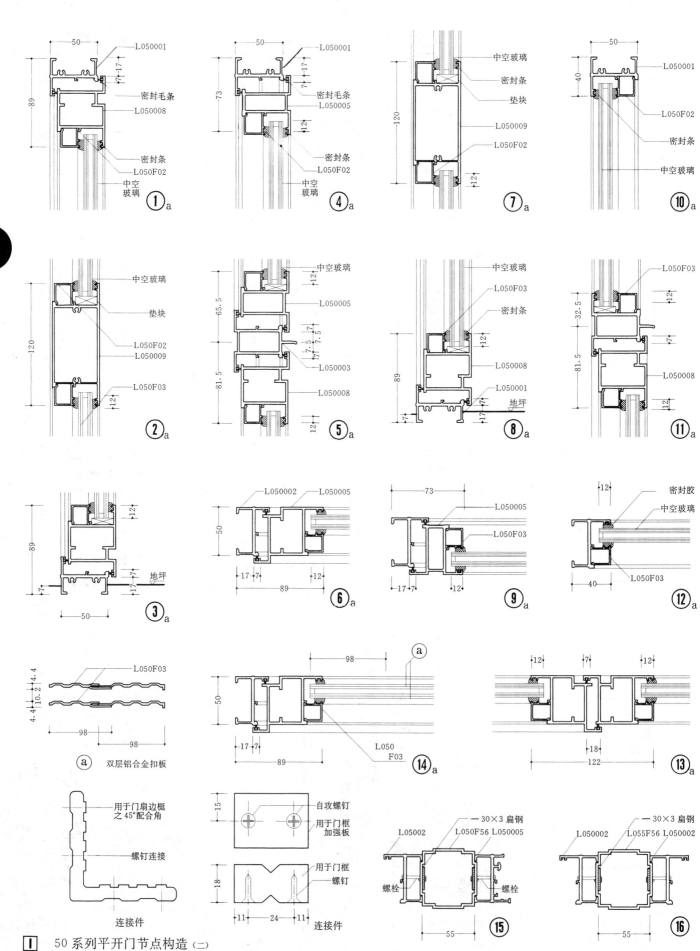

I 50系列平开门节点构造（二）

平开门[8] 铝合金门

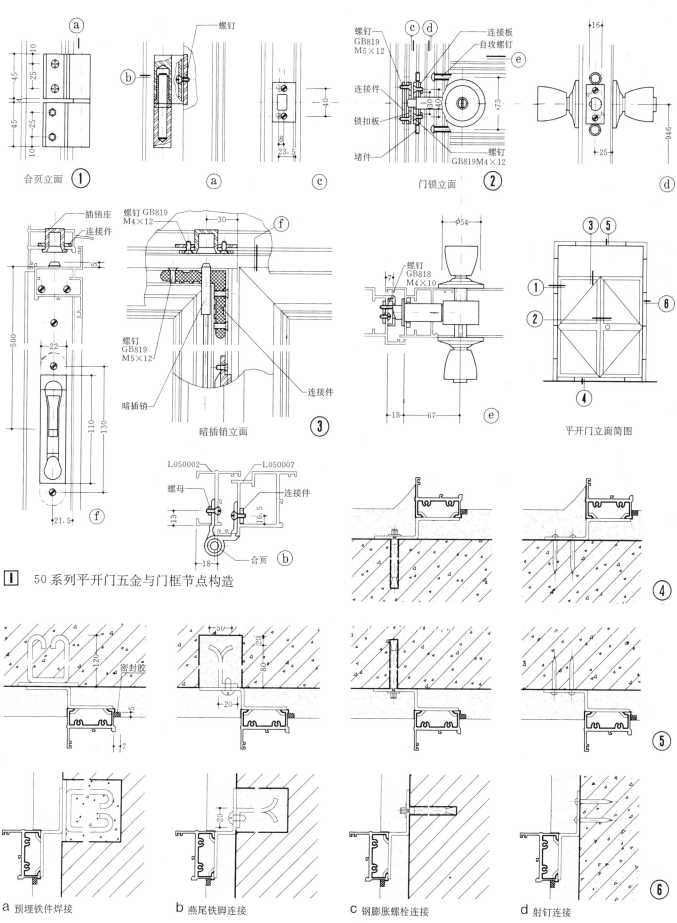

1 50系列平开门五金与门框节点构造

a 预埋铁件焊接　　b 燕尾铁脚连接　　c 钢膨胀螺栓连接　　d 射钉连接

2 50系列平开门门框与墙体连接节点构造

铝合金门[9]平开门

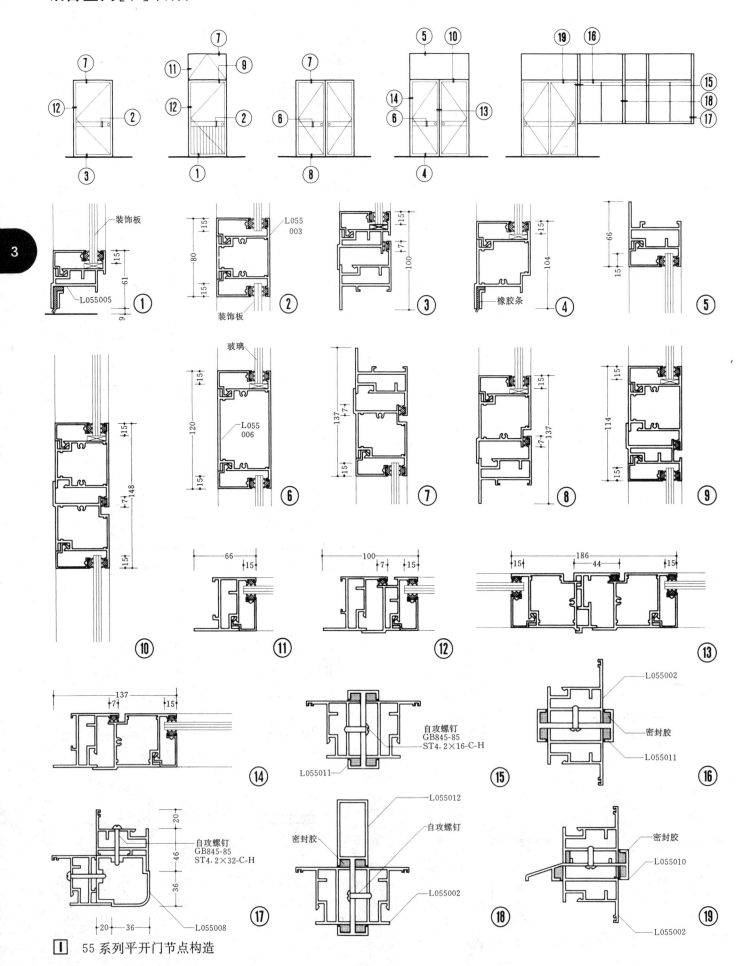

I 55系列平开门节点构造

平开门[10] 铝合金门

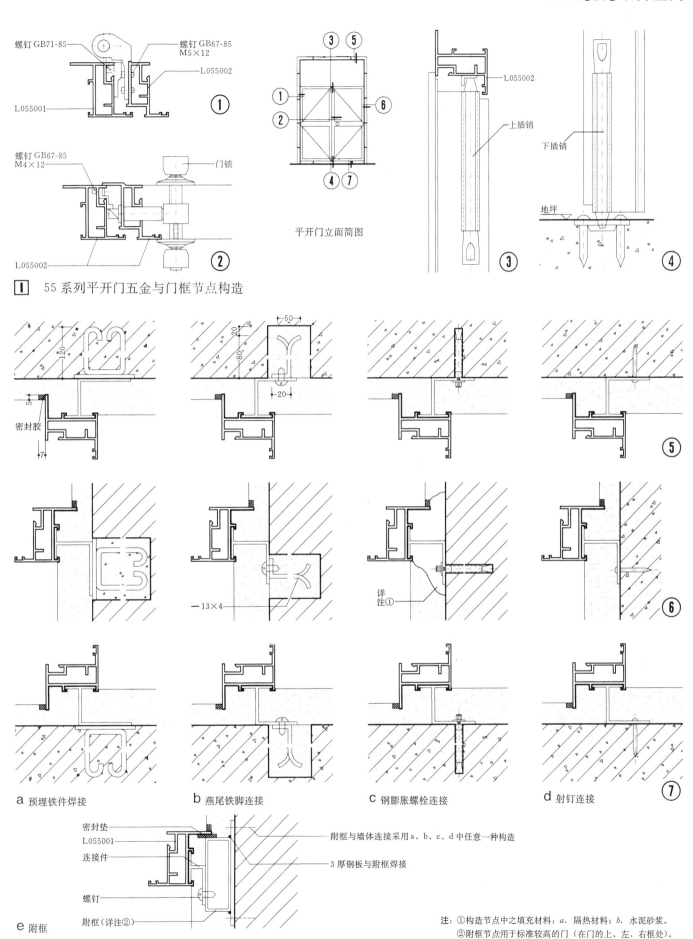

1 55系列平开门五金与门框节点构造

a 预埋铁件焊接　　b 燕尾铁脚连接　　c 钢膨胀螺栓连接　　d 射钉连接

e 附框

2 55系列平开门门框与墙体连接节点构造

注：①构造节点中之填充材料：a. 隔热材料；b. 水泥砂浆。
②附框节点用于标准较高的门（在门的上、左、右框处）。

铝合金门[11] 平开门

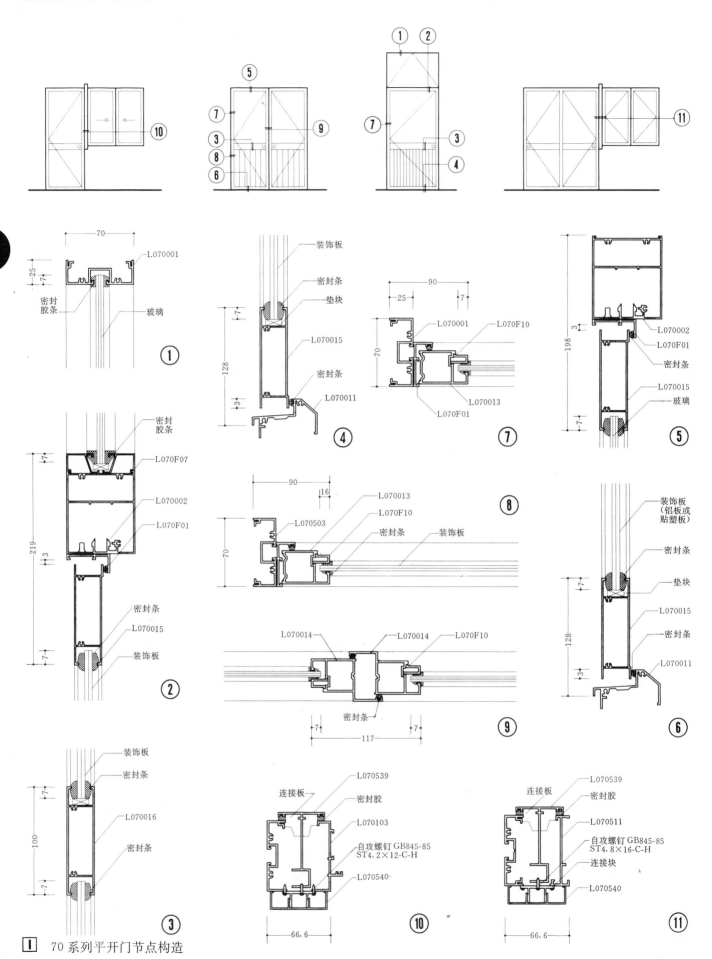

I 70系列平开门节点构造

平开门[12]铝合金门

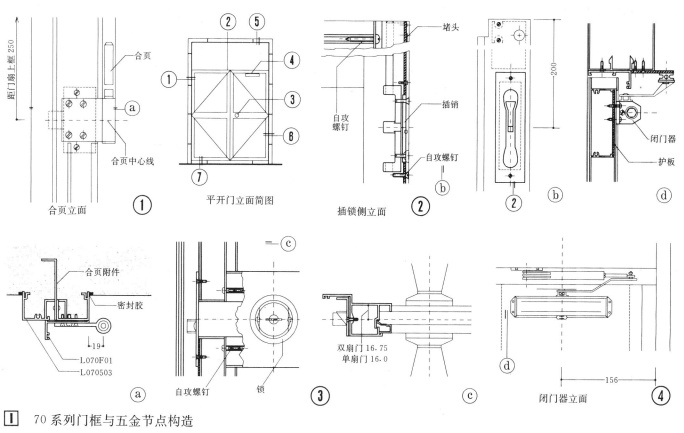

1 70系列门框与五金节点构造

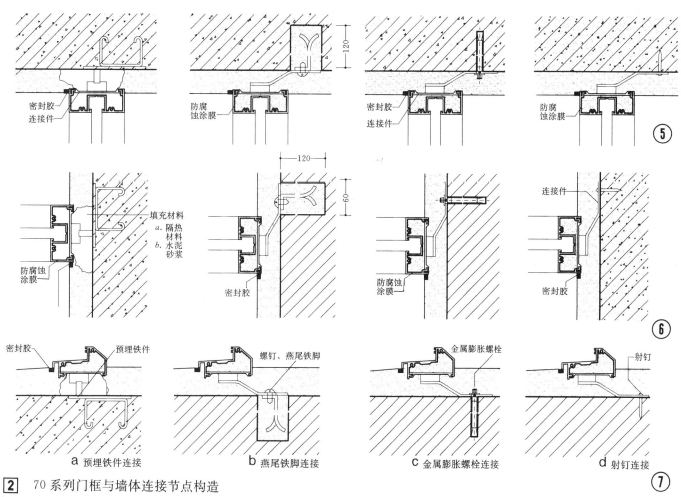

2 70系列门框与墙体连接节点构造

铝合金门[13] 推拉门

推拉铝合金门具有开启方便、不占空间等特点。而且开启宽度大；开启后亦不影响建筑外立面的美观，比较整洁。推拉门可以单独使用，亦可与固定窗和铝合金玻璃隔断组合使用。

推拉铝合金门适用于酒店、旅馆、办公楼及商业建筑，亦可适用于高级住宅阳台门，特别适用于使用人数不多、且面向过道、走廊设置的门。标准较高的工业建筑也可选用推拉门，但对防腐有特殊要求的工业建筑，应依铝合金的耐腐蚀性慎重采用。

型材截面

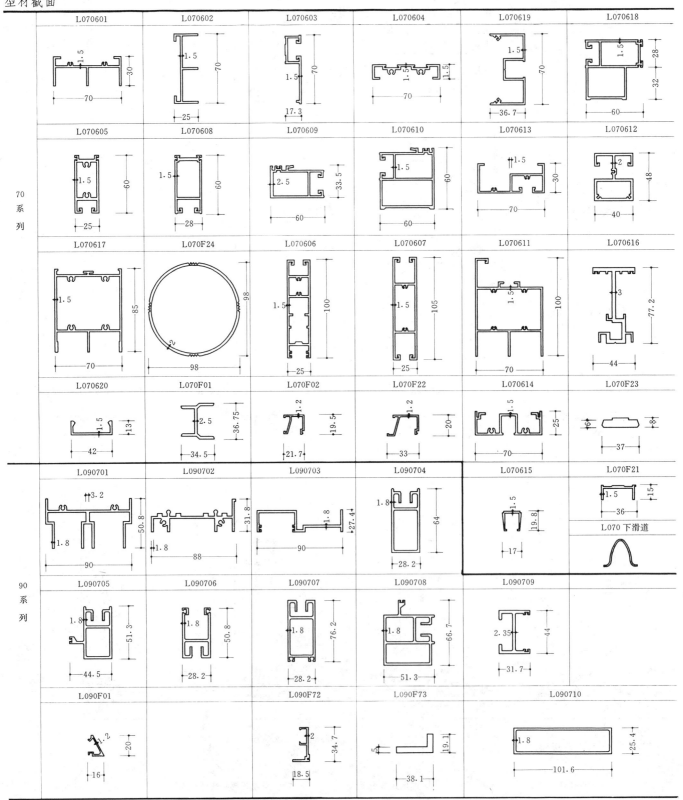

注：资料来源：国家建筑标准设计 92SJ606

推拉门[14]铝合金门

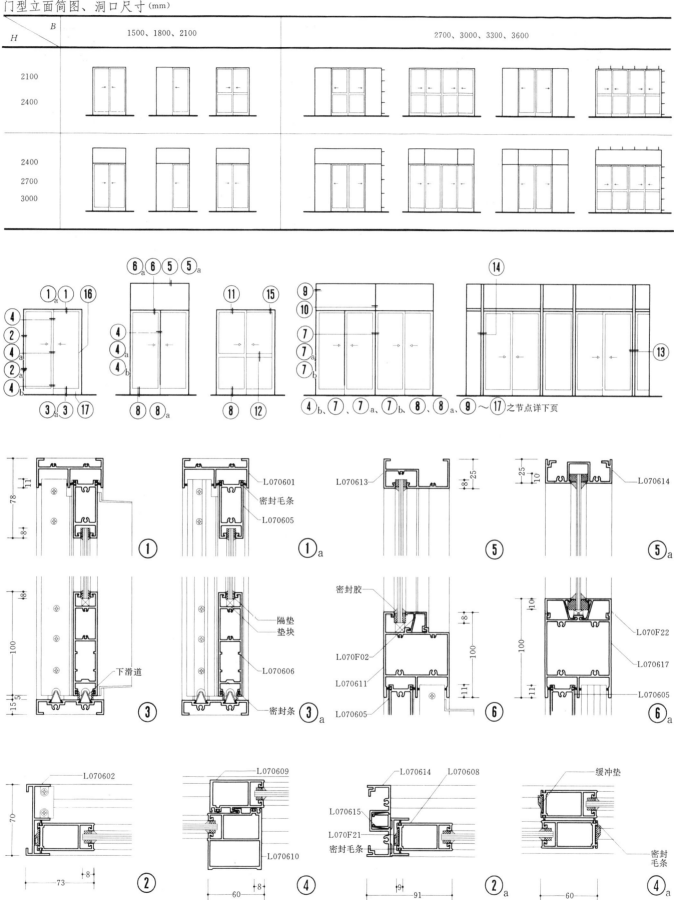

I 70系列推拉门节点构造（一）

铝合金门[15] 推拉门

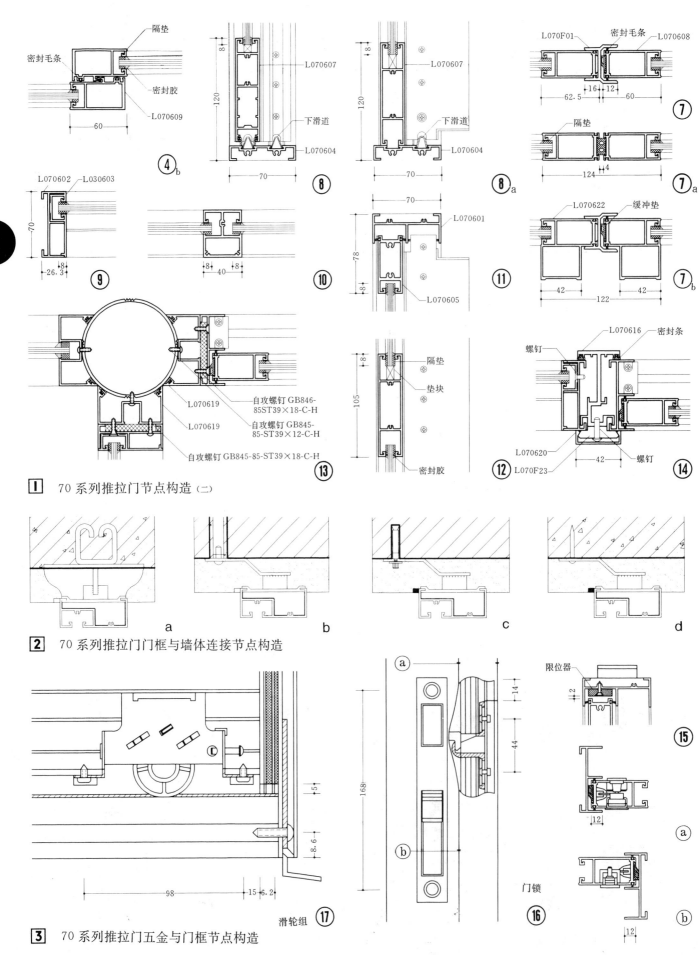

1. 70系列推拉门节点构造（二）
2. 70系列推拉门门框与墙体连接节点构造
3. 70系列推拉门五金与门框节点构造

推拉门[16]铝合金门

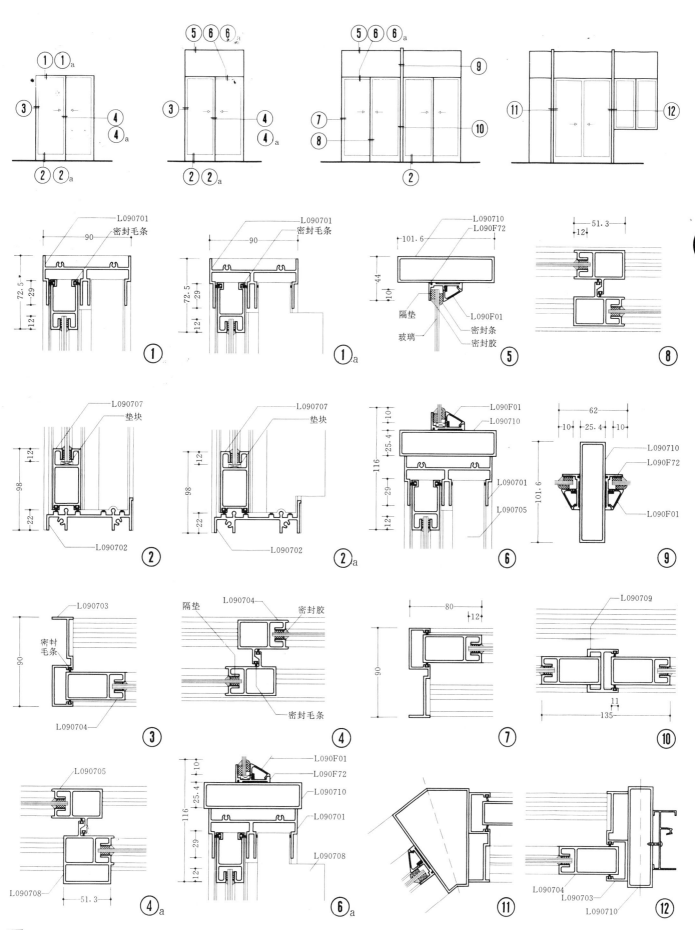

1 90系列推拉门构造节点

铝合金门[17] 推拉门

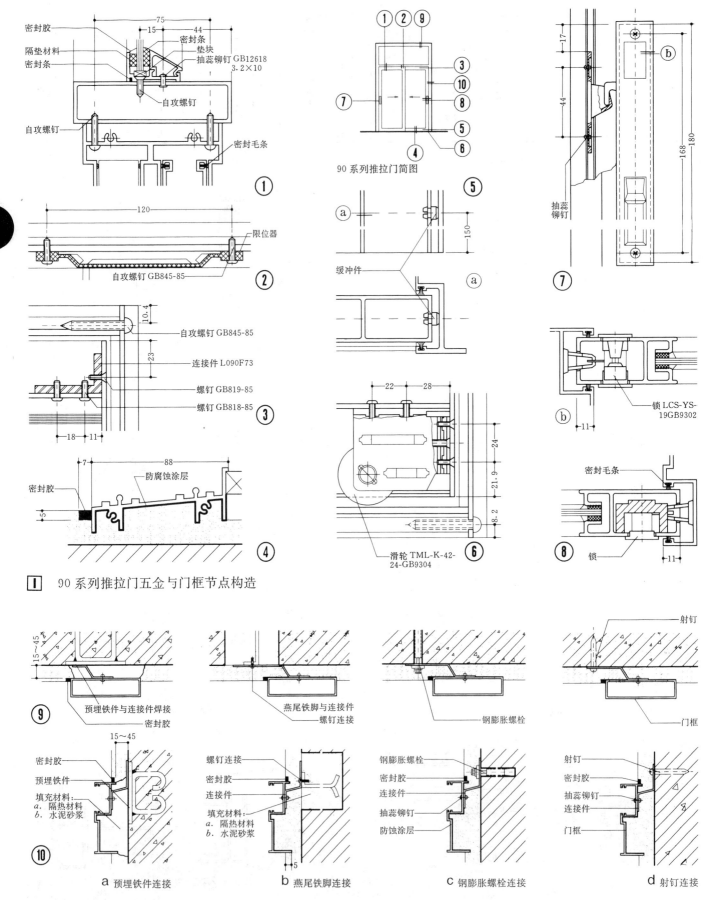

1 90系列推拉门五金与门框节点构造

2 90系列推拉门门框与墙体连接节点构造

推拉门 [18] 铝合金门

捷特利推拉门性能：
a、气密性：漏气量低于 $8m^3/m·h$；
b、水密性：防水性高于 $35kg/m^2$；
c、强度：抗风压达 160、200、240kg/m^2；
d、隔声性：22.5dB 以上。

特点：a、下框料阶梯式设计，框料高度由室内部分向室外依序下降，可使排水顺畅，避免水倒流，并易于清洁。b、外框采取角框无缝结合；坚固美观。c、门五金中，滑轮采用油轴承式，可上下调整高度，使门扇拉动自如，滑动轻巧；门扣采用不锈钢，美观耐用。
d、纱门（窗）采用弹簧上导轮，增加滑轮向上张力，纱门绝不脱落。

（资料来源：捷特利机械建材（深圳）有限公司样本）

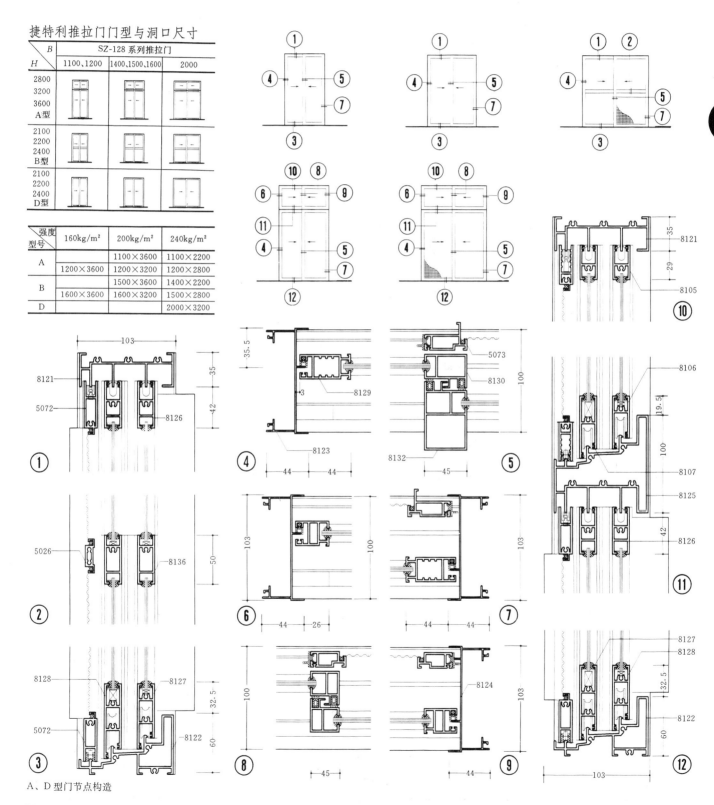

① 实例 捷特利推拉铝合金门

铝合金门[19] 地弹簧门

铝合金地弹簧门装有向内、向外均可开启的双作用地弹簧。它使用方便、美观大方，广泛应用于商场、酒店、学校、医院、办公写字楼和商业大厦。

铝合金地弹簧门的尺寸，除采用标准洞口尺寸外，尚可按设计要求制作，亦可与各种铝合金门窗（如固定窗、平开窗、推拉窗、固定门、平开门等）。组合使用时，应按有关要求，拼装成组合门窗。

组合门窗除注意拼料（竖向亦称竖料，横向亦称拼樘料）的选用外，尚应注意特大宽度之组合门上口的构造处理。上口若与结构梁距离较大，可设置纲结构附加梁或通过构造假梁的处理办法加以解决。

地弹簧门用于人员出入频繁、流量大及儿童集中场所，玻璃门扇应采用6mm或6mm以上钢化玻璃或夹层玻璃。

铝合金地弹簧门分为有框门与无框门二种。有框门中又分为密封型与非密封型，可根据需要选用。

地弹簧开启原理：门扇向里或向外开启，不到90度时，能使门扇自动关闭，当门扇开启到90度时，门扇可固定不动。关门速度可调节，不需铰链配合，朝一个方向或两个方向开启的门扇都可以应用。

型材截面

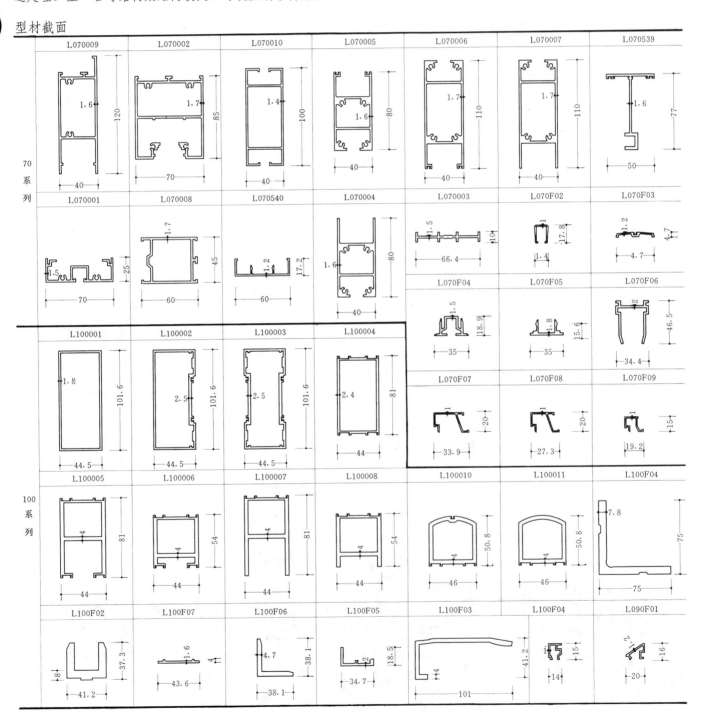

注：资料来源：国家建筑标准设计 92SJ607

地弹簧门[20]铝合金门

有框地弹簧门门型及洞口尺寸(mm)

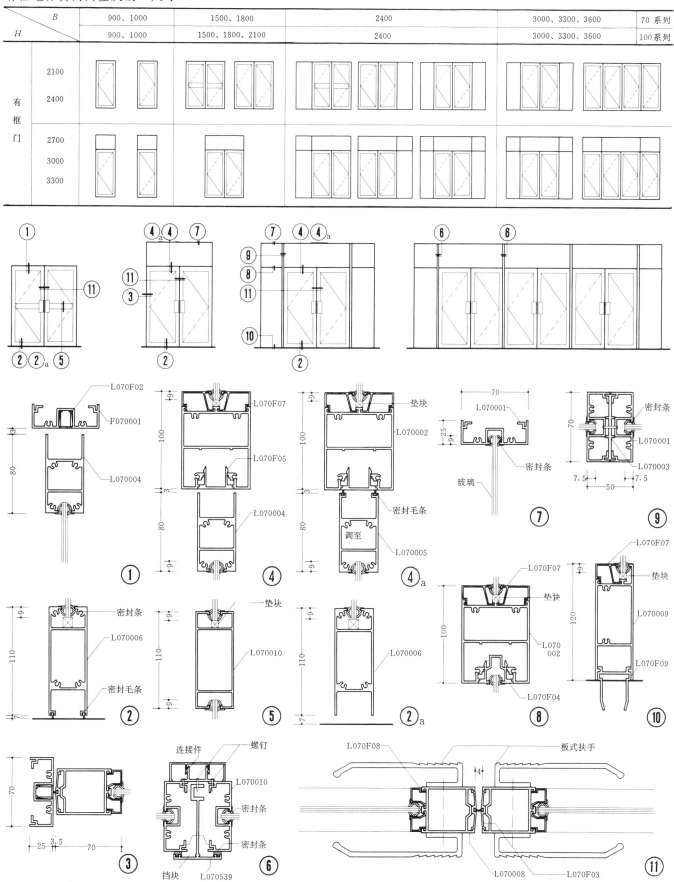

1 70系列地弹簧门节点构造

铝合金门[21] 地弹簧门

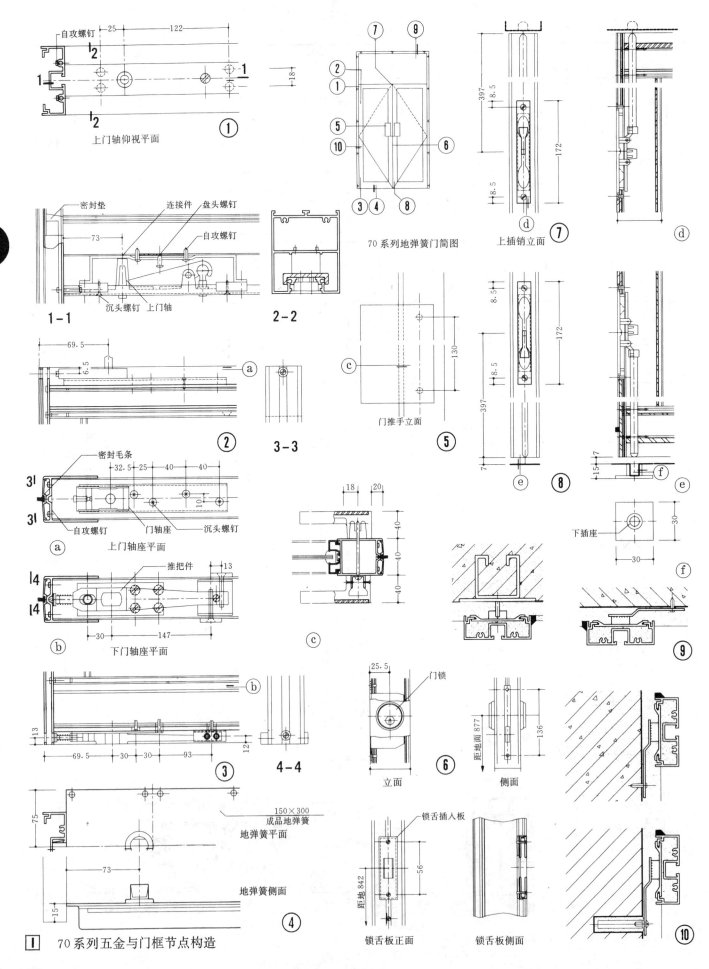

Ⅰ 70系列五金与门框节点构造

98

地弹簧门[22]铝合金门

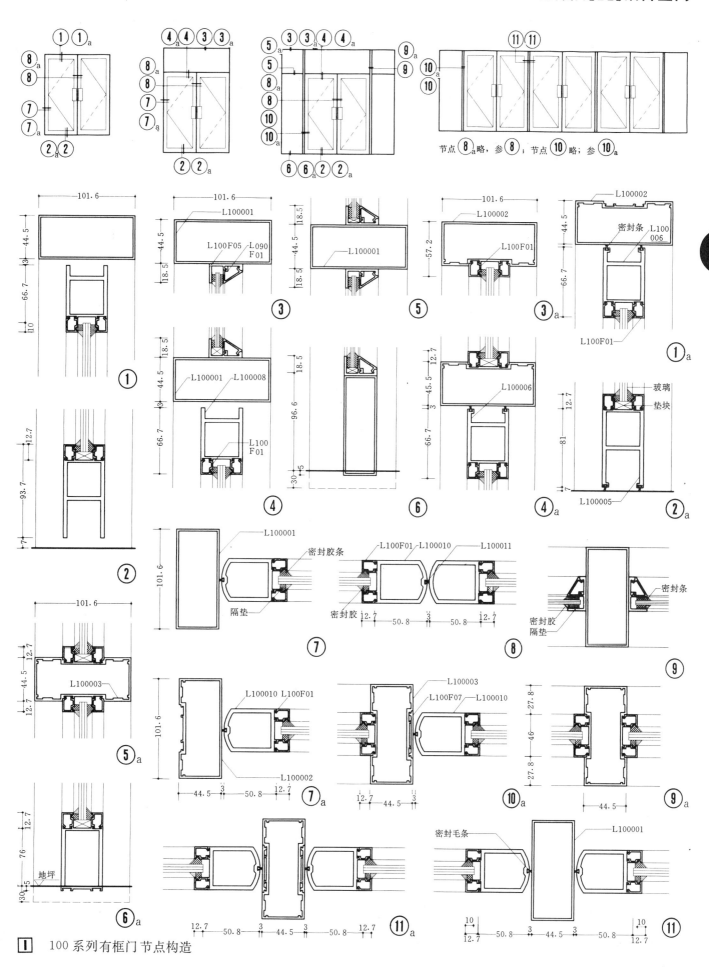

[1] 100系列有框门节点构造

铝合金门[23]地弹簧门

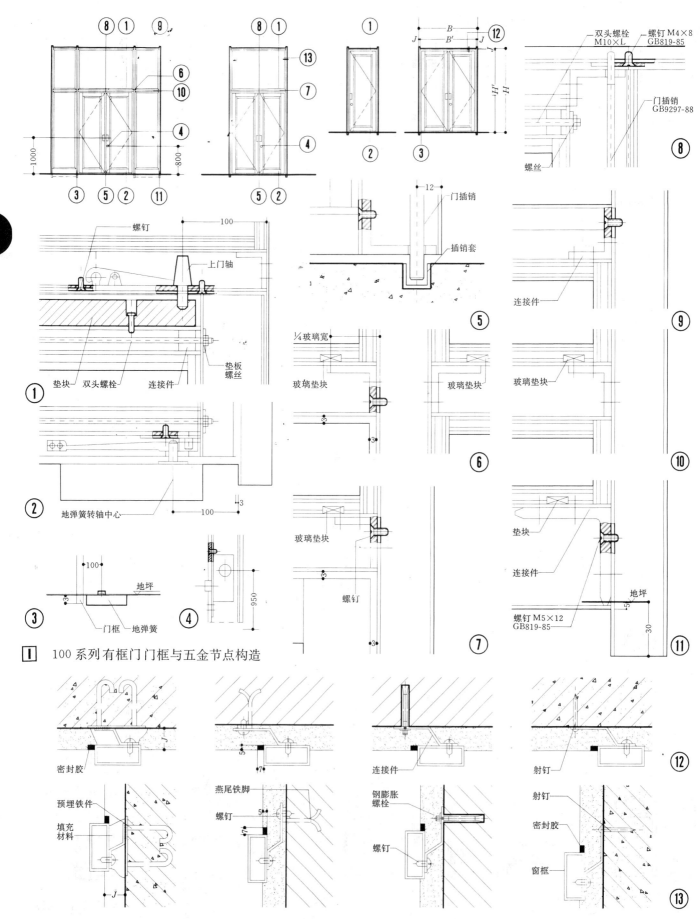

1 100系列有框门门框与五金节点构造

2 100系列有框门门框与墙体连接节点构造

地弹簧门[24]铝合金门

无框地弹簧门门型、洞口尺寸 (mm)

H \ B	900、1000	1500、1800	2100、2400	3000、3300、3600、3900
2100 2400	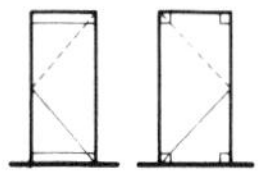	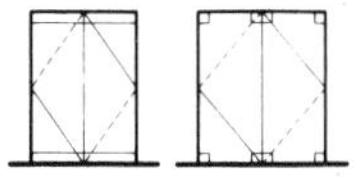	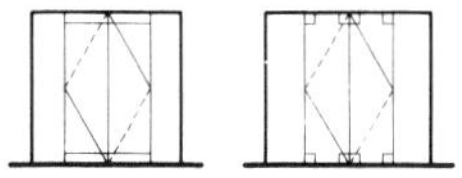	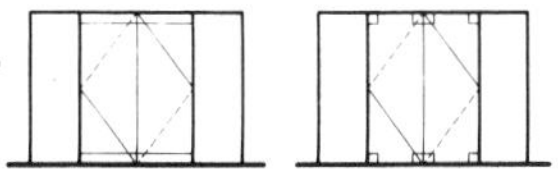
2700 3000 3300	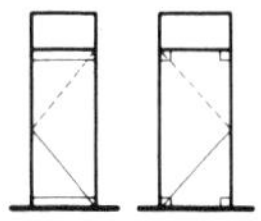	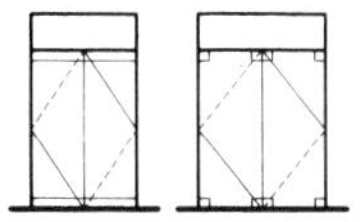	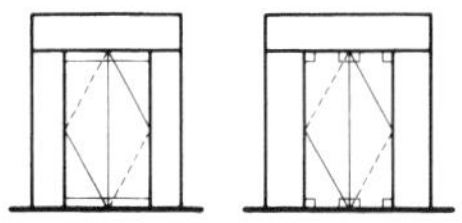	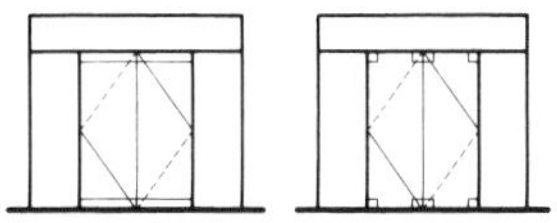

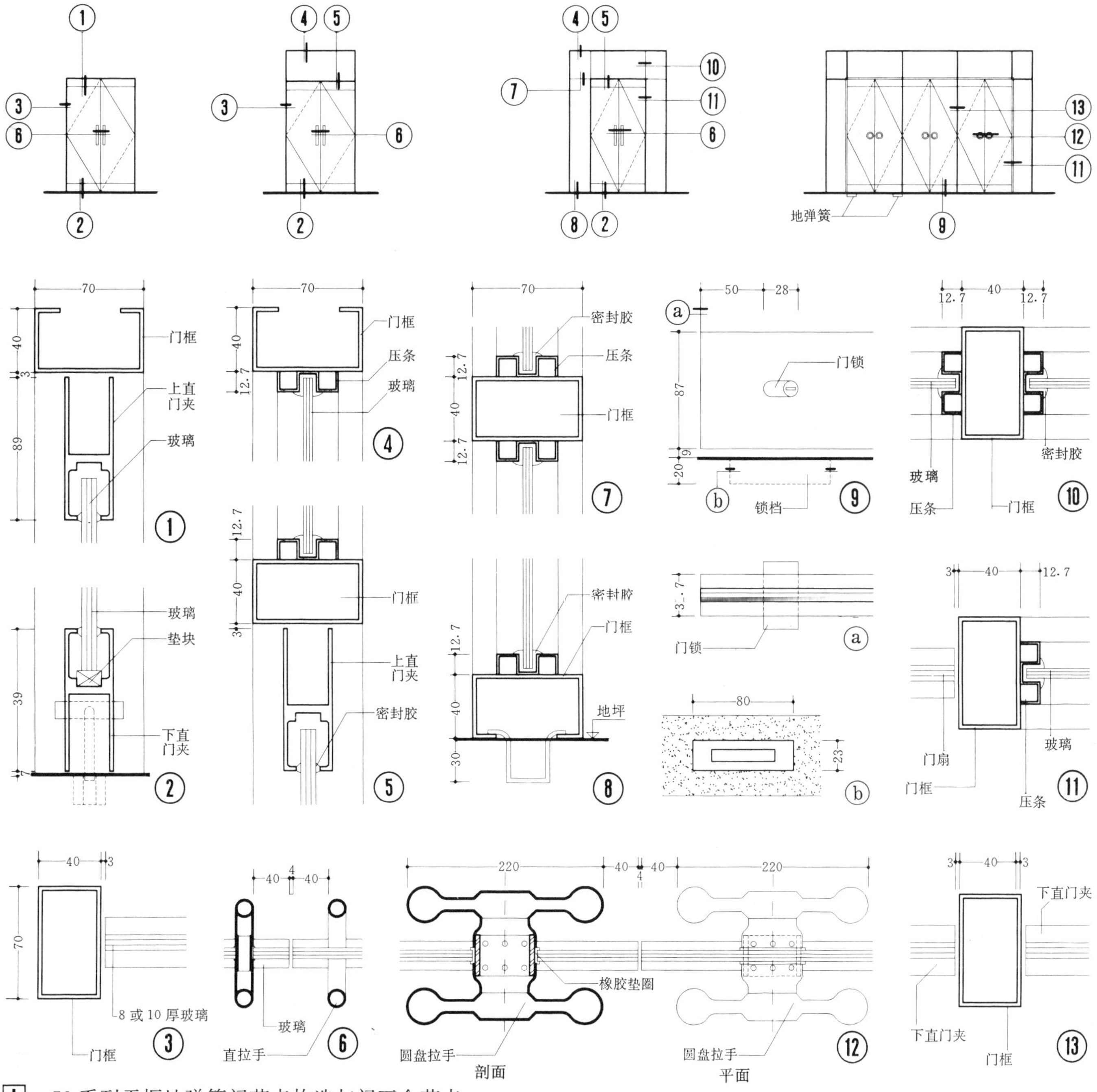

Ⅰ 70系列无框地弹簧门节点构造与门五金节点

铝合金门[25]地弹簧门

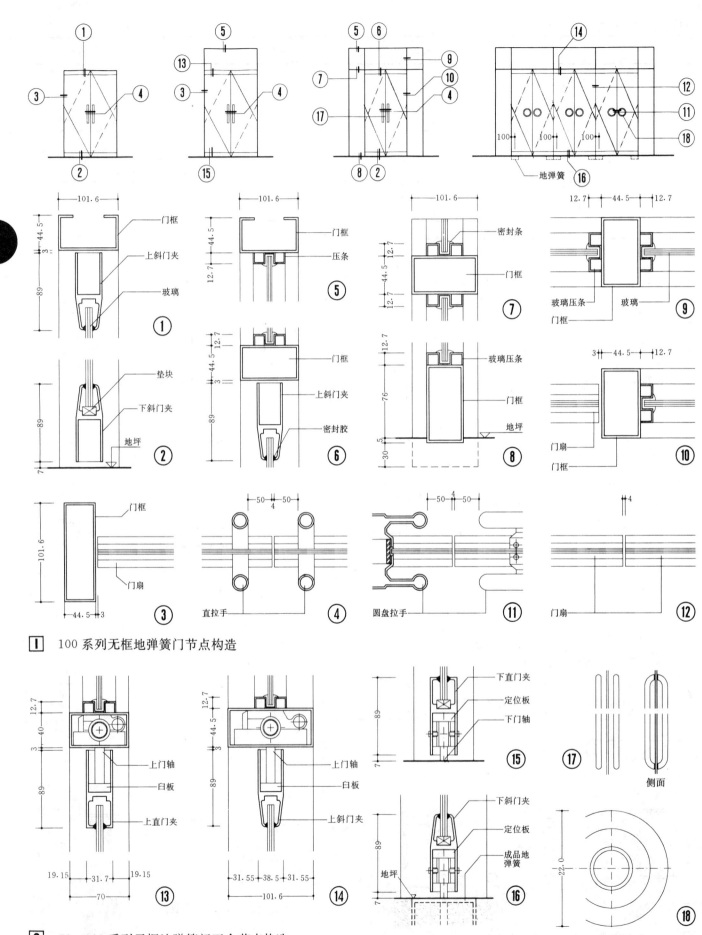

1 100系列无框地弹簧门节点构造

2 70、100系列无框地弹簧门五金节点构造

一般概念 [1] 铝合金窗

选择铝合金窗应考虑的几个指标

根据不同地区，不同环境，不同建筑物构造，选择不同的结构形式，并应考虑以下几个指标：

一、应根据《建筑结构荷载规范》结合《建筑外窗抗风压性能分级及其检测方法》，按50年一遇瞬时风速的风压选用，约相当于2.5倍基本风压，抗风压性能可按《基本窗抗风压性能计算表》选用，此表附在各种系列窗中；

二、标准窗（1200～1500×1500）的空气渗透性能实测值及雨水渗漏性能实测值，可按表5选取。

上述性能与产品的规格、附件质量以及制造厂家的生产技术、质量管理水平有密切的关系，宜根据制造厂家的实测情况选用。

铝合金窗框料的系列

铝合金窗框料的系列名称是以窗框的厚度尺寸来区分各种铝合金窗的称谓。如平开窗窗框厚度构造尺寸为50mm宽，即称为50系列铝合金平开窗；推拉窗窗框厚度构造尺寸为90mm宽，即称为90系列铝合金推拉窗，等等。

我国各地铝合金窗型材系列对照参考　　表1

窗型\地区	铝合金窗				
	固定窗	平开、滑轴	推拉窗	立轴、上悬	百叶
北京	40、45、50 55、70	40、50、70	50、60、65 70、90、90-I	40、50、70	70、80
上海	38、45、50	38、45、50	60、70、75	50、70	70、80
华东	53、90		90		
广州	38、40、70	38、40、46	70、70B 73、90	50、70	70、80
深圳	38、55 60、70、90	40、45、50 55、60、65、70	40、55、60 70、80、90	50、60	70、80

铝合金窗的玻璃厚度(mm)　　表2

窗型种类	系列	普通平板玻璃	浮法玻璃	夹层玻璃	钢化玻璃	中空玻璃
平开窗滑轴窗	40	5	5	5	5	
	50	5	5	5	5	16(5+6+5)
	70	5、6	5	5	5	16(5+6+5)
推拉窗	55	5、6	5、6	5、6	5、6	16(5+6+5)
	60	5、6	5、6	5、6	5、6	16(5+6+5)
	70	5、6	5、6	5、6	5、6	16(5+6+5)
	90	5、6	5、6	5、6	5、6	22(5+12+5)
	90-I	5、6	5、6	5、6	5、6	22(5+12+5)
立轴窗	70	5	5	5	5	16(5+6+5)
中悬窗	70	5	5	5	5	16(5+6+5)

铝合金窗最大洞口尺寸、最大开启扇尺寸(mm)　　表3

窗型种类	系列	最大洞口尺寸(B×H)	最大开启扇面积(b×h)
平开窗滑轴窗	40	1800×1800	600×1200
	50	2100×2100	600×1400
	70	2100×1800	600×1200
推拉窗	55	2400×2100、3000×1500	845×1500
	60	2400×2100、3000×1800	900×1750
	70	3300×1800、2000×2000/2700	1000×2000
	90	3000×2100	900×1800
	90-I	3000×2100	900×1800
固定窗	40	1800×1800	
	50	2100×2100	
	70	2100×2100	
	90	3000×2100	
立轴、中悬窗	70立	1200×2000	1200×2000
	70中	1200×600	1200×600
百页窗	80	1400×2000	700×2000 （非开启）
	100	1400×2000	(700+700)×2000

铝合金窗的开启形式　　表4

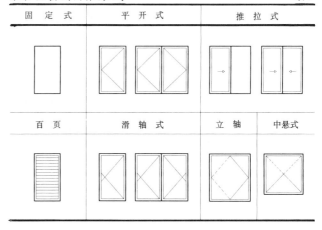

空气渗透性能及雨水渗透性能表　　表5

窗型种类	系列	标准窗洞口尺寸(B×H)	空气渗透实测值	雨水渗漏实测值
平开窗滑轴窗	40	1200×1500	0.6m³/m·h	250Pa
	50	1200×1500	0.5m³/m·h	450Pa
	70	1200×1500	0.6m³/m·h	450Pa
推拉窗	55	1500×1500	1.5m³/m·h	300Pa
	60	1500×1500	≤1.0m³/m·h	300Pa
	70	1500×1500	1.0m³/m·h	350Pa
	90	1500×1500	1.0m³/m·h	350Pa
	90-I	1500×1500	1.3m³/m·h	250Pa
固定窗	40	1200×1500	0.6m³/m·h	250Pa
	50	1200×1500	0.5m³/m·h	450Pa
	70	1200×1500	0.6m³/m·h	450Pa
	90	1500×1500	1.0m³/m·h	350Pa
立轴窗	70	1200×2000		
中悬窗	70	1200×600		

铝合金窗[2]—一般概念

铝合金窗五金的选用

一、推拉窗用于建筑外墙时，应加设门窗扇不脱落的限位装置，并宜选用门窗扇导轮为尼龙或铜制导轮的门窗产品。

二、不锈钢滑轴铰链可采用不同开启角度，可使窗扇在任意开启通风位置上自动定位；铰链的连杆机构的滑块与滑轨摩擦力可调；窗扇开启后能方便地从室内清洁室外一侧的玻璃。

三、内开窗执手安装高度（h）。
1. 扇高＜700时，采用单执手；2. 700≤扇高＜1000时，$h=200$；3. 1000≤扇高＜1200时，$h=250$；4. 1200≤扇高＜1400时，$h=300$。

四、上悬窗亮子执手位置：
1. 扇宽≤900时，安装一个执手，位置居中；
2. 扇宽＞900时，安装左、右两个执手，距两端200。

五、在高层建筑或风压特大的地区，可选用加强型锅钉制作的虎头式执手，替代多点锁。

六、滑轮组有多种规格型号，如：70轴承滑轮，90双珠铜轮；70-B轴承滑轮，90双珠尼龙轮；70-C轴承滑轮，90双珠白尼龙轮；小90滑轴，90双珠全尼龙轮；小90轴承滑轮。选用时，注意防止以小轮代大轮，用无轴承轮代有轴承轮，特别要注意尼龙的质量，防止以假代真，以次充好，造成过早磨损。

滑轴铰链规格用料表　表1

规格	形状	每条钢的厚度 mm	打开的角度
6″	平	2	45°
8″	平	2	60°
10″	平	2	90°
12″	平	2	90°
14″	平/梯级	2.5	90°
16″	平	2.5	90°
18″	平	3.0	50°
20″	平	3.0	50°
24″	平	3.0	50°
28″	平	3.0	50°

资料：广东南海市大沥合和塑胶五金制品厂

铝合金窗五金　表2

窗型种类	系列	合页	滑轴立	执手	滑轮组	窗锁	防拆卸装置	限位器
合页平开窗	40	○		○		○		
	50 单	○		○		○		
	50 双	○		○		○		
	70	○		○		○		
滑轴平开窗	40		○	○		○		
	50 单		○	○		○		
	50 双		○	○		○		
	70		○	○		○		
推拉窗	55			○	○	○	○	○
	60			○	○	○	○	○
	70			○	○	○	○	○
	90			○	○	○	○	○
	90-Ⅰ			○	○	○	○	○
立轴窗	70		○	○		○		
中悬窗	70		○	○		○		

铝合金窗的纱窗位置　表3

窗型种类	系列	纱窗位置
平开滑轴窗	40	可装配内开式或卷帘式（内置）纱窗
	50	
双层窗 内层内平开 外层外平开	50	纱窗装在双层窗中间部位
双层窗 双层外平开	50	纱窗装在内 或卷帘式（内置）式纱窗
双层窗 双层内平开	50	纱窗装在外 或卷帘式（外置）式纱窗
滑轴平开窗	70	可装配内开式或卷帘式（内置）纱窗
推拉窗	55	可装配开启式或推拉式内、外纱窗
	60	
	70	推拉式外纱窗，拆装方便
	90	可开启式　内、外纱窗
	90-Ⅰ	
立轴窗	70	可拆卸式纱窗 若立轴不居中，纱窗可装在室内
中悬窗	70	可装卸式纱窗
百页窗	70	纱窗为固定式内纱窗
	100	

注：①表中平开窗，除注明者外，均为外平开。
②卷帘式纱窗，又称卷轴式纱窗，可水平方向拉启，亦可上下拉启。闭合时，收在铝合金轴套内。

铝合金窗密封材料　表4

窗型	系列	密封条	密封胶（见注）
平开窗滑轴窗	40	二道弹性密封条	硅酮胶、聚硫胶、聚氨酯胶　任选一种
	50	橡胶密封条	
	70		
推拉窗	55	橡胶密封条	高压聚乙烯密封胶
	60	改性P.V.C密封条	
	70	橡塑密封条	丙烯酸胶类密封胶
	90	宽密封毛条	硅酮密封胶
	90-Ⅰ		
固定窗	40	二道弹性密封条	硅酮胶、聚硫胶、聚氨酯胶　任选一种
	50	橡胶密封条	
	70		
	90	硅酮密封胶	硅酮密封胶
立轴窗	70	硅酮胶、密封毛条	硅酮密封胶
中悬窗	70	硅酮胶、密封毛条	硅酮密封胶

注：与密封胶配合使用的隔垫材料，由于要求与密封胶不粘合，且填充玻璃与窗框间的缝隙时，还要求容易压缩（如圆形材料须能压缩20%～30%），所以往往采用聚乙烯发泡体。风压较大的高层建筑外墙窗玻璃，则应使用橡胶制压条或发泡率小的有硬度的隔垫材料。

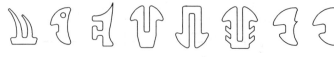

密封条　嵌装玻璃时，使用密封条可直接压入，施工方便，并可兼作防水（一般单独使用，不再用胶密封）。多风雨地区则常用于室内，室外一侧则用隔垫加密封胶。

缓冲件　硬橡胶或尼龙制作

隔垫　嵌装玻璃时与密封胶同时使用。常采用聚乙烯发泡体制作，截面呈方型、矩形、圆形。

垫块　支垫玻璃之用，常用较高硬度的橡胶制作，截面常为矩形

Ⅰ 铝合金窗密封条断面形状、垫块、隔垫

风压值[3] 铝合金窗

主要城镇的基本风压 (kN/m²)

城镇名称	风速(m/s) 30年一遇	风速(m/s) 50年一遇	风压值	城镇名称	风速(m/s) 30年一遇	风速(m/s) 50年一遇	风压值	城镇名称	风速(m/s) 30年一遇	风速(m/s) 50年一遇	风压值
北 京	23.7		0.35	福 州	31.1		0.60	西 昌	25.3		0.40
天 津	25.3		0.40	南 平	21.9		0.30	贵 阳	21.9		0.30
石家庄	21.9		0.30	厦 门	34.6		0.75	遵 义	21.9		0.30
承 德	23.9		0.35	南 昌	25.3		0.40	毕 节	21.9		0.30
沧 州	25.3		0.40	景德镇	21.9		0.30	兴 仁	21.9		0.30
太 原	23.7		0.35	吉 安	21.9		0.30	昆 明	20.0		0.25
大 同	28.3		0.40	赣 州	21.9		0.30	丽 江	21.9		0.30
运 城	28.3		0.40	济 南	25.3		0.35	楚 雄	21.9		0.30
呼和浩特	28.3		0.50	潍 坊	25.3		0.40	思 茅			
海拉尔	32.2		0.65	荷 泽	26.8		0.45	拉 萨	23.7		0.35
东乌珠穆沁旗	33.7		0.55	烟 台			0.55	昌 都	25.3		0.40
锡林浩特	29.7		0.55	威 海			0.60	那 曲	31.3		0.50
二连浩特	32.2		0.65	青 岛			0.55	日喀则	23.7		0.35
赤 峰	29.7		0.55	日 照			0.40	西 安	23.7		0.35
沈 阳	23.3		0.50	临 沂			0.40	榆 林	28.3		0.50
丹 东	28.3		0.50	郑 州	25.3		0.40	延 安	21.9		0.30
锦 州	29.7		0.55	安 阳	23.7		0.35	汉 中	23.7		0.35
大 连	31.0		0.60	信 阳	23.7		0.35	兰 州	21.9		0.30
营 口	29.7		0.55	武 汉	21.9		0.30	玉 门	31.3		0.50
长 春	29.7		0.55	老河口				酒 泉	31.0		0.60
扶 余				宜 昌	20.0		0.25	天 水	21.9		0.30
四 平	29.7		0.55	恩 施	17.9		0.20	敦 煌	25.3		0.40
哈尔滨	26.8		0.45	长 沙	23.7		0.35	西 宁	23.7		0.35
嫩 江	29.7		0.55	常 德	23.7		0.35	格尔木	29.7		0.55
齐齐哈尔	26.8		0.45	永 州	23.7		0.35	银 川	32.2		0.65
大 庆	28.3		0.50	广 州	28.3		0.45	乌鲁木齐	31.0		0.60
牡丹江	26.8		0.45	韶 关	23.7		0.35	阿勒泰	32.2		0.65
上 海	29.7		0.55	河 源	21.9		0.30	克拉玛依	35.8		0.80
南 京	23.7		0.35	汕 头	33.5		0.75	伊 宁	33.5		0.70
徐 州	23.7		0.35	南 宁	23.7		0.35	吐鲁番	35.8		0.80
东 台	23.7		0.35	桂 林	23.7		0.35	哈 密	32.2		0.65
连云港			0.40	梧 州	20.0		0.30	库 车	32.2		0.65
扬 州			0.35	百 色	25.3		0.40	喀 什	32.2		0.65
镇 江			0.35	钦 州	31.0		0.60	莎 车	31.3		0.50
南 通			0.40	海 口	33.5		0.70	和 田	23.7		0.35
常 州			0.35	琼 海	33.5		0.70	且 末	28.9		0.50
杭 州	25.3		0.40	东 方	33.5		0.70	台 北	43.8		1.20
舟 山			1.00	成 都	20.0		0.25	香 港	33.5		0.70
衢 州	25.3		0.40	万 源	23.7		0.35	澳 门	33.5		0.70
温 州	29.7		0.55	马尔康	21.9		0.30				
合 肥	21.9		0.30	甘 孜	31.0		0.60				
亳 州	23.7		0.35	重 庆	21.9		0.30				
蚌 埠	23.7		0.35	酉 阳	12.9		0.10				
安 庆	23.7		0.35	深 圳	33.5		0.70				

注：确定建筑外铝合金门窗性能指标时，其风压强度性能设计值可按不小于当地基本风压值的3～4倍确定(临海及其他大风地区之建筑物宜取高值)，雨水渗漏性能设计值可按不少于当地基本风压值的0.4倍确定。

铝合金窗[4]固定窗

固定铝合金窗的特点及其适用范围

固定窗的采光面积大，外形简洁、美观；用料省，成本低；有优良的气密性及水密性；隔声性好。

它可与各种开启型的铝合金窗组合使用。

适用于宾馆大厅；各种类型建筑的内、外隔断；商业建筑、办公建筑及要求较高的工业厂房的高窗。

基本窗抗风压性能计算表（抗风压值：Pa）   表1

窗型 / 洞口尺寸(B×H)	40系列							50系列 A	50系列 B	A	B	A	B	A	B	A	B	A	B	A	B
600×600	9400							8000	8000												
900	6300							6260	8000												
1200	4700							4690	7030												
1400		6300						4020	6020												
1500		5600								5630	8000										
1800		4700								4690	7030										
2100																					
900×600			12500					8000	8000												
900			8300					8000	8000												
1200			4000					6260	6020												
1400				7500				5160	3730												
1500				7300						7510	8000										
1800				3100						6260	8000										
2100										5370	8000										
1200×600	4700		9400					8000	8000												
900			6300					6260	8000												
1200			3300					4690	4720												
1400				3700				4000	2890												
1500				3500						5630	4070										
1800				3000						4690	3480										
2100										4070	3050										
1500×600										6260	8000	8000	8000								
1800										4170	6250	7510	8000								
2100										3130	4090	5630	5520								
1500×600				7500	5600					2680	2450	4690	3390								
900				5000	3800																
1200				2700	2800																
1400				1800		1800															
1500				1700		1700										4860	2060	2680	1930		
1800				1400		1400										2440	1760	2260	1630		
2100																2140	1550	1970	1420		
1800×600				6300	4700					8000	8000										
900				4000	3000					6260	8000										
1200				2600	2300					4690	4720										
1400						1300				4000	2890										
1500						1200														3440	2480
1800						1000														1950	1410
2100																				1060	770
2100×600				5400	11000					6260	8000										
900				3600	7200					4170	6250										
1200				2300	3600					3130	4090										
1400										2680	2450										
1500																				2840	2050
1800																				1900	1230
2100																				1000	720

注：①A为普通玻璃抗风压值；B为中空玻璃抗风压值。
②抗风压值是按正压计算的，负压应另行核算。
③应按工程所在地的瞬时风压进行选用。
④挠度允许值：
单层玻璃为L/130，厚5mm。
中空玻璃窗为L/180，厚16（5+6+5）mm，6为中间空气层

固定窗窗型、洞口尺寸（mm）摘自国家建筑标准设计92ST712（一）   表2

B / H	40系列			50系列	
	600、900、1200	1500、1800	2100	600、900、1200	1500、1800、2100
600					
900					
1200					
1400					
1500					
1800					
2100					

固定窗[5]铝合金窗

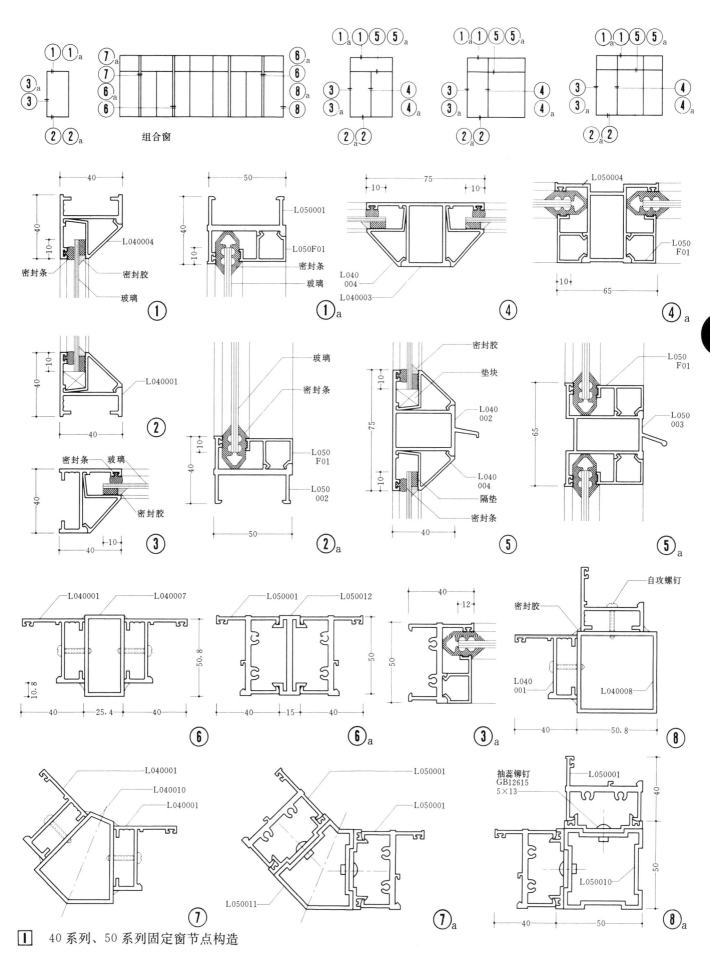

1　40系列、50系列固定窗节点构造

铝合金窗[6] 平开窗·滑轴平开窗

平开窗、滑轴平开窗的特点及其适用范围

平开窗、滑轴平开窗具有较好的密闭防尘性能，广泛应用于各类建筑。它可与幕墙、纱窗、百页组合使用，上悬式平开窗、滑轴平开窗可用于高窗。

40系列基本窗抗风压性能计算表（抗风压值：Pa） 表1

洞口尺寸 (B×H)	窗型1	窗型2	窗型3	窗型4	窗型5	窗型6	窗型7	窗型8
600×600	9400							
900	6300	12500						
1200	4700							
1400			6300					
1500			5600					
1800			4700					
900×600				12500				
900		8300		8300				
1200		6300		4000				
1400					7500			
1500					7300			
1800					3100			
1200×600	4700			9400				
900	6300			6300				
1200				3300				
1400					3700			
1500					3500			
1800					3000			
1500×600		7500						
1800×600		6300						
2100×600		8000						
1500×600						11300	5600	
900						7500	3800	
1200						3700	2800	
1400					1800			1800
1500					1700			1700
1800					1400			1400
1800×600						9400	4700	
900						6300	3000	
1200						3300	2300	
1400								1300
1500								1200
1800								1000
2100×600						6200		11000
900						4000		7200
1200						2800		3600

注：有关事项见[4]表1注

40系列型材截面 表2

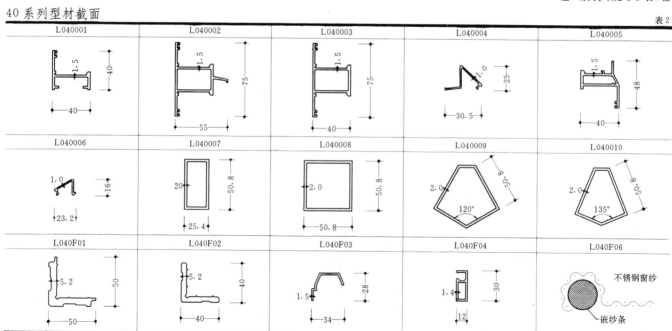

平开窗·滑轴平开窗[7]铝合金窗

40系列平开窗、滑轴平开窗窗型、洞口尺寸(mm)（资料来源：国家建筑标准设计92SJ712）

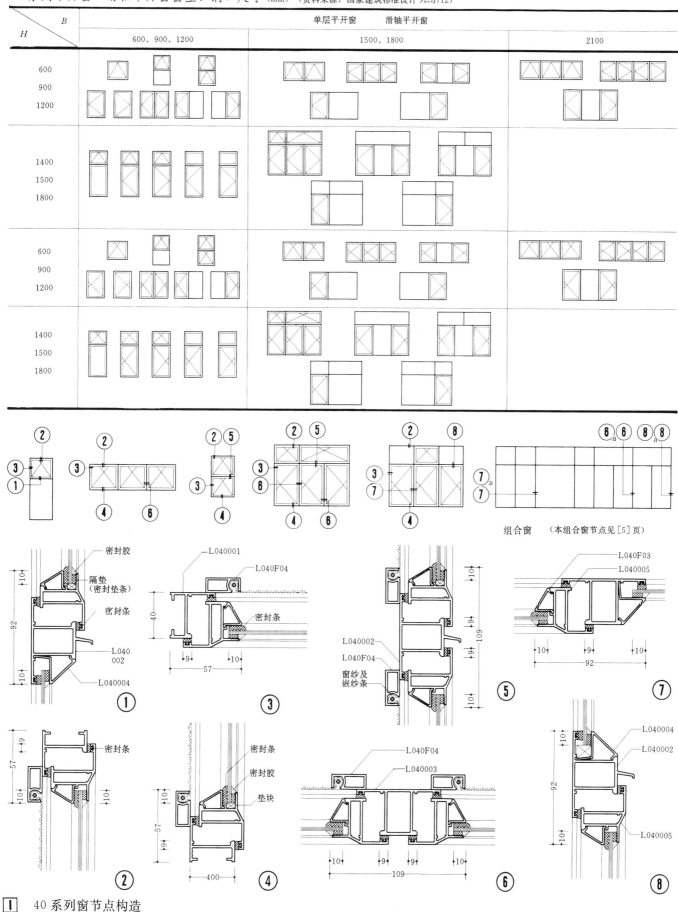

1 40系列窗节点构造

铝合金窗[8] 平开窗·滑轴平开窗

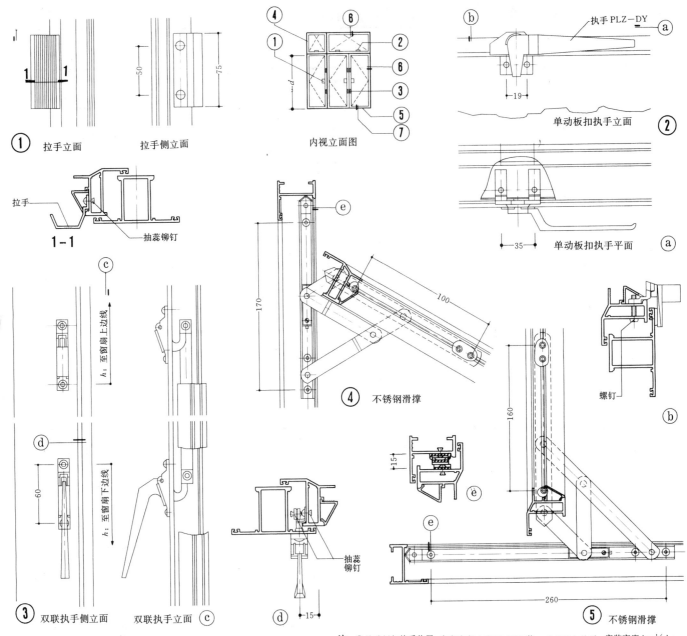

注：①单动板扣执手位置：窗扇净高 $d \leqslant 700$，可只装一单动板扣执手。安装高度 $h = \frac{1}{2}d$。
②双联执手位置：当窗扇净高 $d = 700 \sim 850$ 时，$h = 230$；当窗扇净高 $d > 850$ 时，$h = 260$。

1 40 系列平开窗、滑轴窗窗框与五金节点构造

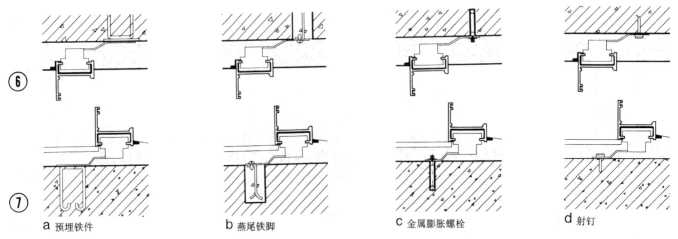

a 预埋铁件　　b 燕尾铁脚　　c 金属膨胀螺栓　　d 射钉

2 窗框与墙体连接构造

50系列基本窗抗风压性能计算表（风压值Pa）

表1

窗型 洞口尺寸 ($B\times H$) 型别	A	B	A	B	A	B	A	B	A	B	A	B	A	B	A	B	A	B
600(1500)×600	8000	8000									(6260)	(8000)	(8000)	(8000)				
×900	6260	8000									(4170)	(6250)	(7510)	(8000)				
×1200	4960	7030									(3130)	(4090)	(5630)	(5520)				
×1400	4026	6020									(2680)	(2450)	(4690)	(3390)				
×1500					5630	8000									(2860)	(2060)	(2680)	(1930)
×1800					4690	7230									(2400)	(1760)	(2260)	(1630)
×2100															(2140)	(1550)	(1970)	(1420)
900(1800)×600			8000	8000									(8000)	(8000)				
×900			8000	8000									(6260)	(8000)				
×1200			6260	6020									(4690)	(4720)				
×1400			5160	3730									(4000)	(2890)				
×1500							7510	8000									(3440)	(2480)
×1800							6260	8000									(1950)	(1410)
×2100							5370	8000									(1060)	(770)
1200(2100)×600			8000	8000									(6260)	(8000)				
×900			6260	8000									(4170)	(6250)				
×1200			4690	4720									(3130)	(4090)				
×1400			4000	2890									(2680)	(2450)				
×1500							5630	4070									(2840)	(2050)
×1800							4690	3480									(1700)	(1230)
×2100							4020	3050									(1000)	(720)

注：有关注意事项见固定窗同类表格之注；宽度尺寸带括号的洞口其抗风压值为相应括号内数字。

50系列型材截面

表2

L050001	L050002	L050003	L050004	L050005
L050006	L050010	L050011	L050012	L050013
L050F01	L050F02	L050F04	L050F05	L050F06

铝合金窗[10] 平开窗·滑轴平开窗

50系列平开窗、滑轴平开窗窗型及洞口尺寸(mm) (资料来源：国家建筑标准设计92SJ712)

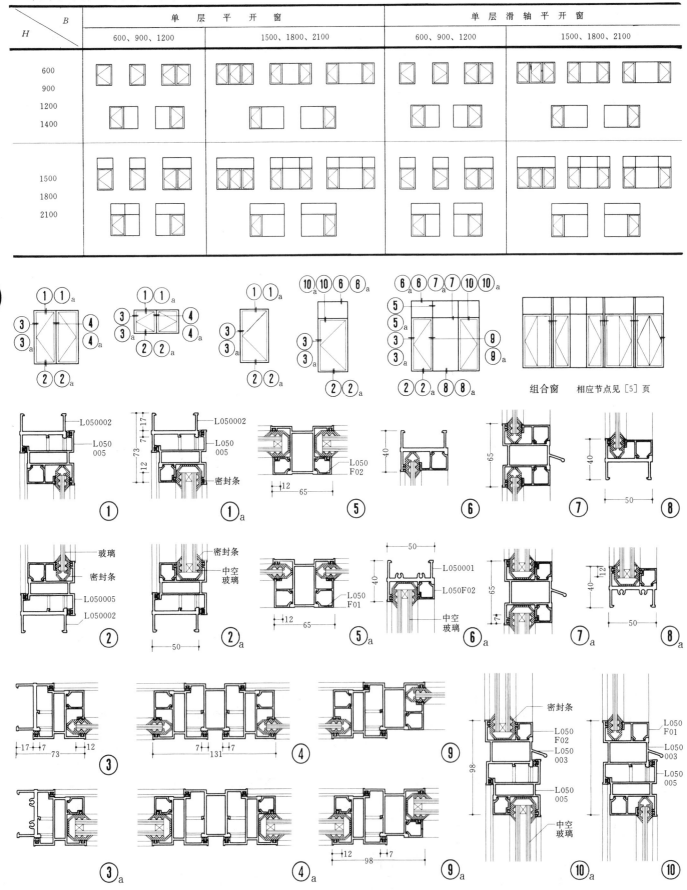

[1] 50系列单层平开窗、滑轴平开窗节点构造 （不带a之节点为单层平板玻璃；带a之节点为中空玻璃。）

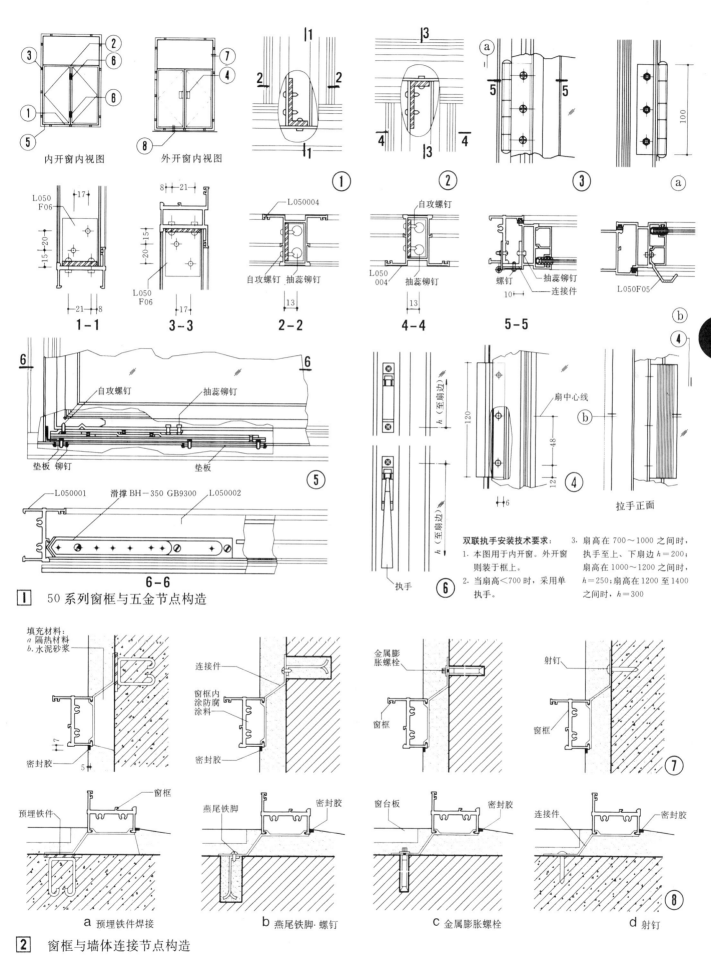

铝合金窗[12] 平开窗·滑轴平开窗

50系列双层平开窗、滑轴平开窗窗型及洞口尺寸(mm) （摘自哈尔滨飞机制造公司铝门窗分公司有关资料。）

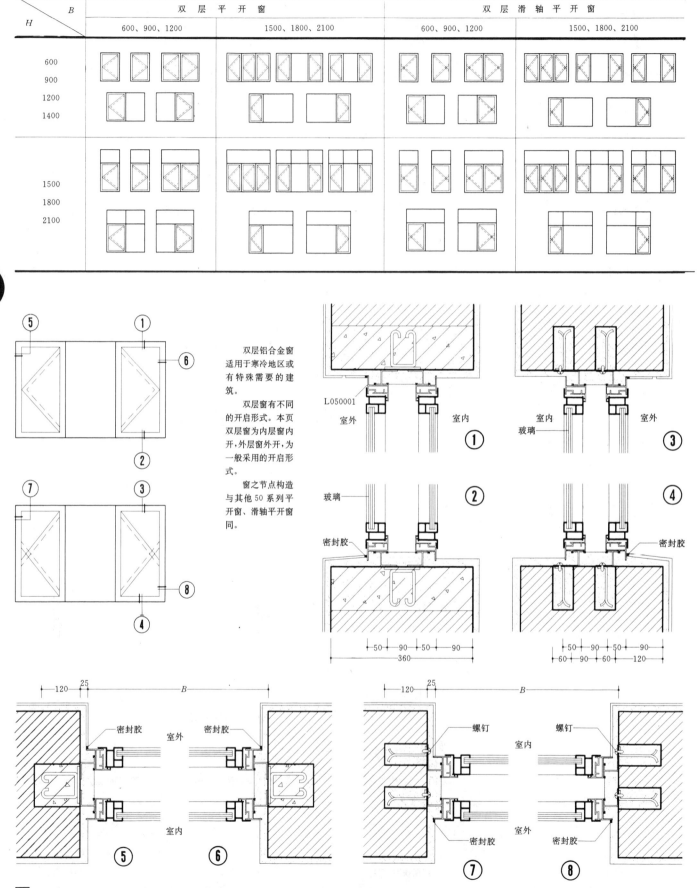

[I] 双层窗窗框与墙体连接节点构造之一：预埋铁件连接；燕尾铁脚连接

平开窗·滑轴平开窗[13]铝合金窗

50 系列双层外开铝合金窗窗型、洞口尺寸 (mm)

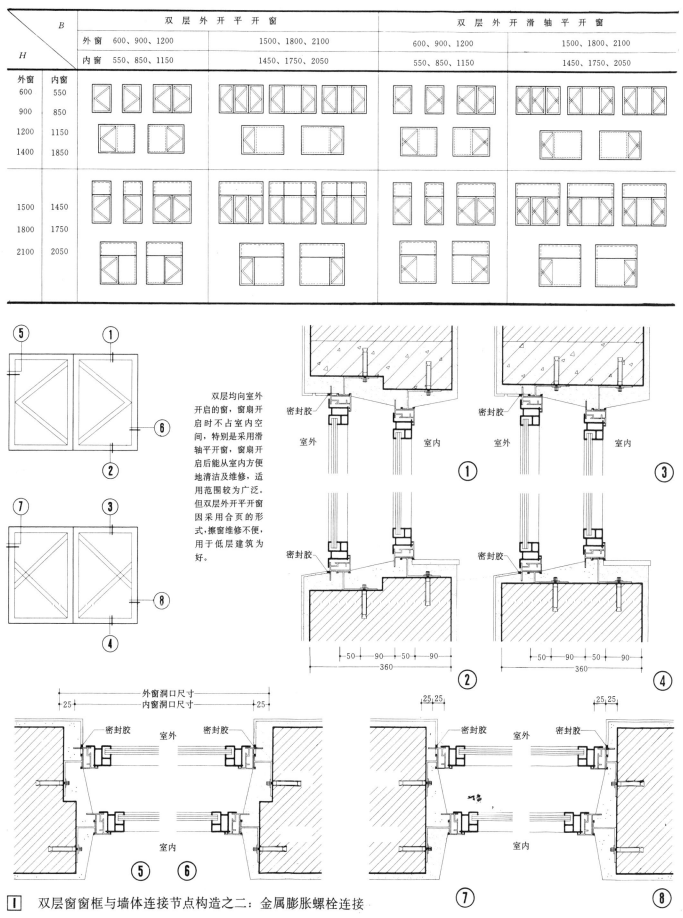

1 双层窗窗框与墙体连接节点构造之二：金属膨胀螺栓连接

铝合金窗[14] 平开窗·滑轴平开窗

50系列双层内开铝合金窗窗型、洞口尺寸（mm）

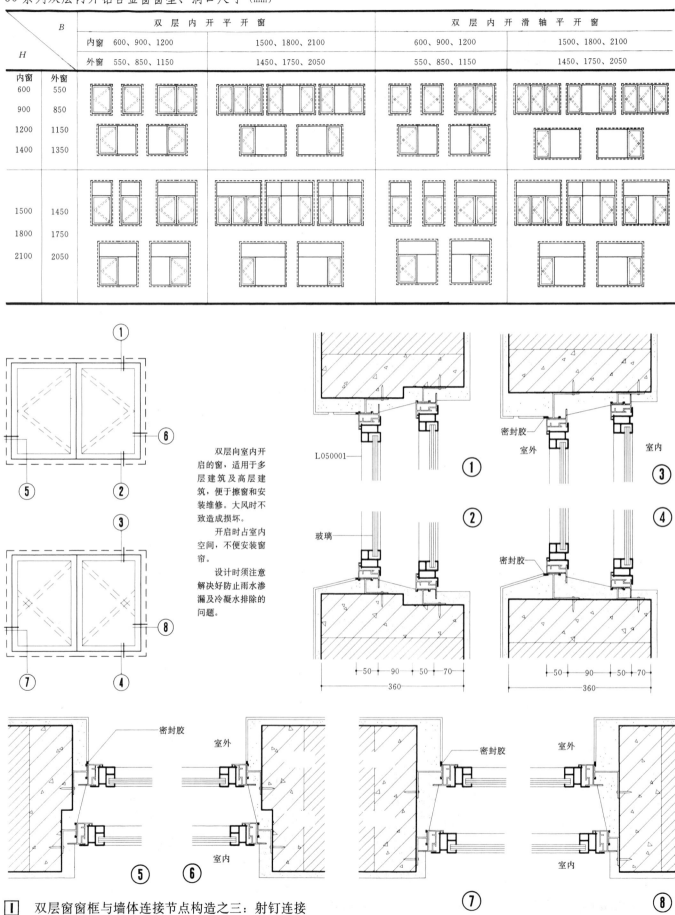

1 双层窗窗框与墙体连接节点构造之三：射钉连接

平开窗·滑轴平开窗 [15] 铝合金窗

70系列基本窗抗风压性能计算表（抗风压值Pa） 表1

洞口尺寸 (B×H)	窗型1	窗型2	窗型3	窗型4	窗型5
600×600	8000				
900	6980				
1200	6980				
900×600		8000	8000		
900		5800	5800		
1200		4300	4300		
1200×600		8000	8000		
900		6980	7300		
1200		5410	5730		
1500×600				8000	6980
900				5930	3890
1200				3890	2850
1800×600					5530
900					3440
1200					2400
2100×600					5330
900					3240
1200					2200

表2

洞口尺寸 (B×H)	窗型1	窗型2	窗型3	窗型4	窗型5
600×1400	6980				
1500	4890				
1800	3850				
900×1400		6700			
1500		5450			
1800		4560			
1200×1400		7040	6530		
1500		5200	4790		
1800		3730	3220		
2100		3150	2447		
1500×1400				3400	
1500				2900	
1800				2490	
1800×1400					3450
1500					2640
1800					1560
2100×1400					2600
1500					1900
1800					1400

注：表1、表2之说明同固定窗同类表格中之说明。

70系列型材截面 表3

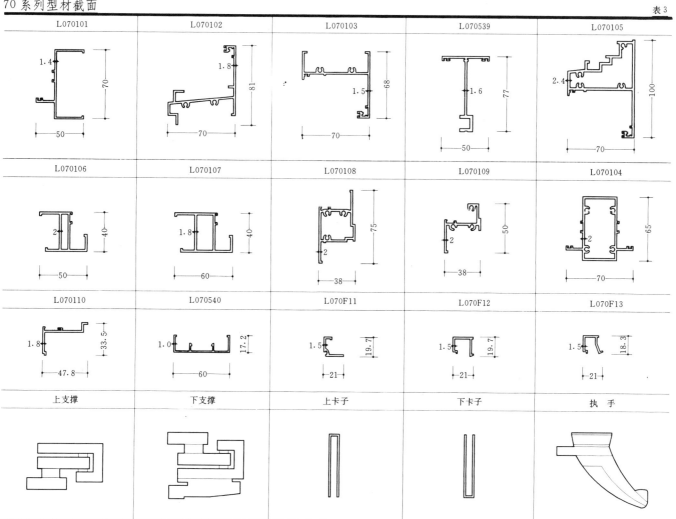

铝合金窗[16] 平开窗·滑轴平开窗

70系列平开窗、滑轴窗窗型面及洞口尺寸 (mm)　(资料来源：国家建筑标准设计92SJ712)

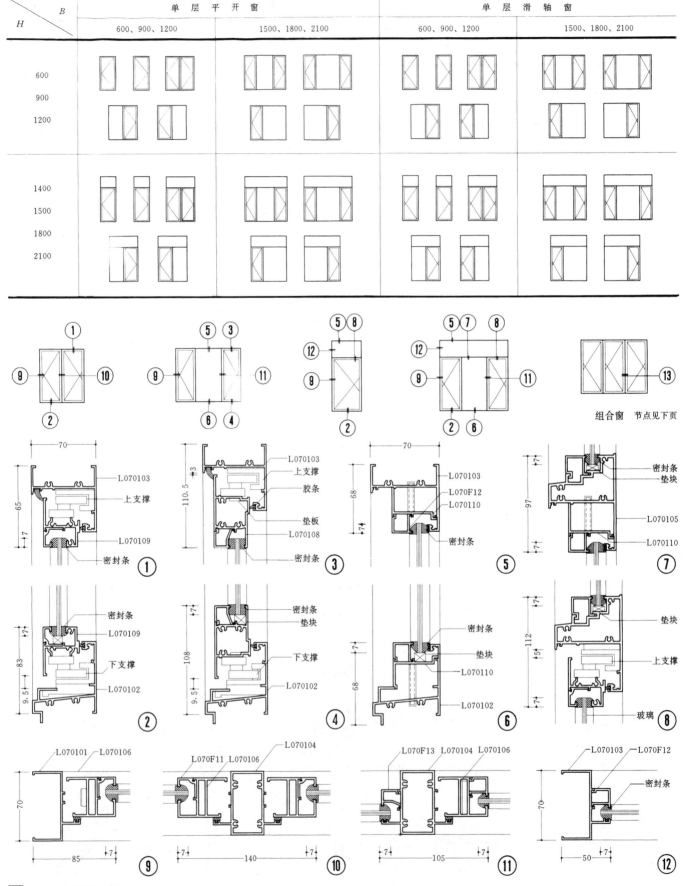

I 70系列节点构造

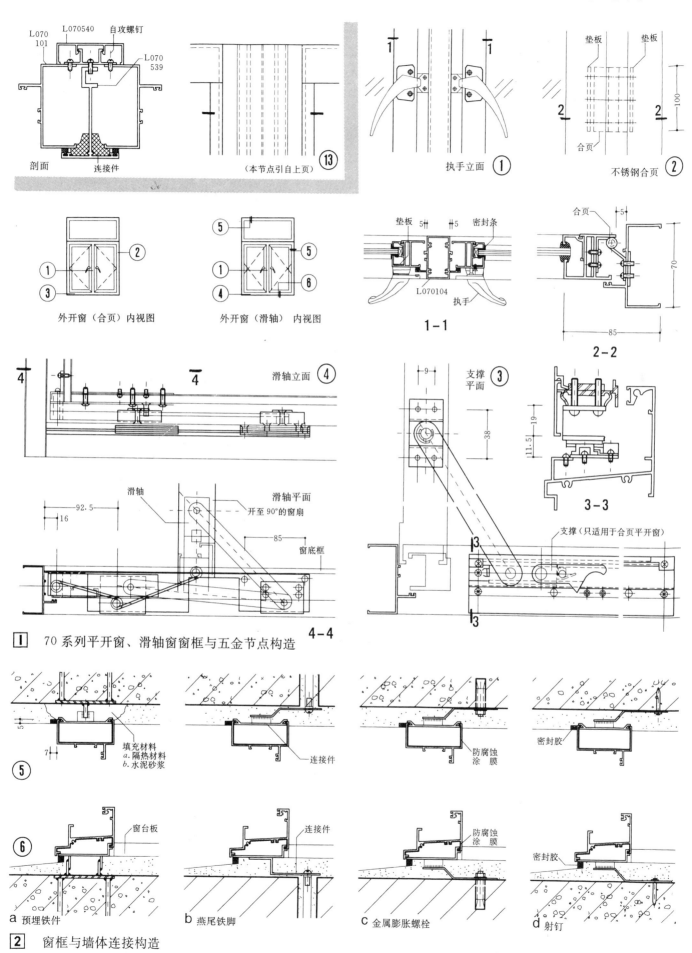

铝合金窗[18] 推拉窗

推拉窗的特点及其适用范围

推拉铝合金窗的外形美观，采光面积大，开启不占空间，防水及隔音均佳，并具有很好的气密性和水密性。

适用于宾馆、高级住宅、别墅、办公、图书馆和疗养院及其他标准较高的工业及民用建筑。

推拉窗可利用拼樘料组合成其他形式的窗或门连窗。

推拉窗可装配各种型式的内外纱窗，纱窗可拆卸，也可固定（外装），亦可选用卷闸式。

推拉窗可以设有防止从外面拆卸的装置。

推拉窗在下框或中横框两端铣切10mm，或在中间开设其他形式的排水孔，使雨水及时排除。

推拉窗在下框或边框设有防碰撞装置。

注：
① 应按工程所在地区的瞬时风压进行选用。
② 风压值中 A 为普通玻璃，B 为中空玻璃。
③ 抗风压值按正压计算，负压应另行核算。
④ 挠度允许值
　单层玻璃为 L/130，厚5mm。
　中空玻璃为 L/180，厚16(5+6+5)mm。

55系列基本窗抗风压性能计算表（抗风压值：Pa） 表1

洞口尺寸 (B×H)	A	B	A	B	A	B
型 别						
1200×900	6000	6200				
1200	2800	4800				
1400	1650	3300				
1500	1350	2700				
1500×900	4950	4950				
1200	2800	3600				
1400	1450	2900				
1500	1150	2300				
1800×900	4100	4100	6000	6200		
1200	2250	3100	2250	5050		
1400	1300	2600	1350	3400		
1500	1000	2050	1050	2400		
2100×900	3250	3250	3850	3850	3950	6850
1200	2150	2350	2900	2900	1500	3200
1400	1200	2000	1900	2500	1000	1950
1500	1000	1850	1500	2300		1550
2400×900			3200	3200	3950	6000
1200			2400	2400	1500	3000
1400			2050	2050	1000	1800
1500			1650	1900		1450
2700×900			2800	2800	3650	5350
1200			2100	2100	1350	2700
1400			1550	1800		1600
1500			1200	1650		1250
3000×900			2500	2500	3500	4850
1200			1900	1900	1250	2500
1400			1250	1600		1150
1500			1150	1500		1150

55系列基本窗抗风压性能计算表（抗风压值：Pa） 表2

洞口尺寸 (B×H)	A	B	A	B	A	B
型 别						
1200×1800	2150	4000				
2100	1350	2700				
1500×1800	1850	3250				
2100	1150	2300				
1800×1800	1650	1850	2100	3750		
2100	1000	1600	1300	2600		
2100×1800	1150	1150	1900	2600	1000	1000
2100	1000	1000	1150	2300	1000	1000
2400×1800			1550	1550		
2100			1050	1050		
2700×1800			1000	1000		

55系列型材截面 表3

L05502	L05504	L05505	L05506	L05508	L055F03	L055F05
L05509	L05510	L05511	L05512	L05513	L055F51	L055F52
					L055F54	L055F55
L055F56	L055F57	L05515	L05516	L05517	L05518	

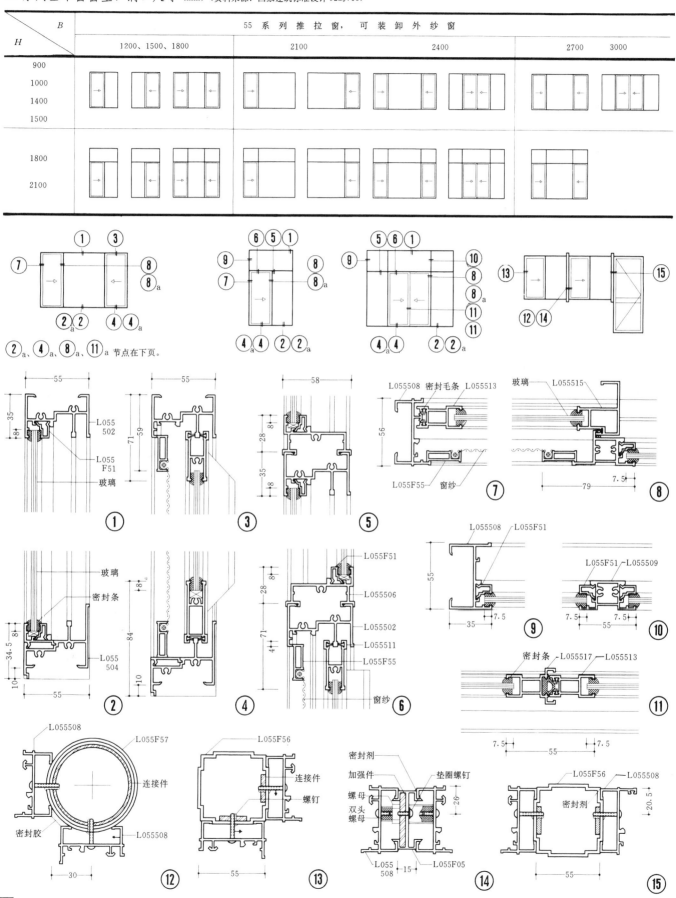

铝合金窗[20]推拉窗

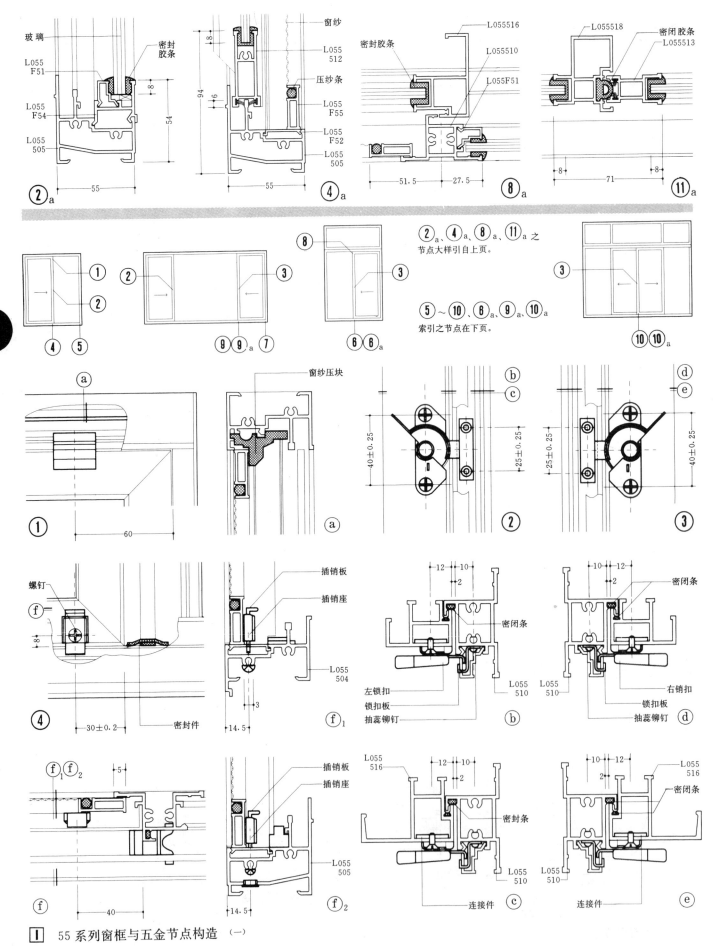

I 55系列窗框与五金节点构造（一）

推拉窗[21]铝合金窗

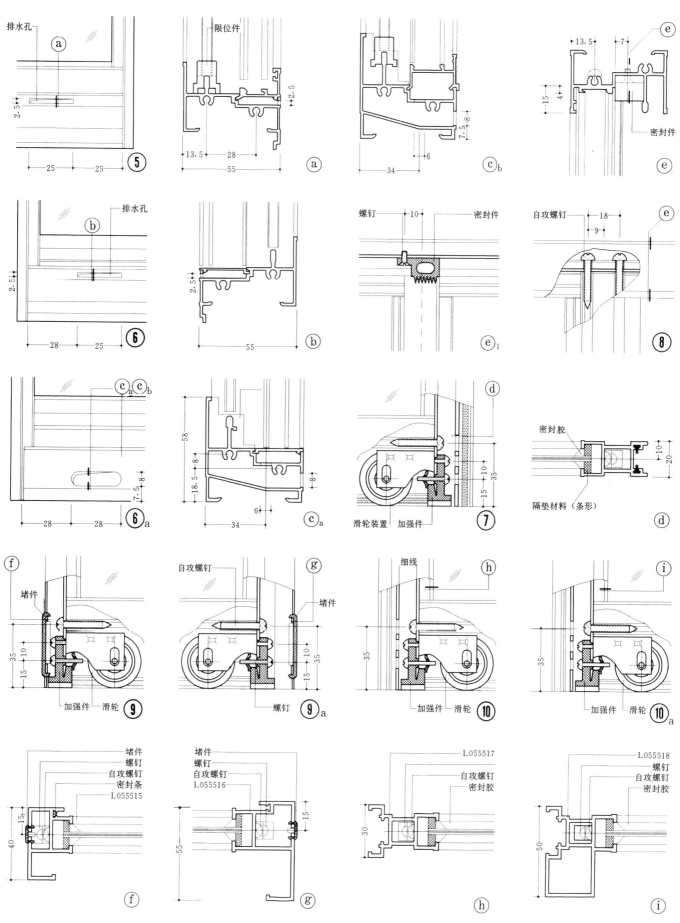

1　55系列窗框与五金节点构造（二）

铝合金窗[22]推拉窗

60 系列基本窗抗风压性能计算表 (抗风压值：Pa) 说明同 [18] 中的注　　　　表1

洞口尺寸(B×H)	窗型1	窗型2	窗型3	窗型4	窗型5	窗型6	窗型7	窗型8	窗型9	窗型10	窗型11	窗型12	窗型13
1200×1200	4200												
1400	2600		5600	5600									
1500	2100		5000	5600									
1800		1200	4200	4200									
2100			2100	2100									
1500×1200	3700												
1400	2100		4500	4500									
1500	1800		4200	4000									
1800		1100	3600	3400									
2100			1800	1800									
1800×1200	3100												
1400	1900		3800	3800	3800								
1500	1600		2400	2300	3500								
1800		1000	2000	1900	3000								
2100			1800	1700	1600								
2100×1200						2700							
1400						1900		1800	1700				
1500						1600		1500	1400				
1800							1100	1900	1800				
2100								1700	1600				
2400×1200						2400				4700			
1400						1900		1300	1300	2800		1500	1400
1500						1600		1000	1000	2500		1200	1100
1800							1000			1300		1000	1000
2100										1000			
2700×1200						2100				4200			
1400						1800				3600			
1500						1500				3300			
1800							1000				1100		
2100													
3000×1200						1900				3800			
1400						1800				2400			
1500						1500				2100			
1800							1000				1000		
2100													

60 系列型材截面　　　　表2

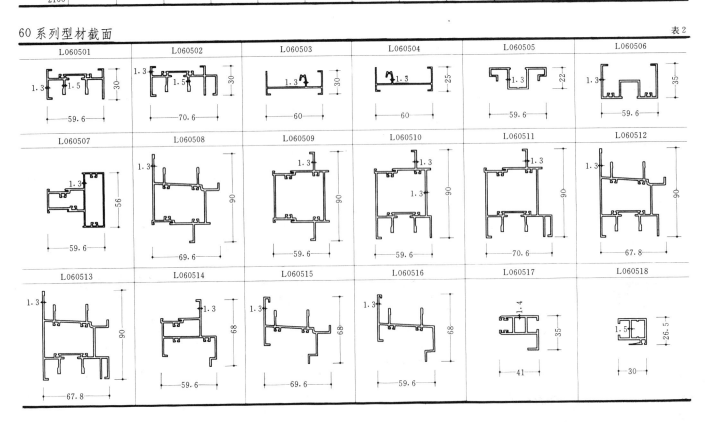

124

推拉窗[23]铝合金窗

60系列基本窗窗型、洞口尺寸（mm）（资料来源：国家建筑标准设计92SJ713。）

表1

60系列型材截面

表2

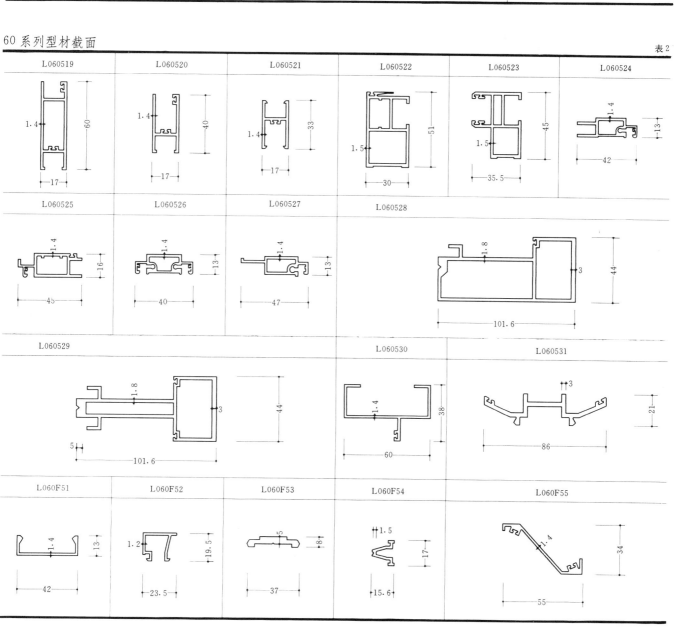

铝合金窗[24]推拉窗

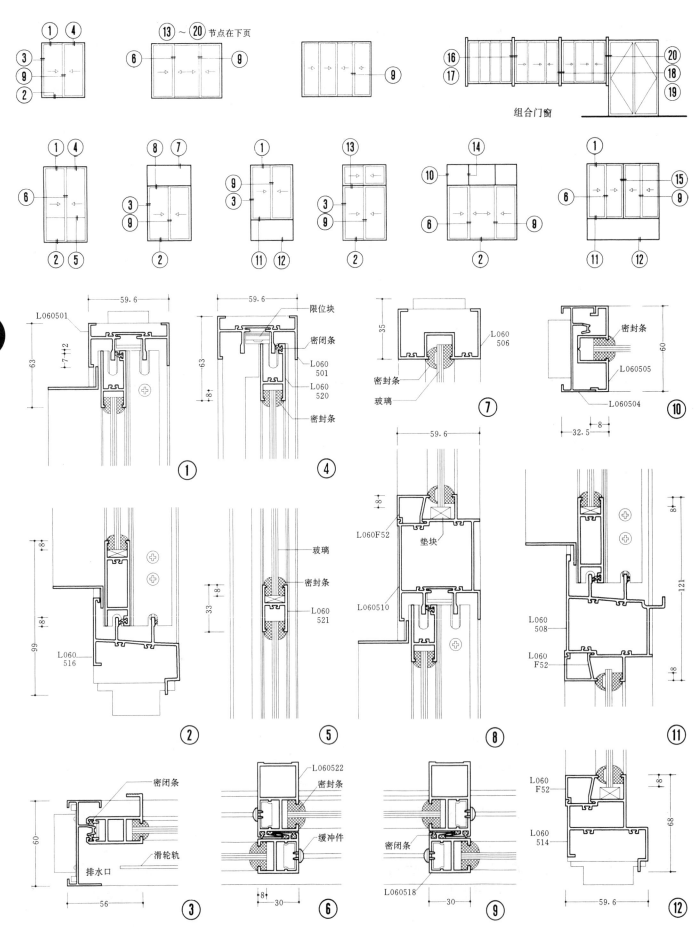

1 60系列窗节点构造

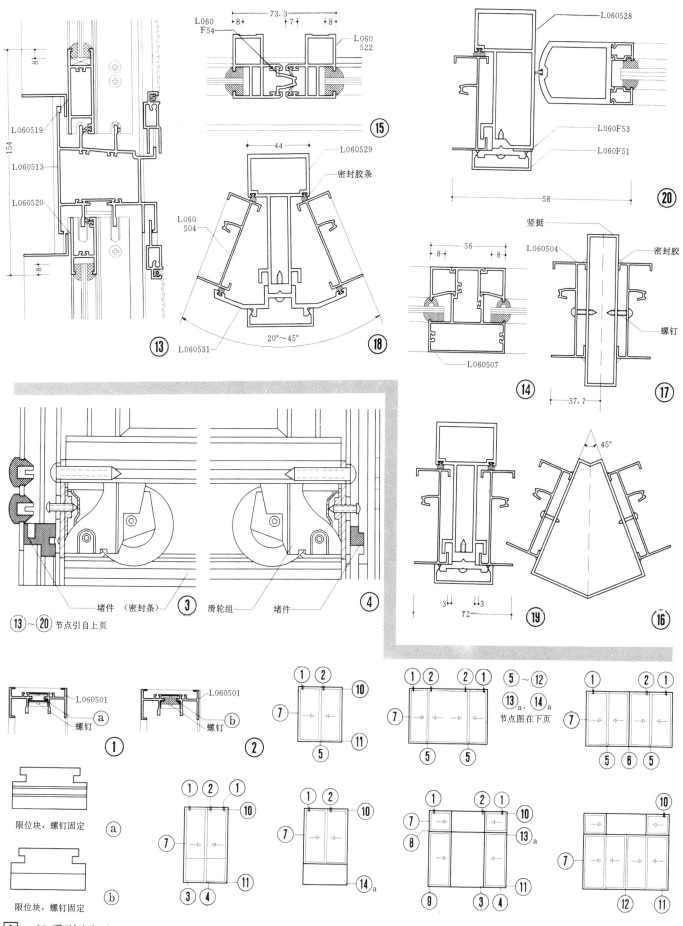

I 60系列窗框与五金节点构造（一）

铝合金窗[26]推拉窗

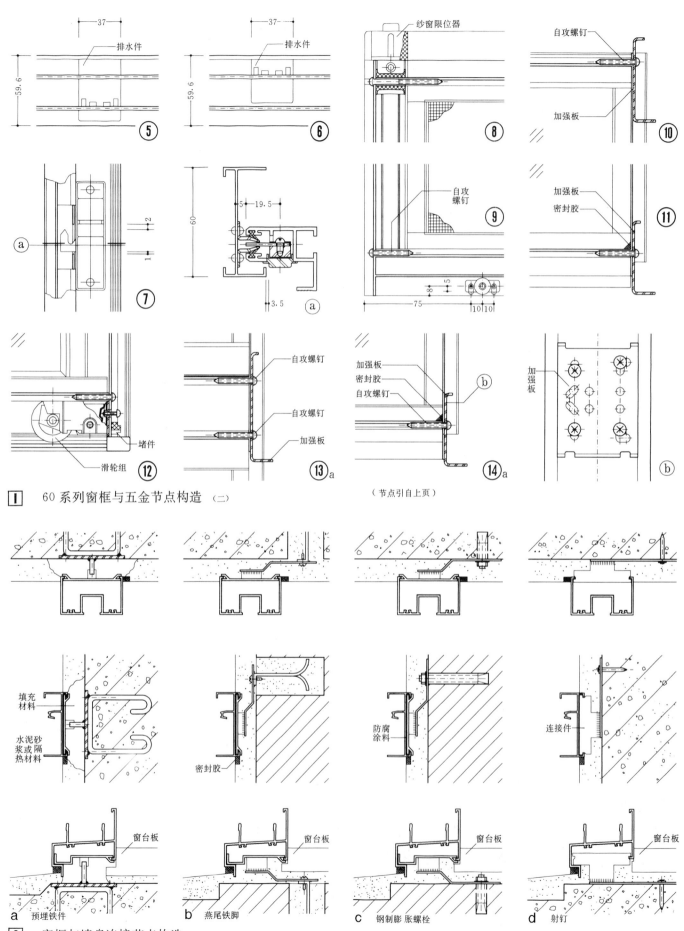

1 60系列窗框与五金节点构造 (二)

（节点引自上页）

2 窗框与墙身连接节点构造
a 预埋铁件　b 燕尾铁脚　c 钢制膨胀螺栓　d 射钉

70系列基本窗抗风压性能计算表（抗风压值：Pa） 说明同 [18] 中的注，* 为基本窗抗风压计算值

表1

洞口尺寸 (B×H) \ 窗型	⊟	⊟	⊟⊟	⊟⊟	⊟	⊟	⊟	⊟	⊟
1200×900	3000*		4300*						
1200	1100*	6300	1600*						
1400		4600		4800					
1500		4000		4100					
1500×900	2700*		3800*						
1200		4800	1400*	4500					
1400		4000		4000					
1500		3200		3300					
1800		1800		1900		4500	4500	4000	
2100						3500		3200	
1800×900	2600*		3700*						
1200		4000		3800					
1400		3000		3100					
1500		2900		3000					
1800		1500		1600		3700	3800	3400	
2100						3000		3000	
2100×1200				3300	1200				
1400				2700					
1500				2500					
1800			1500	1900				2400	2200
2100								1900	1900
2400×1200				2700	1100				
1400				2300					
1500				2100					
1800				1700					1500
2100									1300
2700×1200				2600					
1400				2100					
1500				1900					
1800				1600					1200
2100									1000
3000×1200				2200					
1400				2000					
1500				1800					
2100				1500					

70系列型材截面

表2

L070501	L070502	L070503	L070504	L070505	L070506
1.6, 30, 70	1.5, 30, 70	1.5, 30, 70	2.0, 100, 68.2	1.5, 75, 70	1.5, 75, 70
L070507	L070508	L070509	L070510	L070511	L070512
1.5, 75, 70	1.8, 100, 68.2	2.0, 100, 68.2	1.3, 70, 25	1.3, 70, 25	1.5, 70, 25
L070513	L070514	L070515	L070516	L070517	L070518
1.2, 65.7, 35	1.1, 77, 15.5	1.2, 67.5, 15.5	1.0, 37.5, 15.5	1.3, 46, 15.5	1.4, 46, 17.5

铝合金窗[28]推拉窗

70系列基本窗窗型、洞口尺寸（mm）（资料来源：国家建筑标准设计92SJ713。）

表1

H \ B	70系列推拉窗			
	1200、1500、1800	2100	2400	2700、3000
900				
1200				
1400				
1500				
1800				
2100				

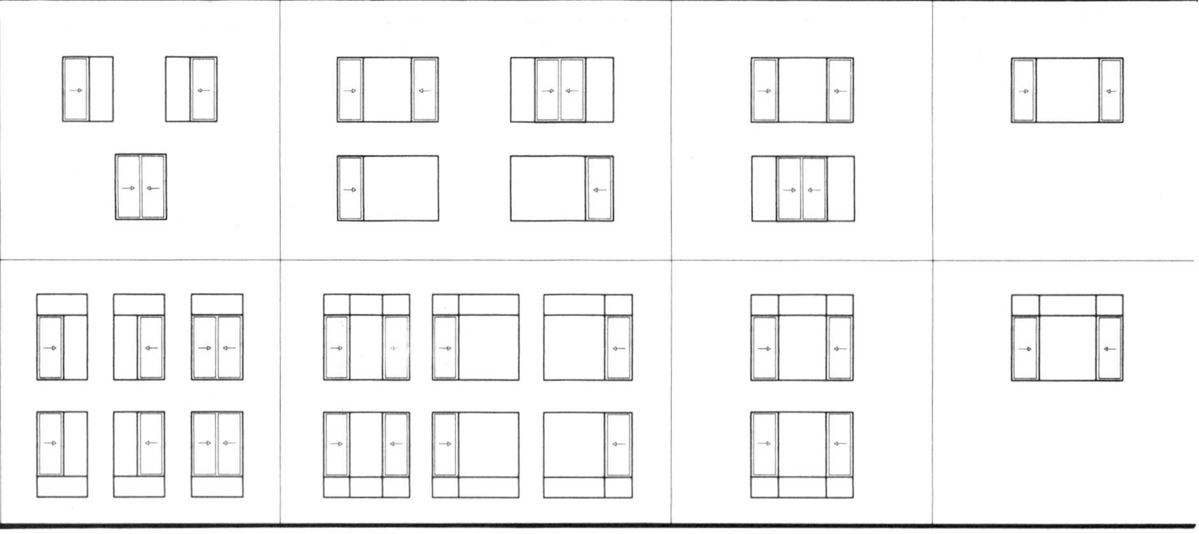

70系列型材截面

表2

L070519	L070520	L070521	L070522	L070523	L070524
L070526	L070525	L070527	L070528	L070529	L070530
L070531	L070532	L070533	L070534	L070535	L070536
L070537		L070538		L070539	L070540
L070F51	L070F52	L070F53	L070F54	L070F55	L070F56

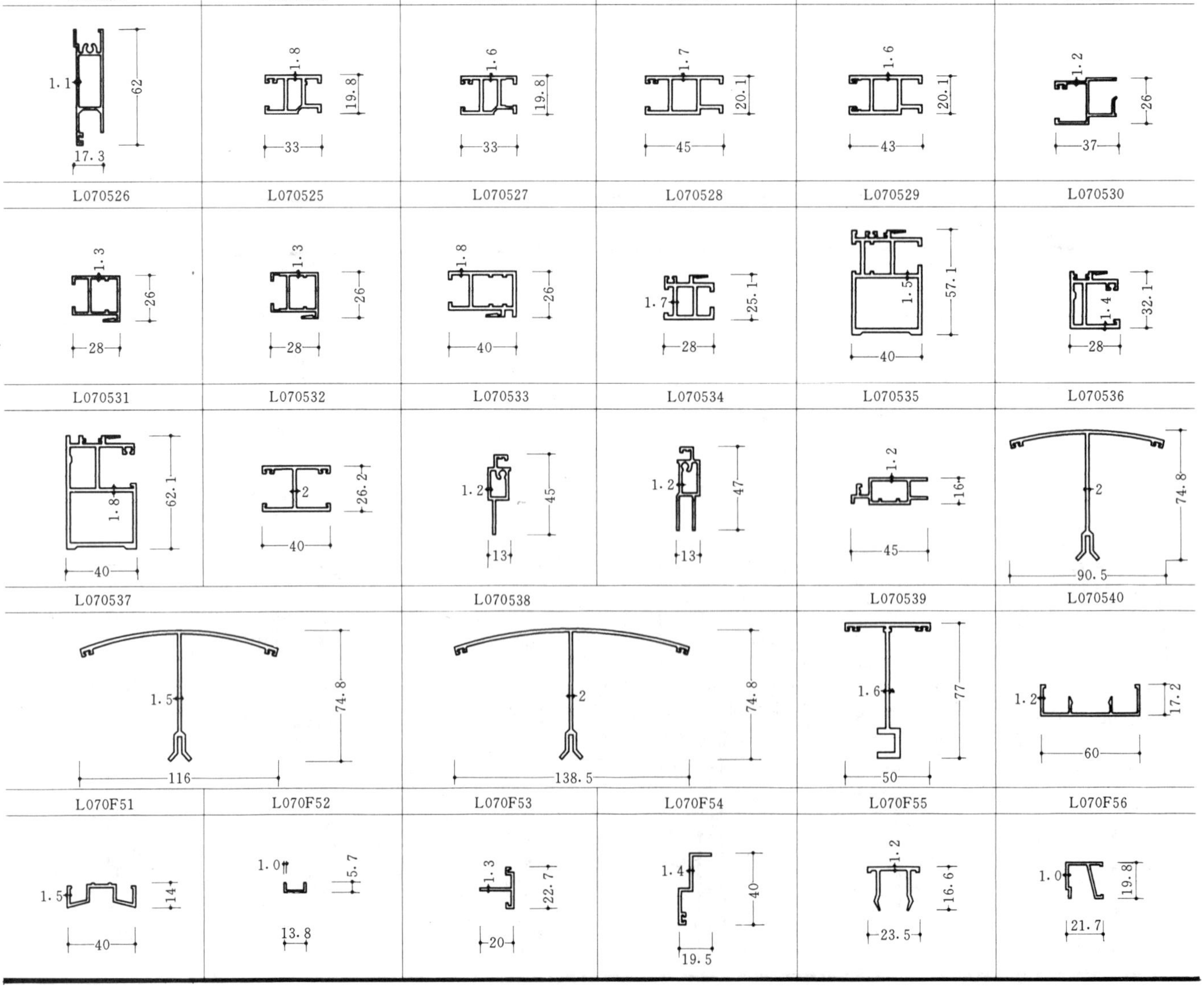

推拉窗[29]铝合金窗

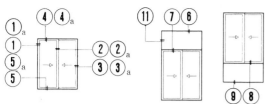

密封毛条也可称作密闭毛条。某种位置的毛条（比如非摩擦接触面），也可换成橡胶等材料制作的其他密闭胶条。

密闭胶带一点空腔为好。

密闭胶条用于门窗开启部分与固定部分之间的密封，故有时也称作密封条或密封胶条。

安装玻璃的密封条或称密封胶条，则不宜称密闭条。

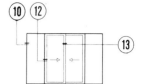

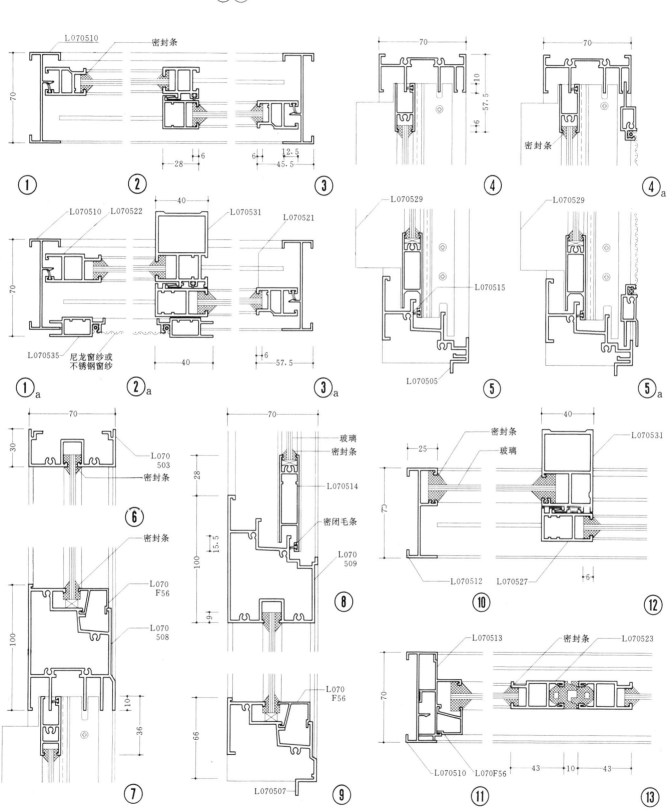

1 70系列窗节点构造（一）

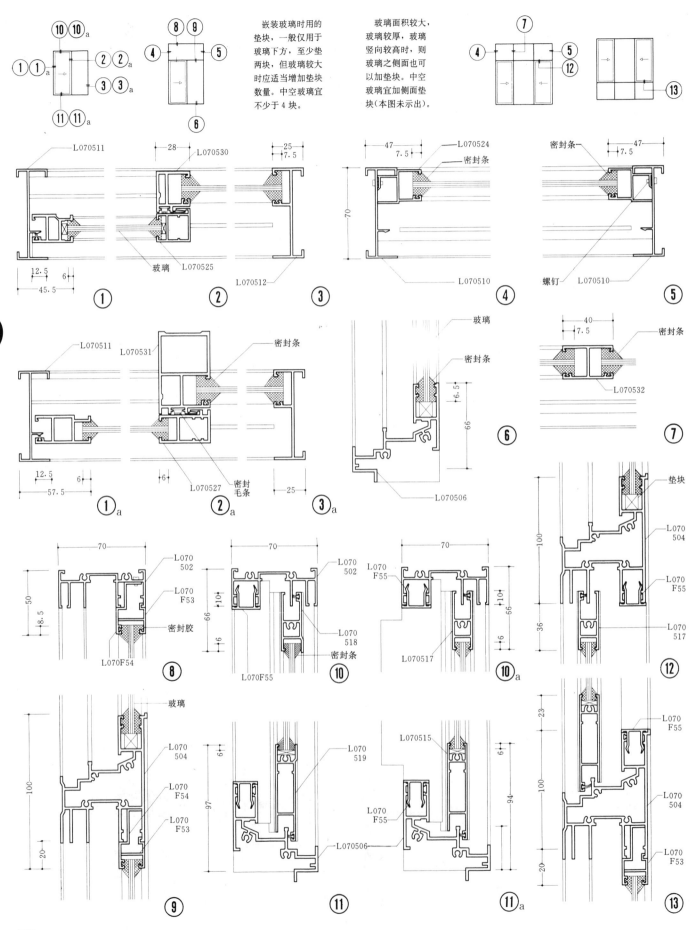

I 70系列窗节点构造（二）

推拉窗[31]铝合金窗

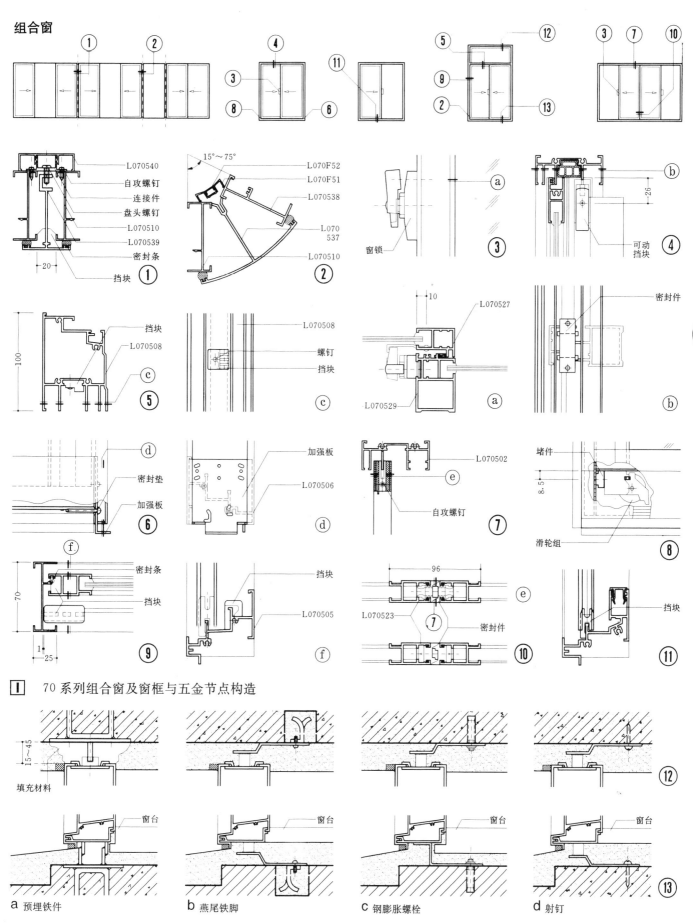

1 70系列组合窗及窗框与五金节点构造

2 窗框与墙身连接节点构造　　注：填充材料为隔热材料或水泥砂浆。

铝合金窗[32]推拉窗

90系列基本窗抗风压性能计算表（抗风压值：Pa）

表1

洞口尺寸 (B×H) 型别	窗型1 A	窗型1 B	窗型2 A	窗型2 B	窗型3 A	窗型3 B	窗型4 A	窗型4 B	窗型5 A	窗型5 B	窗型6 A	窗型6 B
1200×1200	4690	5020										
1400	4020	3080										
1500	3750	2470										
1800	2430	1400										
1500×1200	3750	4260										
1400	3210	2560										
1500	2990	2060										
1800	1990	1150					3750	3280				
1800×1200	3130	3830										
1400	2680	2190										
1500	3100	1790										
1800	1720	1000					3130	3010				
2100×1200			2560	3840	5630	5370						
1400			2190	2920	4820	3330						
1500			2050	2320	4500	2690						
1800			1700	1260	2130	1540			2560	3840	5110	7670
2400×1200			2160	2240	5110	4920						
1400			1850	2740	4380	3020						
1500			1730	2160	3480	2430						
1800			1440	1160	1960	1380			2160	3110	4330	4560
2700×1200			2010	3020								
1400			1720	2570								
1500			1610	2010								
1800			1340	1060								
3000×1200			1760	2640								
1400			1510	2270								
1500			1410	2030								
1800			1170	1010								
1500×2100							2040	1470				
1800×2100							1910	1380				
2100×2100									2050	3080	4070	6490
2400×2100									1730	2600	3440	5170

注：①本表抗风压值是按正压计算的，负压应另行核算。
②挠度允许值，单层玻璃为L/130，厚度为5mm。中空玻璃为L/130，厚度为22mm（5+12+5）。
③用户应按工程所在地的瞬时风压选用。
④表中A型为普通玻璃的抗风压值；B型则为中空玻璃的抗风压值。
⑤如果产品的规格、附件质量、安装质量均较理想，则标准窗（1500×1500）之雨水渗漏性能实测值可能达到350Pa，空气渗透性能实测值可能达到1.0m³/h·m。

90系列型材截面

表2

L090501	L090502	L090503	L090504	L090505
L090506	L090507	L090508	L090F55	L090F52
L090F53	L090F54	L090F51	L090510	L090511

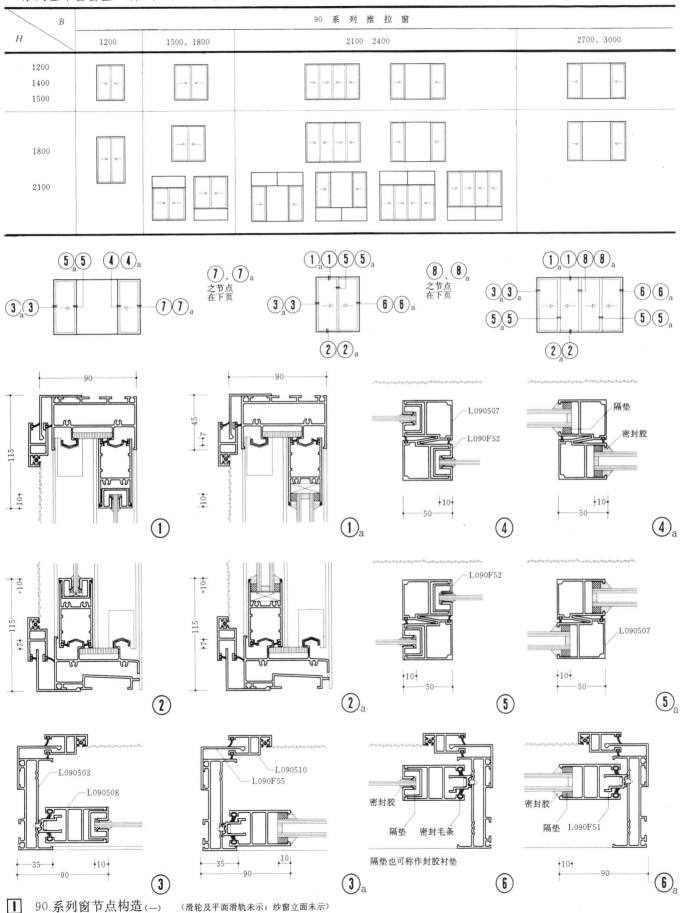

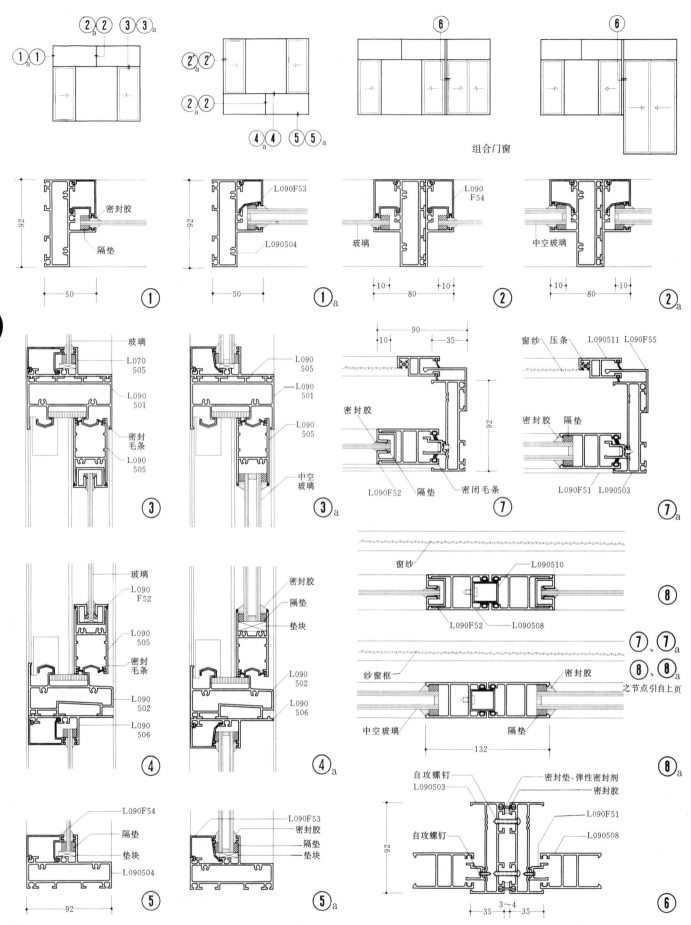

铝合金窗[34]推拉窗

I 90系列窗节点构造(二) (因开启扇较大,玻璃厚重,安装玻璃时,侧框处可加垫块,但本图未示)

推拉窗[35]铝合金窗

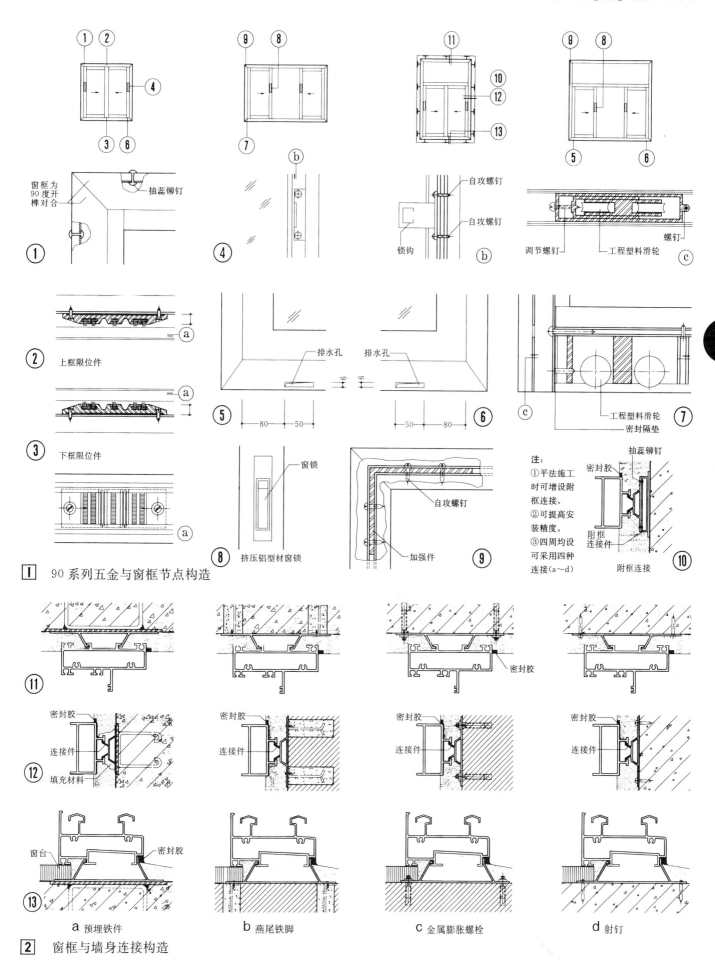

铝合金窗[36]推拉窗

90-I 系列基本窗抗风压性能计算表 （抗风压值：Pa） 表1

洞口尺寸(B×H) / 型别	A	B	A	B	A	B
1200×1200		4390				
1400		3760				
1500		2700				
1800	3330	1530		4390		
2100				2670		
1500×1200		3750				
1400		3120				
1500		2240				
1800	2730	1250		3480		
2100				2210		
1800×1200		3300				
1400		2730				
1500	3100	1950				
1800	2960	1080		2400		2370
2100				1930		1930

续表1

洞口尺寸(B×H) / 型别	A	B	A	B	A	B
2100×1200		4910				
1400		4240				
1500		3000				
1800	3800	1700	1930	1730		
2100			1660	1480		
2400×1200		4390				
1400		3760				
1500		2670				
1800	3330	1510	1480	1320	1990	1330
2100			1270	1130	1270	1140
2700×1200		4000				
1400		3400				
1500		2410				
1800	2960	1350	1214	1080	1215	1090
2100			1040		1040	
3000×1200		3700				
1400		3120				
1500		2210				
1800	2660	1230	1080			

注：① 本表抗风压值是按正压计算的，负压应另行核算。
② 挠度允许值，单层玻璃为L/130，厚度为5mm。
③ A型为加强型的抗风压值；B型为普通型的抗风压值。
④ 用户应按工程所在地的瞬时风压进行选用。

90-I 系列型材截面   表2

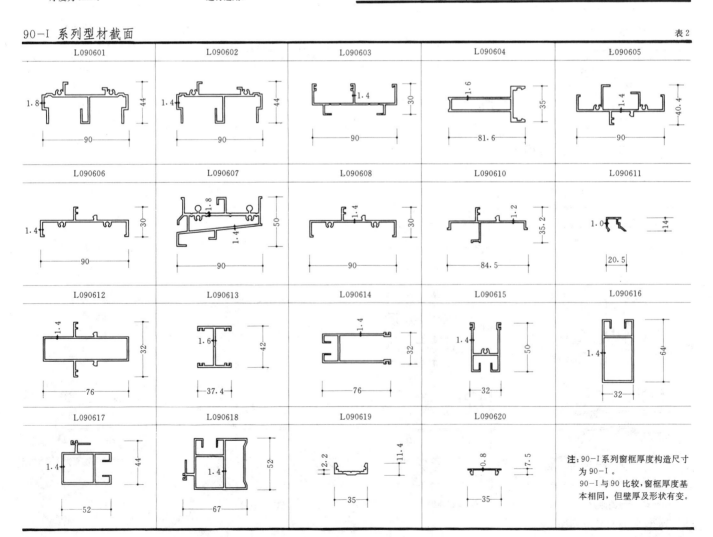

注：90-I 系列窗框厚度构造尺寸为 90-I。
90-I 与 90 比较，窗框厚度基本相同，但壁厚及形状有变。

推拉窗[37]铝合金窗

90-I 系列基本窗窗型、洞口尺寸(mm) （资料来源：国家建筑标准设计92SJ713。）

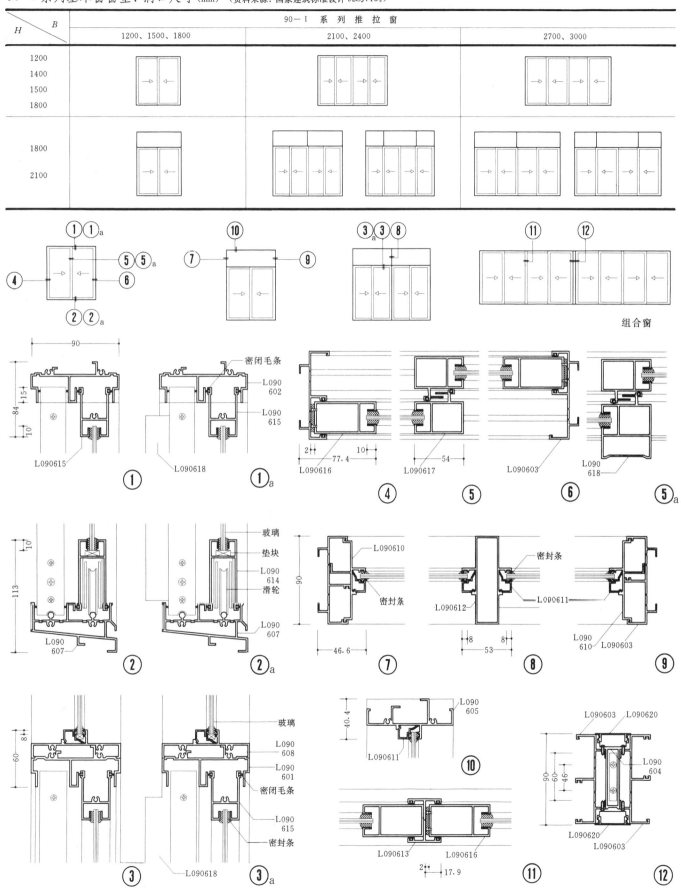

I 90-I 系列窗节点构造

铝合金窗[38] 推拉窗

1 90-I系列窗框与五金节点构造

2 90-I系列窗框与墙身连接构造

a 预埋铁件　　b 燕尾铁脚　　c 钢膨胀螺栓　　d 射钉

推拉窗 [39] 铝合金窗

一、捷特利高级气密窗性能
    a、气密性：漏气量在 $2m^3/m \cdot h$ 以下；
    b、水密性：防水性达 $50kg/m^2$ 以上；
    c、强度：耐风压达 160、200、240、280、360 kg/m^2；
    d、隔音性：30dB 以上。

二、捷特利高级气密窗的特点与适用范围
    a、外框为 80mm 宽，刚度大；
    b、采用动杆气密把手，配合可移位辊轮组，窗扇关闭时可逼紧内扇，达高隔音、高气密及高水密之效果；
    c、采用连续高性能、弹性佳及耐老化之空心防水气密条；
    d、滑轮采用装有球轴承制品，为使铝框容易拉紧，轮轴制成可左右倾斜的起倒方式，并有 3mm 之安装允许调整空隙，开闭操作轻巧；
    e、该窗适用于酒店、宾馆大楼，高级住宅大楼及别墅。

摘编自捷特利机械建材（深圳）有限公司样本。

捷特利高级气密推拉窗窗型、洞口尺寸 (mm)（$B \times H$）

强度 \ B	SZ-80AT			SZ-100AT		
	1800、2000	1600、1800、2000	1400、1600、1800	1900、2000、2100	1900、2850、3000	2100
耐风压 kg/m^2						
160	2000×2000	2000×2000	1800×2000	2100×2100	3150×2150	2100×2150
200	2000×1500	1800×1500	1600×1400	2000×2100	3000×2150	2100×2150
240	1800×1600	1600×1600	1400×1500	2000×2100	3000×2100	2100×2100
280	2000×1100	1800×1100	1600×1100	1900×2100	2850×2100	2100×2100
360	1800×1200	1600×1200	1400×1200	1900×1900	1900×1900	2100×2000

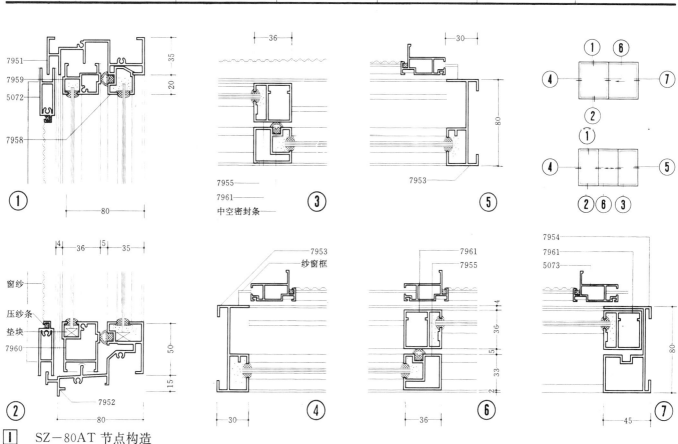

I SZ-80AT 节点构造

铝合金窗[40]推拉窗

捷特利 A、B、D 型推拉窗立面简图、洞口尺寸 (mm)

系列名称		SZ-828 系列		
窗宽		1100、1200	1500、1600	2000
窗型立面简图		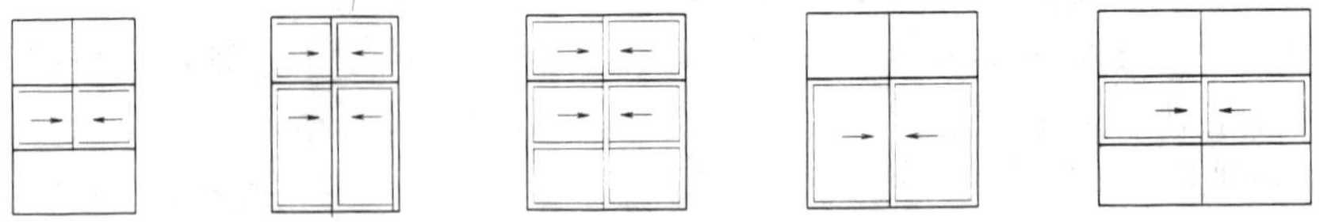		
窗高	耐风压强度	A 型	B 型	D 型
1100、1500、2000	160kg/m²	2000×1100	2000×1500	2000×2000
1200、1600	160kg/m²	1800×1200	1800×1600	
1100、1500、2000	200kg/m²	1800×1100	1800×1500	2000×2000
1200、1600	200kg/m²	1600×1200	1600×1600	
1200、1500、2000	240kg/m²	1400×1200	1400×1500	2000×2000

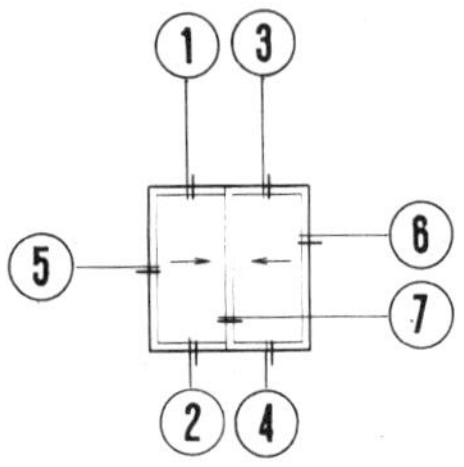

右三种型号窗之节点大样详下一页。

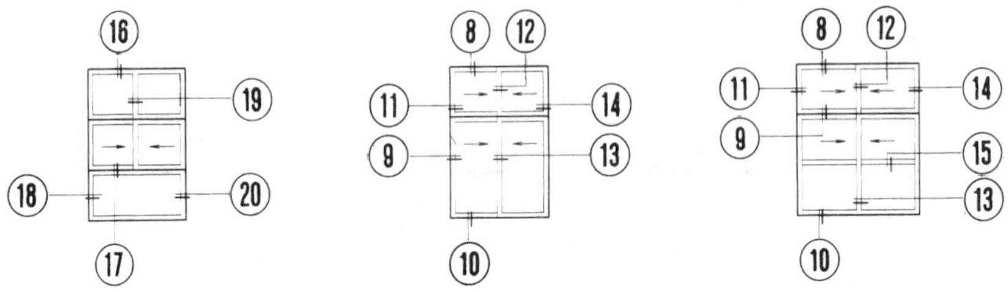

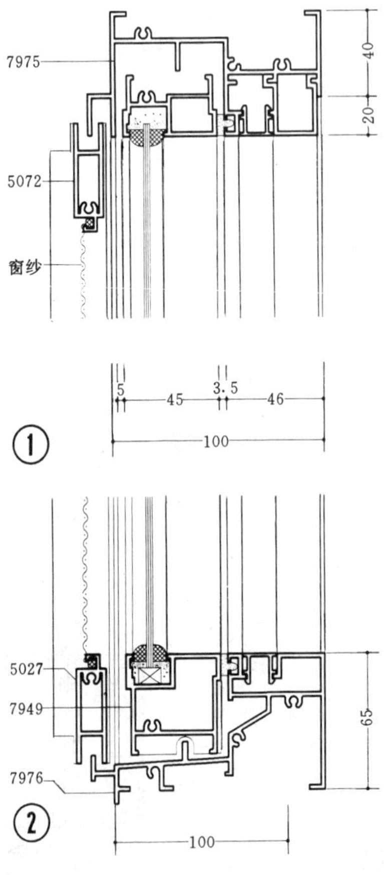

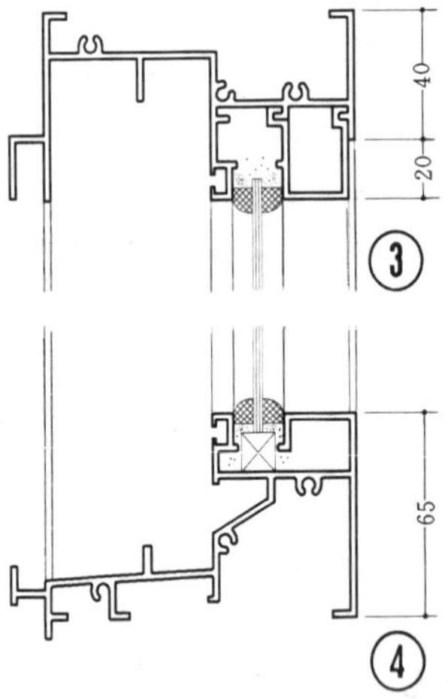

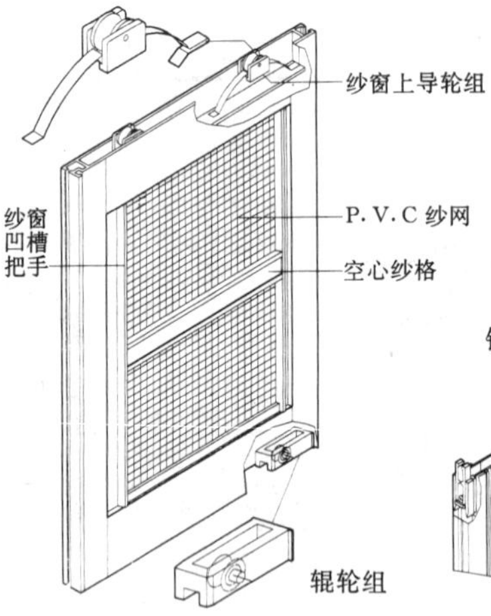

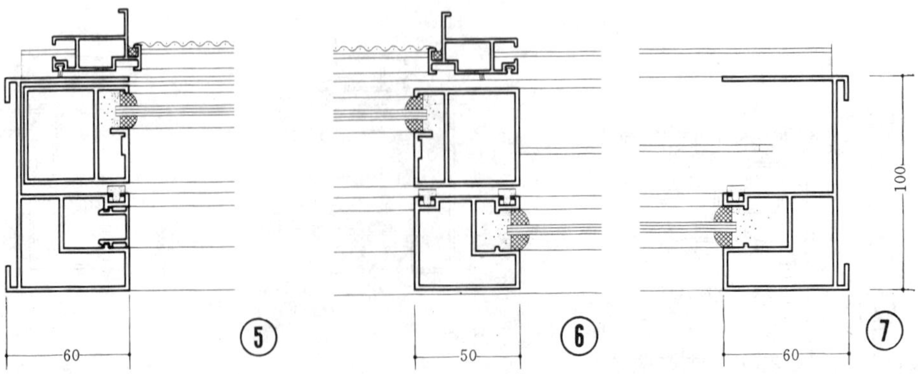

① SZ-100AT 节点构造

② 新型纱窗结构图

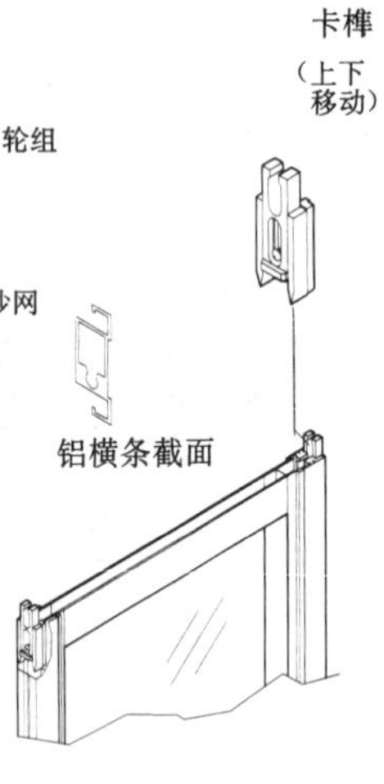

③ 外墙推拉窗防脱落装置

推拉窗 [41] 铝合金窗

一、捷特利 A、B、D 型推拉窗性能
  a、气密性：漏气量在 $8m^3/m \cdot h$ 以下；
  b、水密性：防水性达 $35kg/m^2$ 以上；
  c、强度：耐风压达 160、200、240、280、360 kg/m^2；
  d、隔音性：22.5dB 以上。

二、捷特利 A、B、D 型推拉窗特点及适用范围
  a、下框料为阶梯式设计，框料高度由室内部分依序向室外下降，可使排水顺畅，避免水倒流，且清扫方便。
  b、外框料宽 80mm，刚度大。
  c、窗扇之直料采用凹槽设计，便于窗扇推拉启闭。
  d、下横料外框纱窗轨道外侧设计加高，以防粉刷过高时，影响纱窗的安装及拉动。
  e、纱窗上横料装配导轮组，导轮组装有无磁性不锈钢弹簧片及辊轮，令推拉轻快灵活，并可防止脱落。
  f、使用油轴承式辊轮，可上下调整高度，令窗扇拉动轻巧自如。
  g、配有不锈钢窗扣。
  h、SZ-828 推拉窗可以安装防脱落装置，用于高层外窗，确保安全。
  i、本窗适用于标准较高的住宅、公寓、别墅及其他大楼。

本窗资料摘编自捷特利机械建材（深圳）有限公司铝门窗样本。

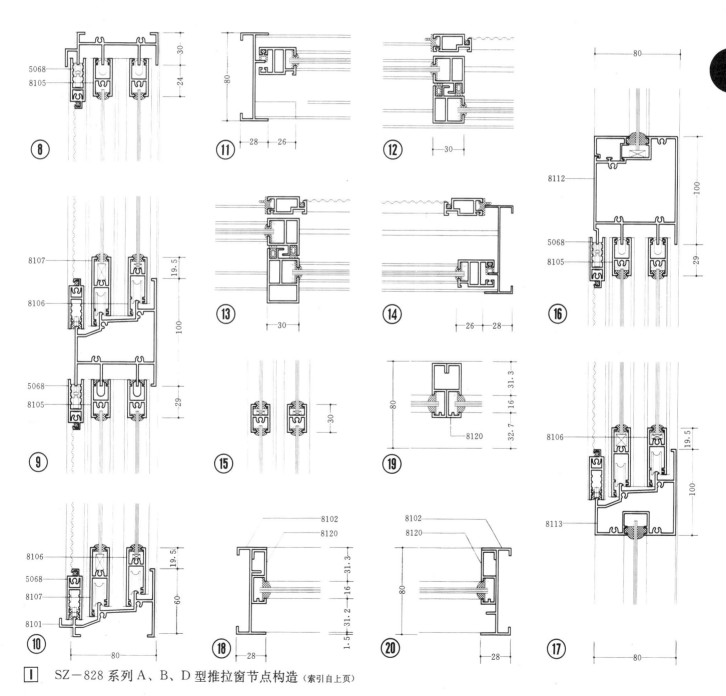

Ⅰ SZ-828 系列 A、B、D 型推拉窗节点构造 (索引自上页)

铝合金窗 [42] 立轴窗·中悬窗

铝合金立轴窗也称垂直轴转窗；铝合金中悬窗也称水平轴翻窗。立轴窗、中悬窗的特点与适用范围：

铝合金立轴窗、中悬窗能开启成各种角度，避免风吹而摇摆。

立轴窗、中悬窗均可作90°旋转，可在室内安装及清洁玻璃，方便安全。中悬窗雨天开启很适宜。

适用于宾馆、办公、学校、商业建筑，别墅及标准较高的厂房高窗，而中悬窗则可与玻璃幕墙配合使用，作为可开启部分。

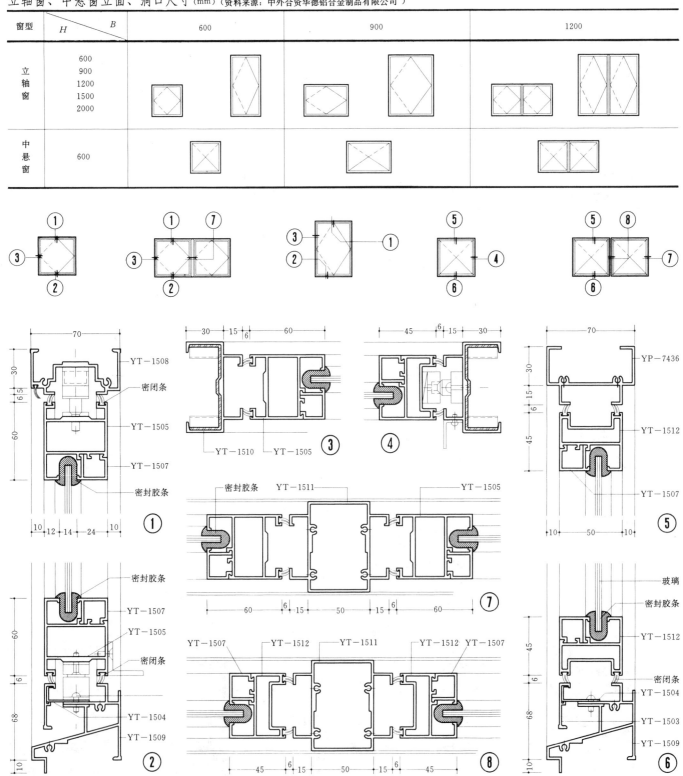

I 立轴窗、中悬窗节点构造

百页窗[43]铝合金窗

铝合金百页窗的特点及适用范围

铝合金百页窗的通风良好，采光优于其他材质的百页窗，遮阳、隐蔽性好，且不易受潮湿而损坏，亦可与固定窗组合设置。

适用于各种建筑的浴厕间、泵房、机房、仓库及管道、排风口等处。

百页窗之百页分固定式及可调式；纱窗可置于室内，亦可置于室外。

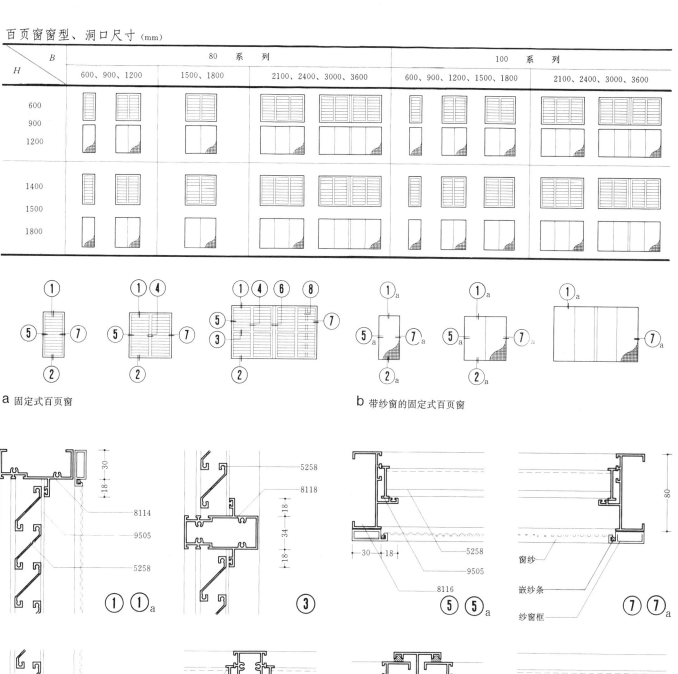

a 固定式百页窗　　　　b 带纱窗的固定式百页窗

 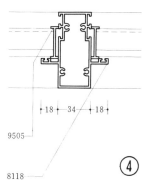 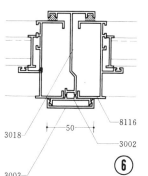 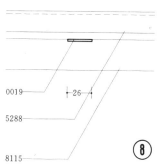

Ⅰ　80系列固定式铝合金百页窗节点构造　　摘自深圳捷特利机械建材有限公司铝门窗样本。

铝合金窗[44]百页窗

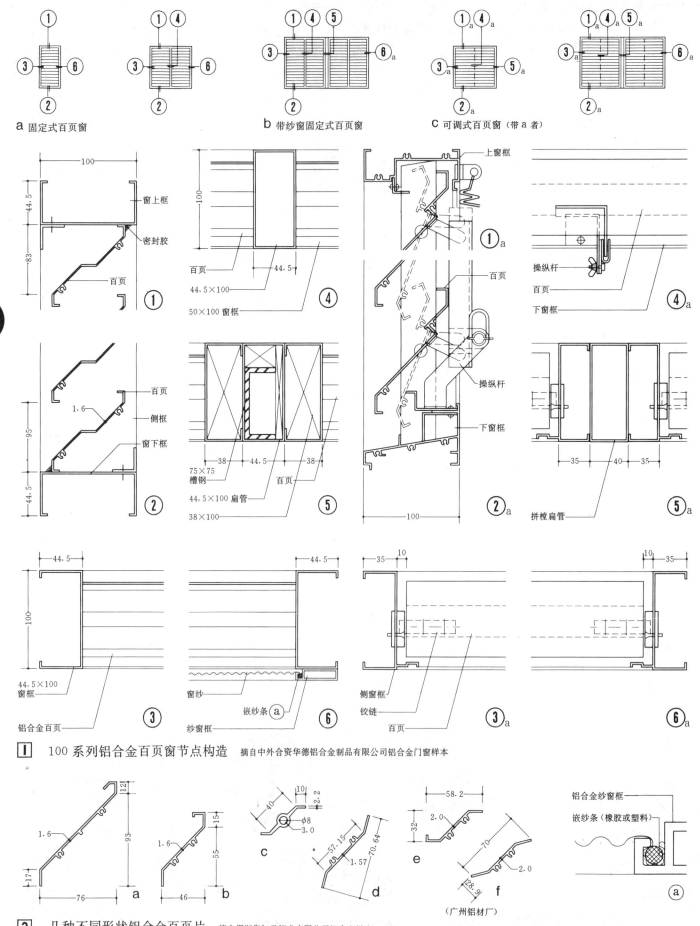

1. 100系列铝合金百页窗节点构造　摘自中外合资华德铝合金制品有限公司铝合金门窗样本
2. 几种不同形状铝合金百页片　摘自深圳华加日铝业有限公司铝合金样本

天窗类型 [1] 天窗

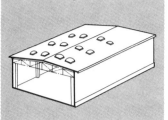

为平天窗的类型之一
采光效率比矩形天窗高2~3倍，均匀性好，布置灵活，构造简单，施工方便，造价低
根据气候条件采取通风措施
注意解决眩光和辐射热问题
适用于一般冷加工车间或公共建筑

① 采光罩

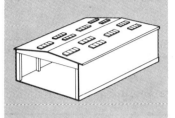

为平天窗的类型之一
采光效率比矩形天窗高2~3倍，均匀性好，布置灵活，构造简单，施工方便，造价低
根据气候条件采取通风措施
注意解决眩光和辐射热问题
适用于一般冷加工车间及民用建筑

② 采光板

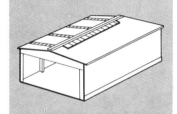

为平天窗的类型之一
采光效率比矩形天窗高2~3倍，布置灵活，构造简单，施工方便，造价低，均匀性比采光罩、采光板差
根据气候条件采取通风措施
注意解决眩光和辐射热问题
适用于一般冷加工车间及民用建筑

③ 采光带

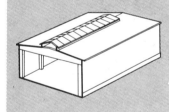

为平天窗的类型之一
采光效率比矩形天窗高2~3倍，纵向布置采光口集中，均匀性差，横向布置比较灵活，均匀性亦较好
根据气候条件采取通风措施
注意解决眩光和辐射热问题
适用于一般冷加工车间及民用建筑

④ 三角形天窗

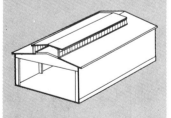

采光效率较低，横向均匀性比较差，有少量直射阳光
热压差较大，满足一般的换气
喉口宽度为跨度的1/3~2/3为宜。多跨厂房的天窗间距≤窗台板至工作面的2.2倍
多用于冷加工车间，或用于民用建筑

⑤ 矩形天窗

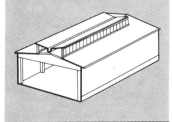

具有反射光效果，能提高照度
能作一般换气；加挡风板后，排气通风性能较好，热压差较大
天窗内排水较复杂应妥善解决
适用于一般要求的车间。用于有大量粉尘、烟气以及高温车间时，应加挡风板

⑥ M形天窗

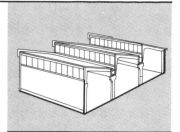

采光比较均匀、稳定，具有反射光效果。平面布置中设备垂直于天窗时的照度良好
在垂直风向时，换气效果较好
天窗间距一般不大于窗台板至工作面的2倍
适用于需调节温度、湿度条件的车间；机械加工车间或需要方向性采光和需要采光条件稳定的车间

⑦ 锯齿形天窗

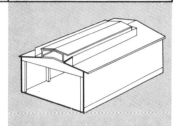

采光效果较差
布置形式变化较多，局部阻力系数因各部位尺度变化而异，通风性能一般较好，热压差较大
注意避免纵向平行风向引起的倒灌以及开敞式的飘雨现象
适用于产生大量粉尘、烟气以及高温、高湿车间

⑧ 纵向避风天窗

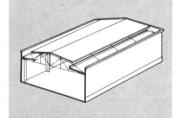

照度系数平均值较大，采光效果较好
局部阻力系数较小，涡流少，排烟较快
注意挡风墙高度，避免倒灌。喉口宽度为跨度的3/5~5/7左右为宜
适用于热源集中布置在跨中区域的高温车间

⑨ 两侧下沉式天窗

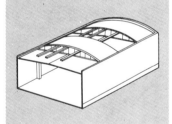

照度均匀，采光效果较好
构造较简单，布置灵活
局部阻力系数较大，避风性能稍差。构件类型较多
天窗的屋面刚度较差。注意加强支撑系统
适用于散热量不大，采光要求较高的车间以及东西向布置的车间

⑩ 横向下沉式天窗

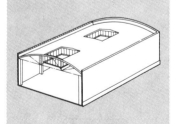

有四面采光口，采光效果较好
局部阻力系数随井口比例而变，通风性能较好。但次于边井式天窗
布置不够灵活。排水构造比较复杂，扫雪、清灰不便。构件类型较多可采用拱形、折线形、三角形等多种屋架形式
适用于采光、通风两用，车间较高和跨度>18m，非保温的车间

⑪ 中井式天窗

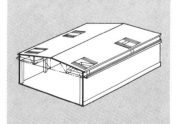

有三面采光口，靠反射光引入光线，室内能避免眩光
局部阻力系数随井口比例而变，通风性能较好，排烟快，效率高
排气口布置较灵活。排水系统较多，连跨处扫雪、清灰比较麻烦。车间纵轴最好避免与夏季主导风向平行
适用于热源分散，柱距较大，跨度>18m，非保温的车间

⑫ 边井式天窗

天窗[2] 平天窗

平天窗系指在建筑物顶部的对空天窗。平天窗的类型有：采光罩、采光板、采光带及三角形天窗等。与其他采光天窗相比较，具有采光效率高、布置灵活、构造简单、造价经济等优点。设计中应注意以下事项：

一、采光罩、采光板为分散式布置的天窗，可根据室内对照度的需要作重点或均匀布置。由于采光口面积较小，其眩光影响也比采光带和三角形天窗小。

二、采用平天窗时，要根据采光要求按规范进行采光口面积的计算。还须根据各地气候条件，采取适当的屋面通风散热措施，可结合平天窗设置，或单独设置通风屋脊等，以便排除室内热量。

三、平天窗应力求减少直射阳光造成的强烈眩光及辐射热。透光材料应优先采用压花夹丝玻璃、亦可采用透光率较高的玻璃钢、普通磨砂玻璃、玻璃上涂半透明涂料、吸热玻璃或双层玻璃等。

四、平天窗的构造应注意加强防水措施。设有承水槽的横挡，防水可靠，见 2 。玻璃封口材料宜采用嵌缝油膏，玻璃应尽量避免搭缝，当玻璃长度受限制必须设置搭缝时，应采取封口措施，见 2 h。

五、为了防止冰雹及其他原因损坏玻璃，影响车间生产安全，凡采用非安全玻璃（如普通玻璃、磨砂玻璃、压花玻璃）时，采光口下部应设置金属保护网。

平天窗常用透光材料比较　　　表1

透光材料名称	厚度	透光率(%)	透光材料名称	厚度	透光率(%)
磨砂玻璃加铁丝网	6	49	压花夹丝玻璃	6	66
压花玻璃加铁丝网	3	63	透明有机玻璃	2～6	85
普通玻璃加铁丝网	5～6	69	钢化玻璃	6	78
夹层玻璃(P.V.B.)	3+3	78	玻璃钢(本色)	4～3层	70～75

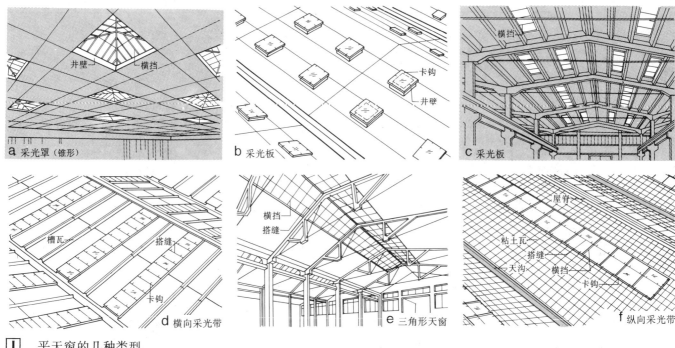

1 平天窗的几种类型

a 采光罩（锥形）　　b 采光板　　c 采光板
d 横向采光带　　e 三角形天窗　　f 纵向采光带

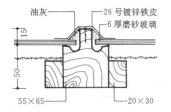

a 木料不耐久，易渗漏

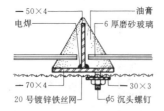

b 构造简单，靠油膏防止渗漏

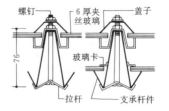

c 铝制金属横挡　防水可靠

d 构造简单，靠油膏防止渗漏

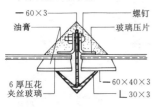

e 有承水槽 构造简单，防水可靠

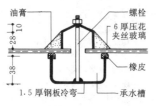

f 有承水槽 防水可靠

g 铝制金属横挡 防水可靠

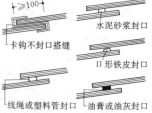

h 玻璃搭缝封口 以柔性材料为好

2 平天窗各种横挡、搭缝构造

采光罩 [3] 天窗

采光罩可用玻璃钢或玻璃制做。玻璃钢采光罩可减少直射阳光的辐射热及眩光,并可不设防护网;但耐老化性能较差。

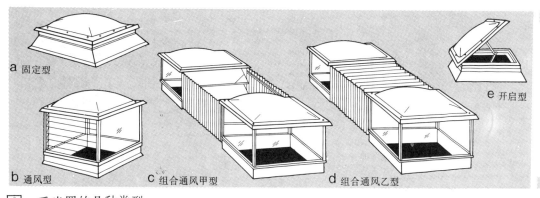

a 固定型　b 通风型　c 组合通风甲型　d 组合通风乙型　e 开启型

1 采光罩的几种类型

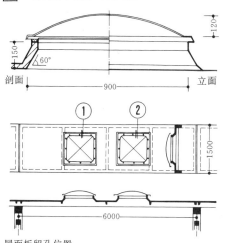

注:本图所示玻璃钢罩均为925×925本色球形罩。重量轻、强度高、透光率为75%。用3层0.2厚无碱无捻平纹方格玻璃布和不饱和聚脂树脂胶贴而成。

2 固定型

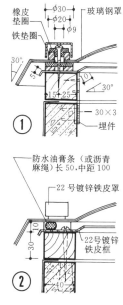

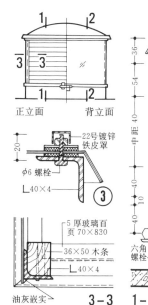

3 通风型

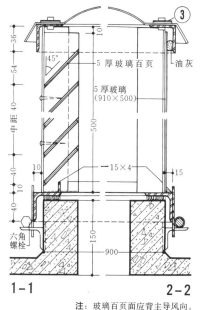

注:玻璃百页面应背主导风向。

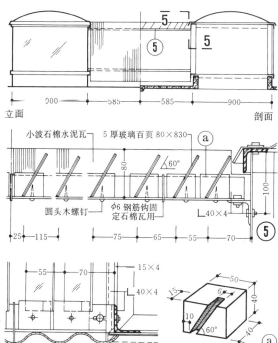

5 组合通风乙型

注:组合通风型的采光罩适用于散热量较小的小型热加工车间排油烟用。

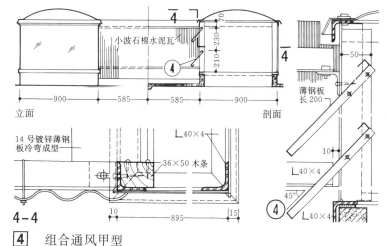

4 组合通风甲型

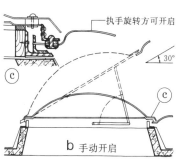

6 开启型　a 拉绳开启　b 手动开启

149

天窗 [4] 采光板

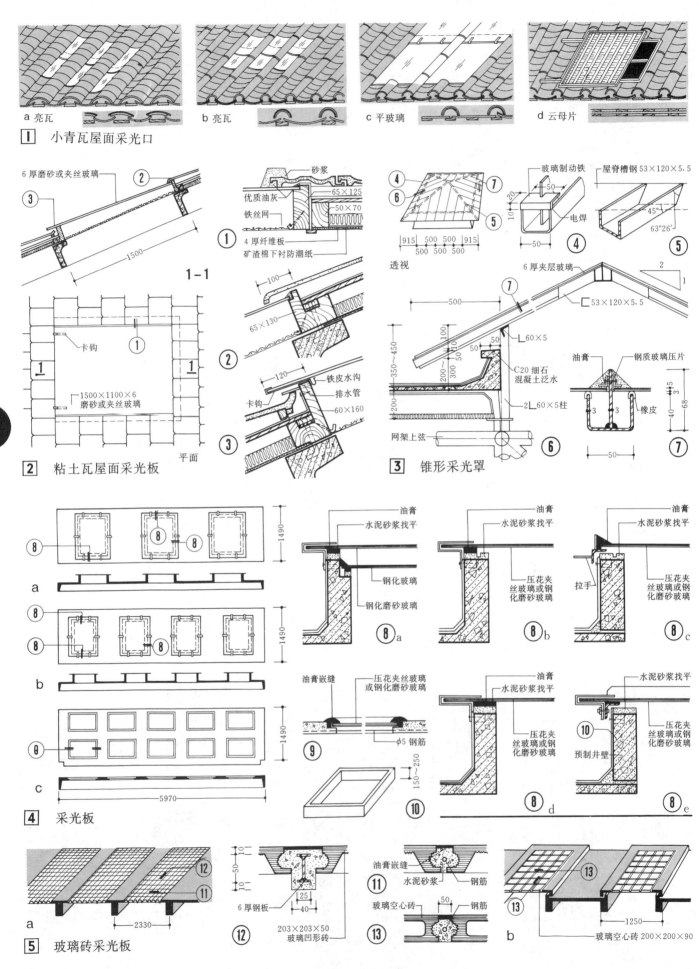

采光板 [5] 天窗

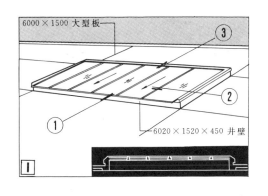
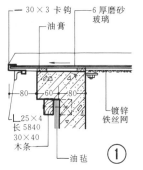
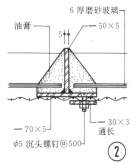

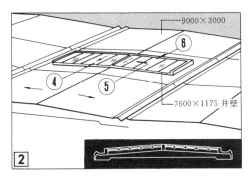
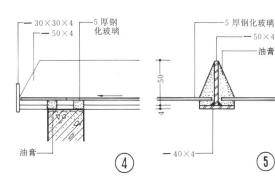
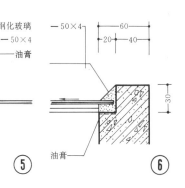

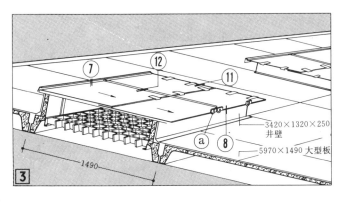
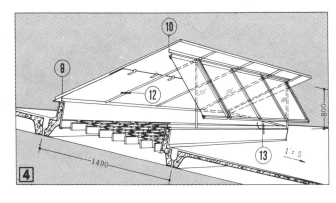

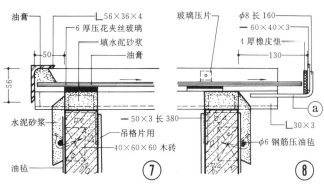
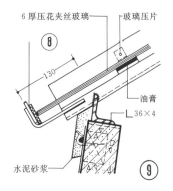
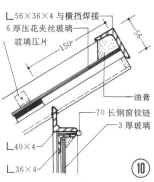

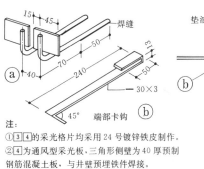
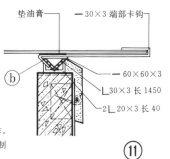
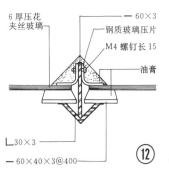

注：
① ③ ④ 的采光格片均采用 24 号镀锌铁皮制作。
② ④ 为通风型采光板，三角形侧壁为 40 厚预制钢筋混凝土板，与井壁预埋铁件焊接。

天窗 [6] 采光带

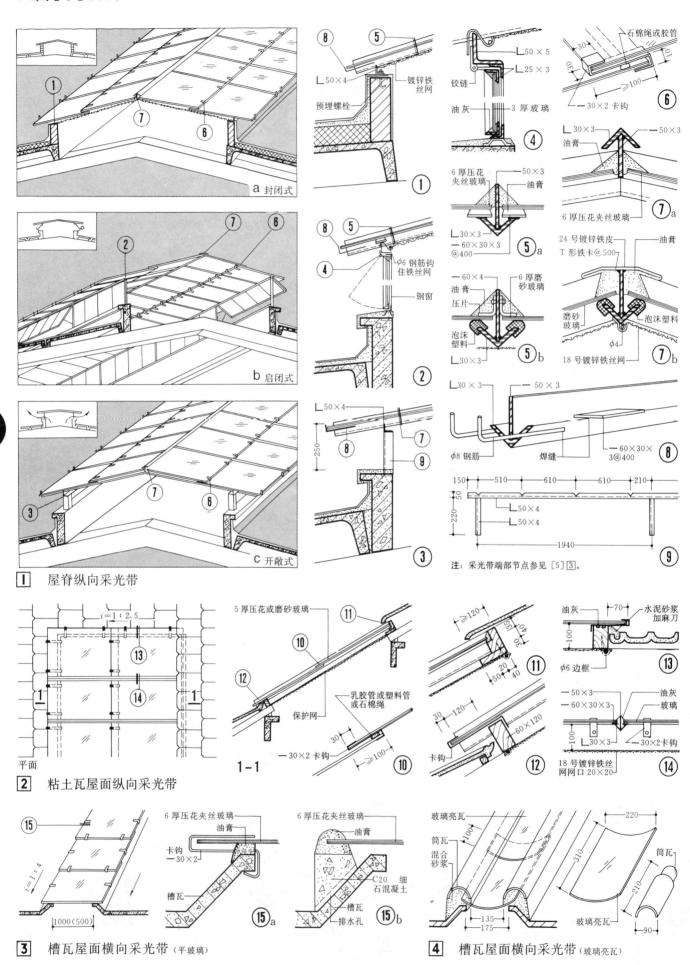

1 屋脊纵向采光带

2 粘土瓦屋面纵向采光带

3 槽瓦屋面横向采光带（平玻璃）

4 槽瓦屋面横向采光带（玻璃亮瓦）

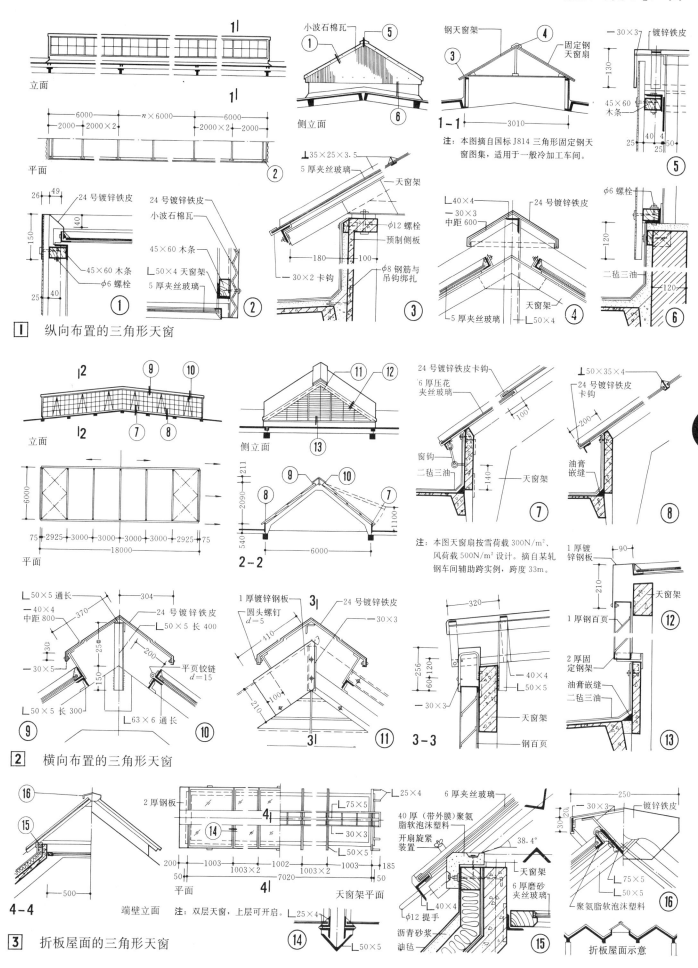

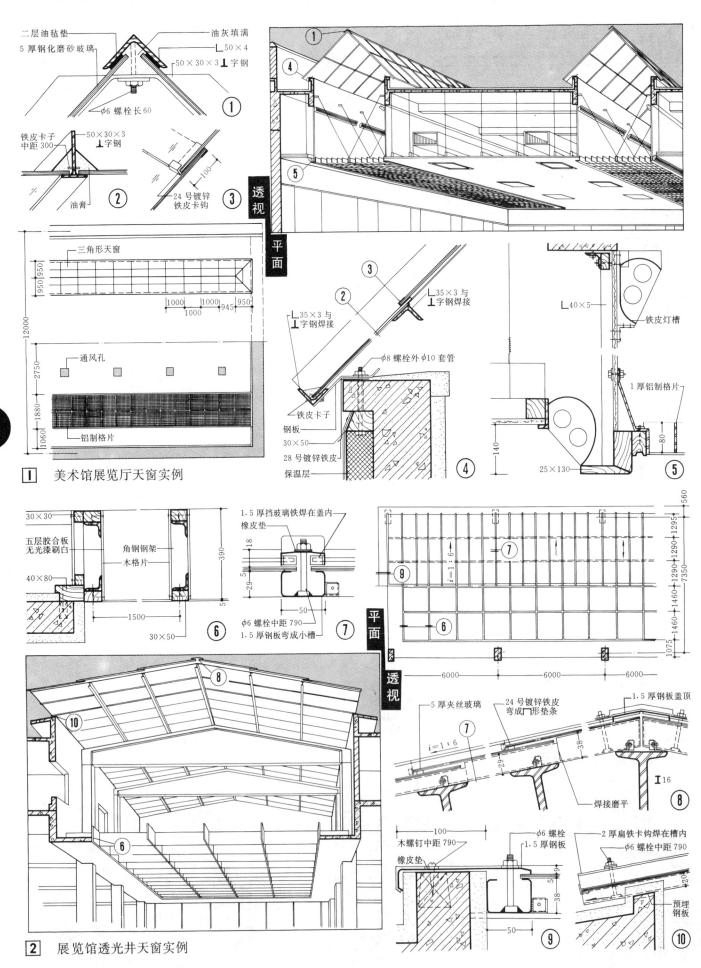

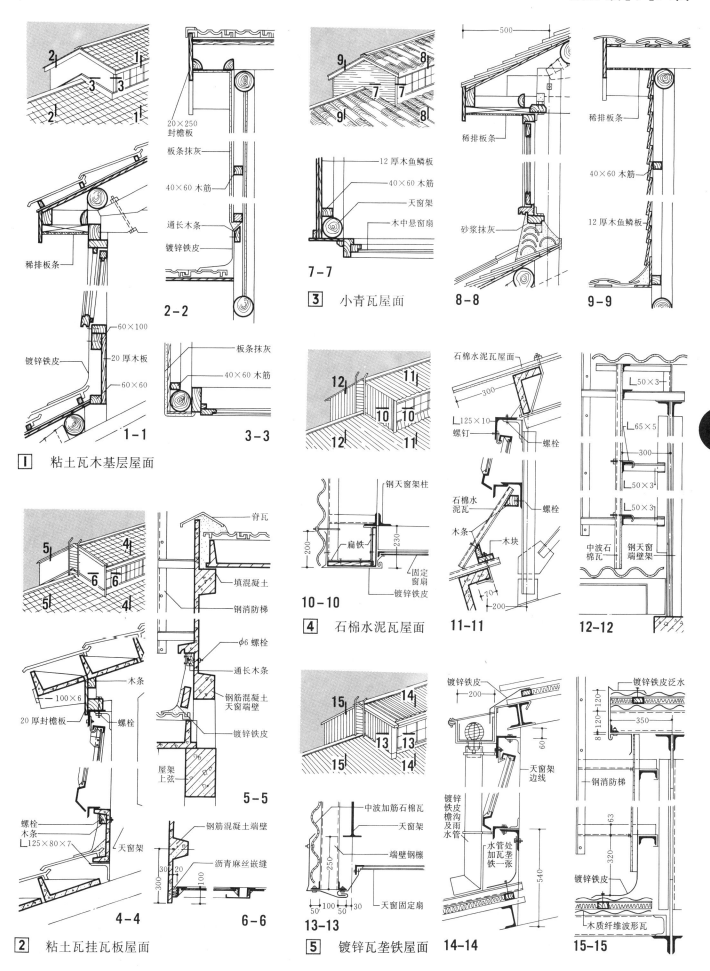

天窗[10] 矩形天窗

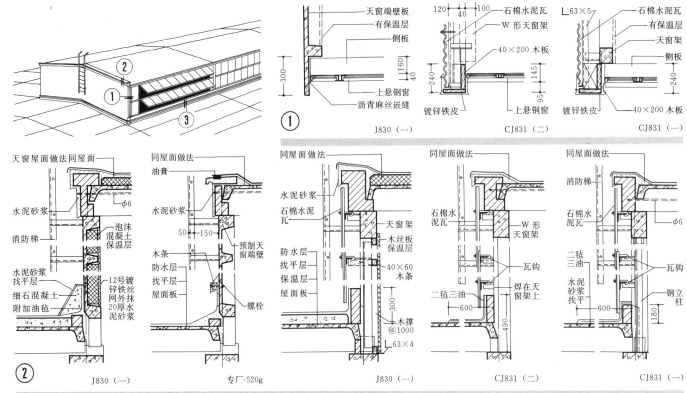

注：
①本图各构造节点摘自国标Π形钢筋混凝土天窗架建筑构造图集J830（一）、CJ831（一），W形钢筋混凝土天窗架建筑构造图集CJ831（二），以及工业厂房通用图专厂-520g等。
②天窗扇采用国标上悬钢天窗图集J815、中悬钢天窗J812，均见[24]。
③钢天窗扇开启，如采用开关器，可选用国标，见[28]。
④多雨地区天窗屋面宜采用有组织排水。

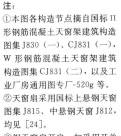

1 大型板屋面矩形天窗

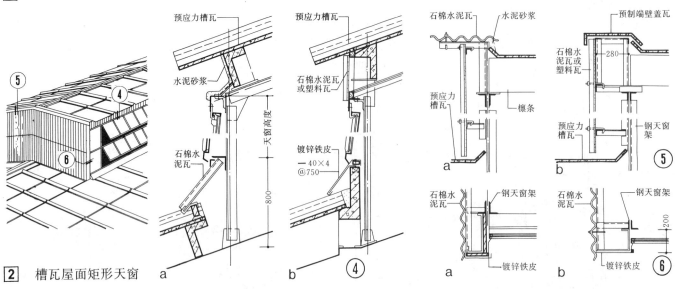

2 槽瓦屋面矩形天窗

M形天窗 [11] 天窗

M形天窗的采光及通风效果均较好，多用于天窗跨度较大（9m以上）的大中型工业厂房。多雨地区内落水天沟要考虑设置溢水措施。

半天窗构造简单，可连跨设置，适用于中小厂房。

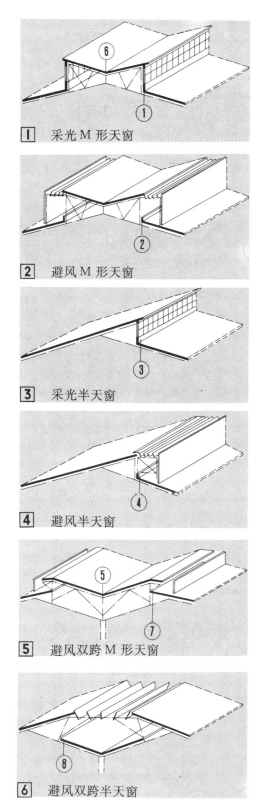

1. 采光M形天窗
2. 避风M形天窗
3. 采光半天窗
4. 避风半天窗
5. 避风双跨M形天窗
6. 避风双跨半天窗

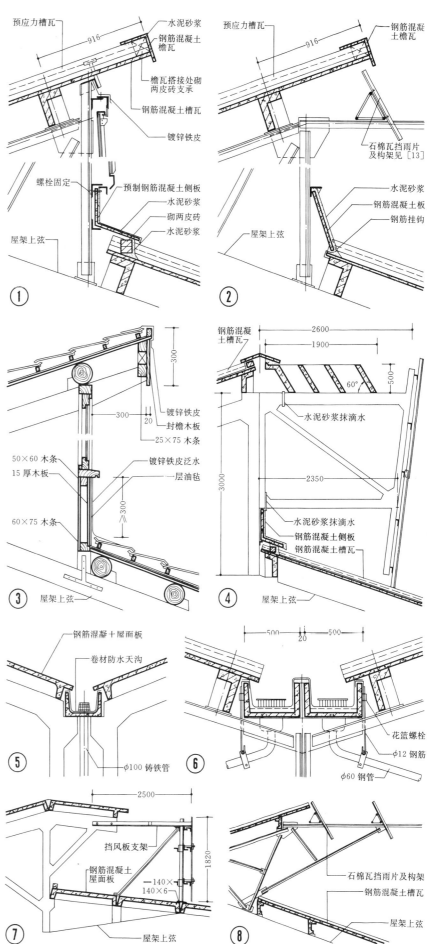

天窗 [12] 锯齿形天窗

锯齿形天窗一般应朝北向布置，光线稳定均匀，多用于纺织车间。窗台板须采取排除凝结水的措施，可利用天沟与大梁设置通风道。

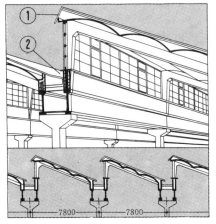

① 双梁横向屋面板的锯齿形天窗

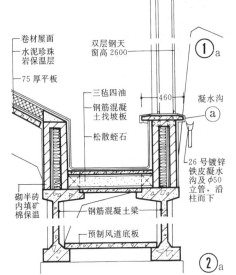

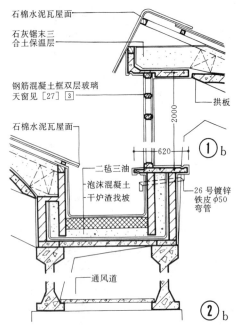

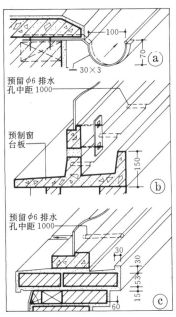

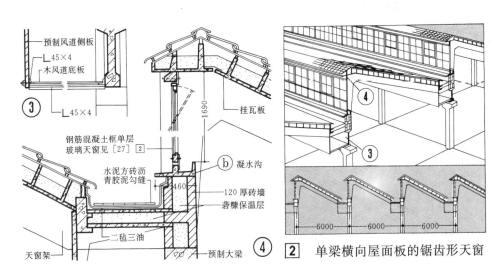

② 单梁横向屋面板的锯齿形天窗

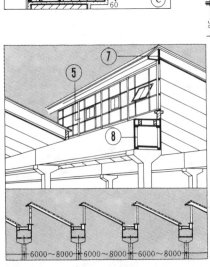

③ 纵向屋面板的锯齿形天窗

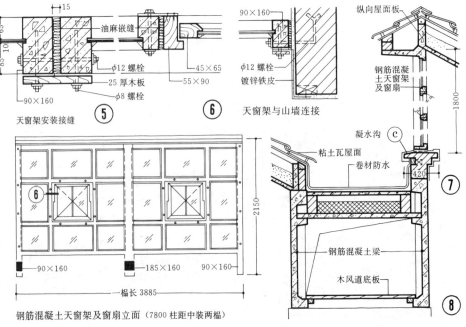

钢筋混凝土天窗架及窗扇立面（7800柱距中装两榀）

纵向避风天窗 [13] 天窗

一、纵向避风天窗是以挡风板取得避风效果的。挡风板与天窗之间的距离 L，一般按 $H/L=0.6\sim2.5$ 选用，以 $1.1\sim1.8$ 之间为佳，大风多雨地区 L 值宜偏小。

二、挡风板的高度一般以不超过天窗檐口为宜。挡风板与屋面之间的空隙以 $50\sim100$ 为宜，一般 $\leqslant200$。

三、挡风板端部必须封闭，并根据长度、风向和周围环境等因素考虑设置中间隔板；同时设置检修清灰小门。

四、天窗屋面宜优先采用有组织排水。

五、开敞式天窗的挡雨角度一般可按当地飘雨角度加 $10°$ 考虑，采用 $35°$ 左右较合适，大风多雨地区及要求较高的车间酌减。设置挡雨片以沿水平口布置为宜。

六、Γ 形天窗侧板有利于提高避风性能。

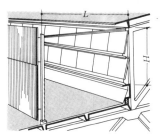
a 直立柱式
1. 支点部位受节点限制
2. 柱脚泛水处理较复杂
3. 结构受力较为合理

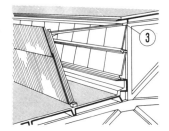
b 斜立柱式
1. 避风性能较好
2. 柱脚泛水处理较复杂
3. 结构受力较为合理

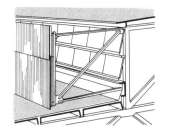
c 直悬挑式
1. 选用尺度比较灵活
2. 适用于各型屋面
3. 不利于地震区使用

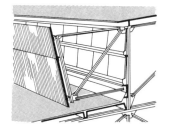
d 斜悬挑式
1. 尺度灵活避风性能较好
2. 适用于各型屋面
3. 不利于地震区使用

1 挡风板基本形式

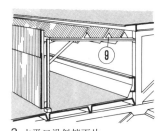
a 水平口设斜挡雨片

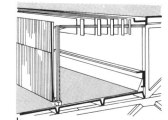
b 水平口设垂直挡雨片

c 水平口设斜挡雨片

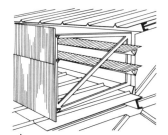
d 垂直口设挡雨片

2 挡雨片基本形式

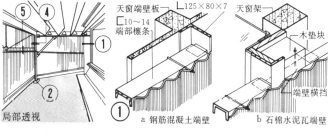

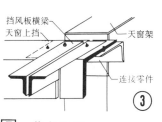

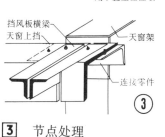

3 节点处理

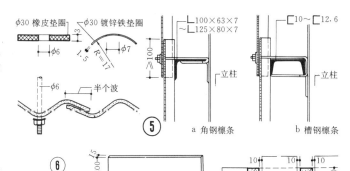

4 钢丝网水泥挡雨片

5 石棉水泥瓦挡雨片

天窗[14] 纵向避风天窗挡风板

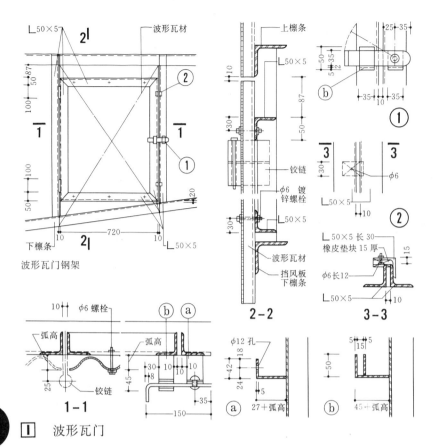
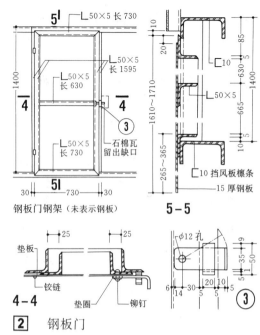

注：
① 为了挡风板内部维修与清扫工作，应设置波形瓦门或钢板门。
② [1]支承挡风板门的下檩条为斜向，表示该门设置于挡风板的端部，[2]上下檩条平行，表示该门设置在挡风板的纵向部位。
③ 挡风板门设置在3根檩条之间时，中间檩条应断开。
④ 如清灰小车需通行时，下檩条应断开或搁置于屋面上。

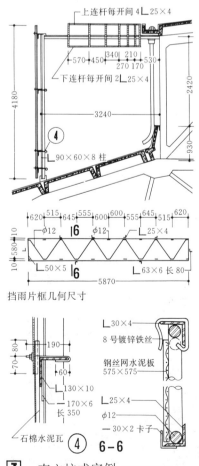

[3] 直立柱式实例（垂直挡雨片）

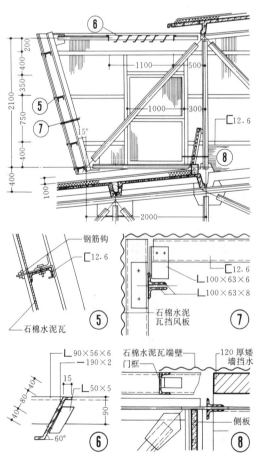

[4] 斜悬挑式实例（斜挡雨片）

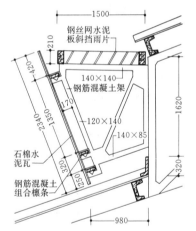

[5] 斜悬挑式实例（斜挡雨片）

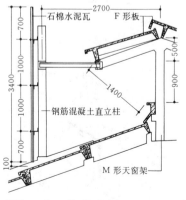

[6] 直立柱式实例（大挑檐挡雨）

纵向避风天窗挡风板 [15] 天窗

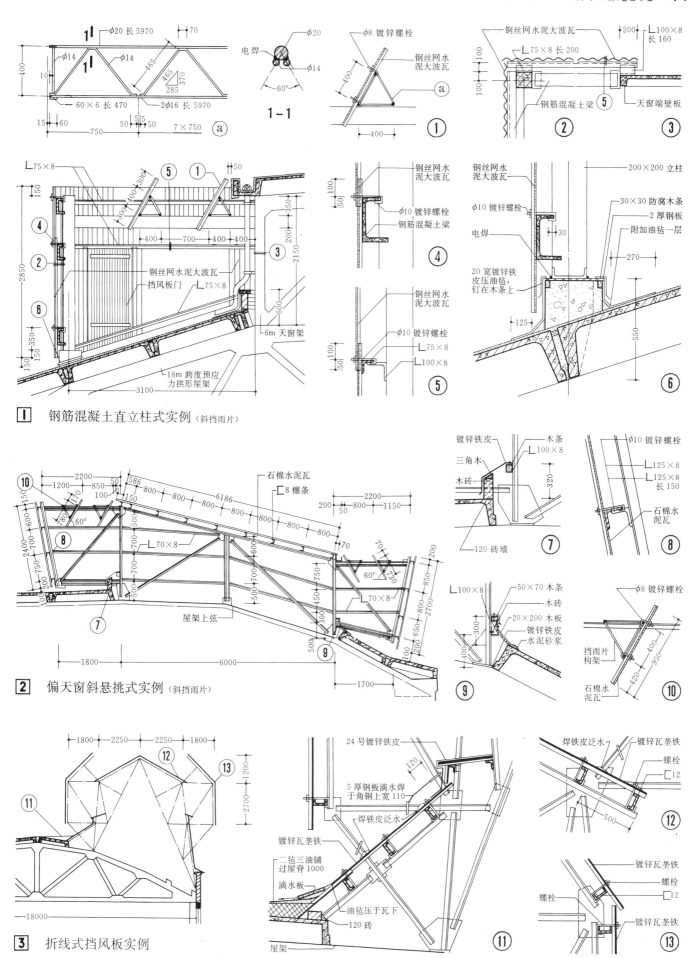

1 钢筋混凝土直立柱式实例（斜挡雨片）

2 偏天窗斜悬挑式实例（斜挡雨片）

3 折线式挡风板实例

天窗 [16] 下沉式天窗

下沉式天窗系在屋架上下弦上设置屋面板而构成的新型天窗，从而取消了天窗架和挡风板系统。主要型式见左图。下沉式天窗目前尚存在一些问题，如：天窗高度受屋架高度限制；构件类型较多；除横向下沉式天窗外，对屋架外露、下沉板与屋架腹杆交接处的构造等须妥善处理。

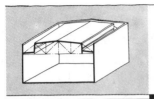

两侧下沉式天窗
局部阻力系数较小，通风效果好，采光照度值较大，采光效果较好。适用于热源集中布置于厂房跨中区域的高温车间

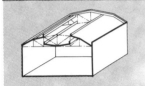

中凹型天窗
局部阻力系数稍大，车间中部采光效果较差。适用于热源在两侧的单跨高温车间或多跨厂房

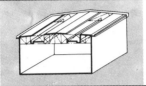

双凹型天窗
排气口面积较大，通风排热性能好，采光效果也好，适用于排热量大，采光要求较高的大跨度高温车间，跨度宜≥24m

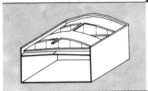

横向下沉式天窗
局部阻力系数较大，通风效果稍差。照度值较大，采光效果好，构造简单。适用于散热强度不大，采光要求较高及东西朝向的车间

1 四种下沉式天窗

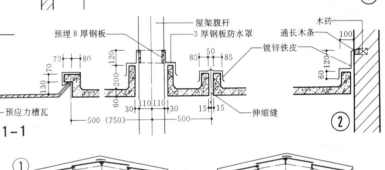

2 两侧下沉式天窗实例

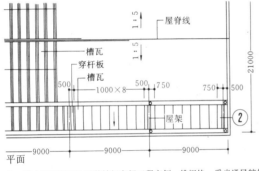

注：①本图系武汉地区某铸钢车间工程实例，排烟快，采光通风较好，夏季比较凉爽，但挑檐短，风大时易吹进雨雪。
②屋面板与下沉板均为预应力槽瓦自防水构造。

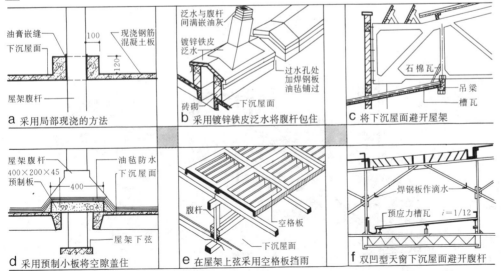

3 屋架腹杆穿下沉屋面的构造处理

a 采用局部现浇的方法
b 采用镀锌铁皮泛水将腹杆包住
c 将下沉屋面避开屋架
d 采用预制小板将空隙盖住
e 在屋架上弦采用空格板挡雨
f 双凹型天窗下沉屋面避开腹杆

屋架外露处理

一、避免屋架外露。采用空格板将屋架遮挡，避免雨水浇淋。如左图 e。但挡雨片对采光与通风均有影响。

二、采用钢筋混凝土屋架。避免采用钢屋架，前者耐大气腐蚀性能较强。

三、在外露钢屋架上涂刷防锈漆，一般防锈漆较快剥皮脱落，锈蚀严重。采用新的防锈涂料，如环氧树脂涂料和环氧钼铬红防锈涂料，可取得较好效果。

横向下沉式天窗 [17] 天窗

横向下沉式天窗的避风性能较差，但采光均匀，效果好。这类天窗的位置与数量可按需要灵活布置，并可改变车间不利的东西朝向为南北采光，适用于采光要求高而散热量不大的车间。

屋顶平面

屋顶透视

剖面标注：钢筋混凝土支撑、栏杆、钢筋混凝土走道板、i=2%

平面标注：砂浆填满后外贴二毡三油、钢筋混凝土出肋板、钢筋混凝土大型板、屋架、窗

① 铁丝球、钢筋混凝土上天沟、i=3‰、φ100镀锌铁皮水落管、钢筋混凝土下天沟、屋架、φ100铸铁管、∟10及∟50×6

② 水泥砂浆抹灰、钢筋混凝土压顶、30×50木条、水泥砂浆、屋架

1-1 剖面：φ32黑铁管栏杆扶手、钢窗、钢筋混凝土出肋板、屋架

③ 预埋120×120×6钢板、天窗窗台板、∟50×5、屋架竖杆、预埋钢板120×120×6

④ 屋架、60×90×120木砖@1000

⑤ 3φ6、钢牛腿

注：① 此图摘自非采暖地区某总装车间工程实例。
② 屋面与下沉板的防水做法，均为卷材防水。
③ 中悬天窗采用沪J761图集构造，采用蜗轮杆开窗机开启，用小电动机传动。

163

天窗 [18] 天井式天窗

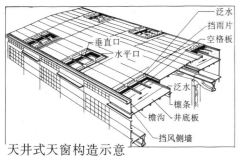

天井式天窗构造示意

天井式天窗是一种新型天窗，具有通风性能好、天窗井口可根据热源灵活布置、采光均匀、建筑结构合理、施工安装方便、投资较省等优点。

一、适用于产生大量余热和烟尘的冶金、机械、玻璃以及其他工业厂房。可根据气候条件和生产特点采用开敞式或设窗扇。

二、边井式天窗宜采用梯形屋架，厂房跨度一般在18m以上；中井式天窗可用于任何屋架，但必须设内排水，清灰、扫雪也不如边井式天窗方便。

三、天窗高度受屋架限制，构件类型稍多，连跨处天窗的排水、清灰都比较麻烦。

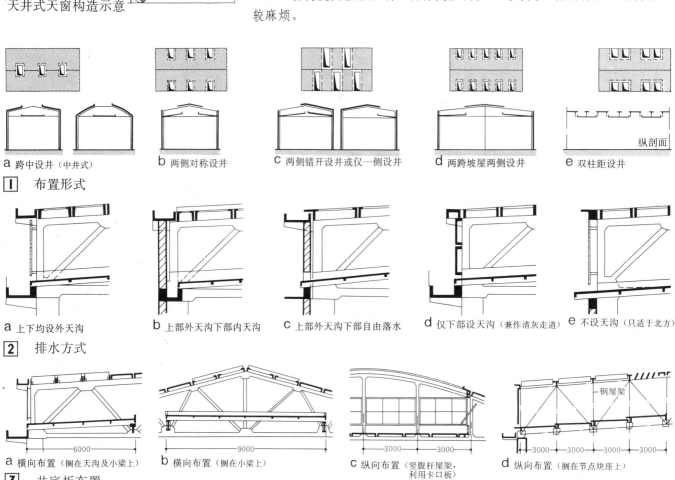

1 布置形式
 a 跨中设井（中井式）　b 两侧对称设井　c 两侧错开设井或仅一侧设井　d 两跨坡屋两侧设井　e 双柱距设井

2 排水方式
 a 上下均设外天沟　b 上部外天沟下部内天沟　c 上部外天沟下部自由落水　d 仅下部设天沟（兼作清灰走道）　e 不设天沟（只适于北方）

3 井底板布置
 a 横向布置（搁在天沟及小梁上）　b 横向布置（搁在小梁上）　c 纵向布置（竖腹杆屋架，利用卡口板）　d 纵向布置（搁在节点块座上）

4 挡雨措施

a 屋面板大挑檐挡雨（实例见[21]②，适用于9m柱距设单井或6m柱距设双井的情况）

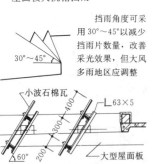

b 天窗水平口设斜挡雨片之一（挡雨角度可采用30°~45°以减少挡雨片数量，改善采光效果，但大风多雨地区应调整）

c 天窗水平口设斜挡雨片之二（利用屋面板和挡雨片挡雨，防雨无严格要求时挡雨角度可为45°~50°）

d 天窗水平口设垂直挡雨片（玻璃挡雨片垂直设置，有利于雨水冲洗，不易污染，采光效果好）

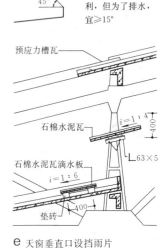

e 天窗垂直口设挡雨片（垂直口设挡雨片，与水平面夹角越小，对通风越有利，但为了排水，宜≥15°）

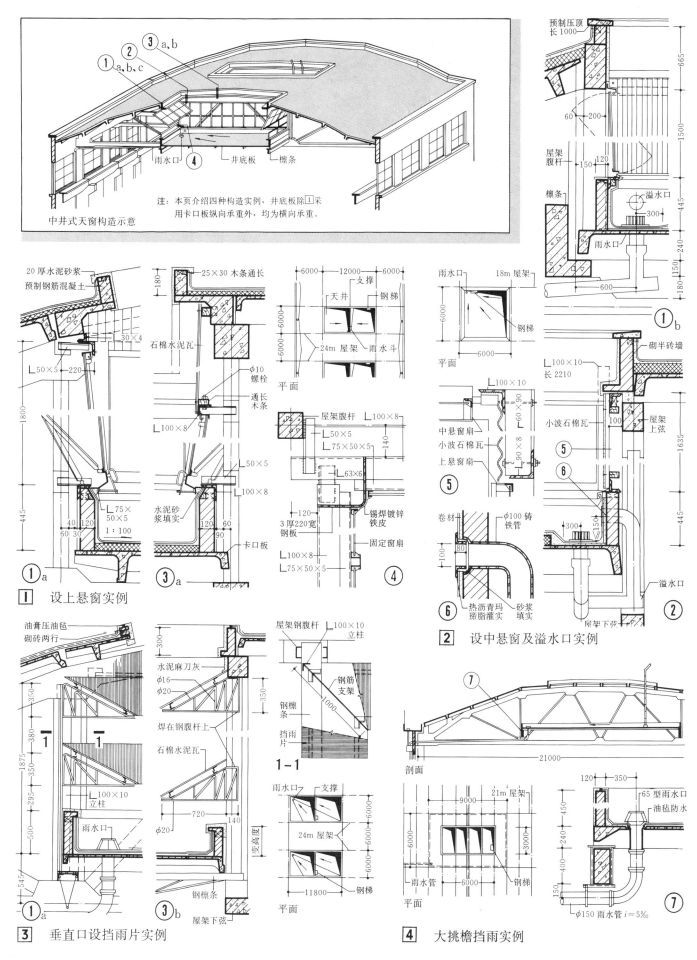

天窗[20] 边井式天窗

边井式天窗可对称布置，适用于热源分布均匀，采光通风要求都比较均匀的车间，如冶金企业的大、中型轧钢车间等。本图摘自某中型轧钢车间工程实例，采用双柱距设井。双柱距设井与单柱距设井相比较，前者的局部阻力系数小，排气性能好，但材料用量较多。

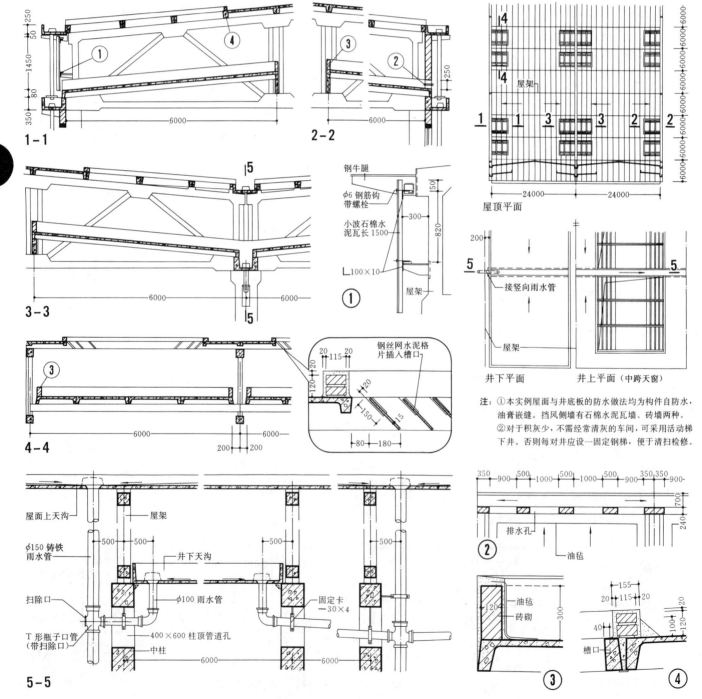

注：①本实例屋面与井底板的防水做法均为构件自防水，油膏嵌缝。挡风侧墙有石棉水泥瓦墙、砖墙两种。
②对于积灰少，不需经常清灰的车间，可采用活动梯下井。否则每对井应设一固定钢梯，便于清扫检修。

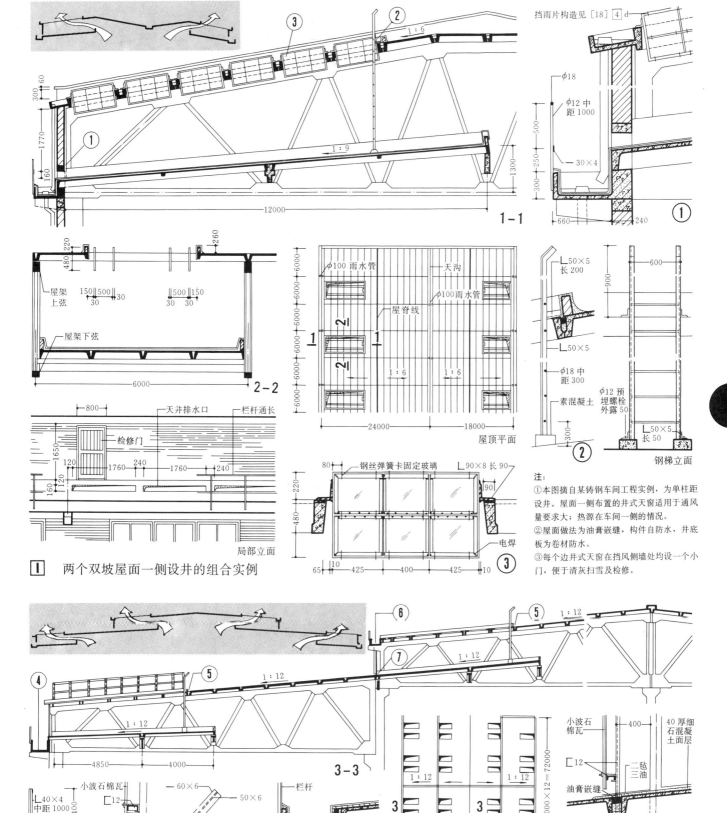

天窗 [22] 其它形式天窗

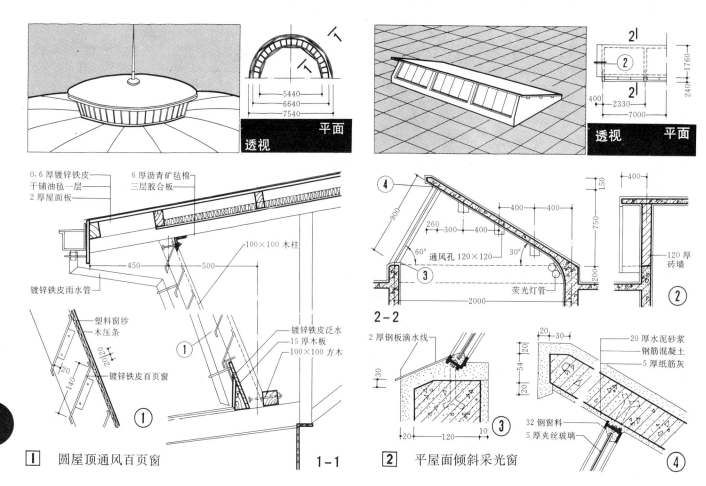

1 圆屋顶通风百页窗

2 平屋面倾斜采光窗

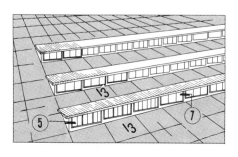

独立式天窗可根据建筑物对采光和通风的要求进行布置，一般多用于民用建筑。本图为联方网架屋盖上的独立式天窗。

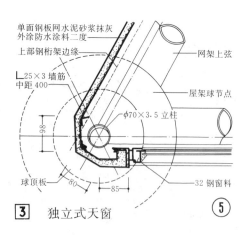

3 独立式天窗

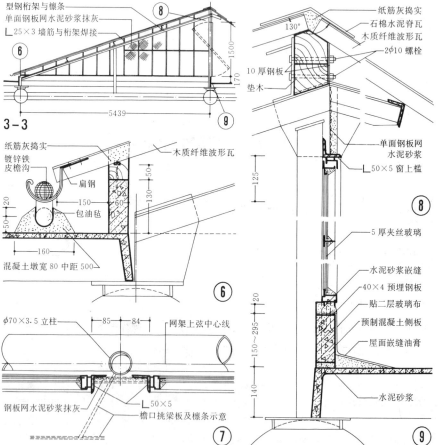

其它形式天窗 [23] 天窗

横向天窗可较好地解决连跨、大面积车间的采光和通风问题，并可将东西朝向的车间改变为南北采光。

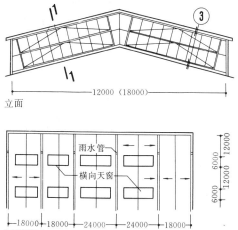

1 横向天窗

间断式天窗是在几个横向矩形天窗间用挡风板连接，形成负压区，因而增强了换气功能。可采取开敞式或设开启窗扇。开敞式天窗须设挡雨片及百页窗，以防止雨水飘入车间。

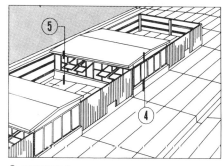

a 带开启窗式

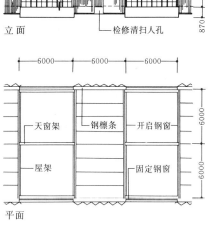

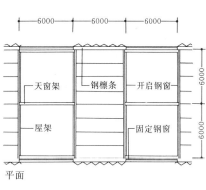

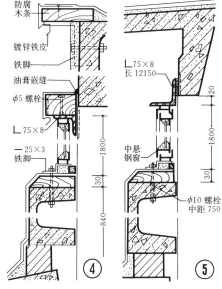

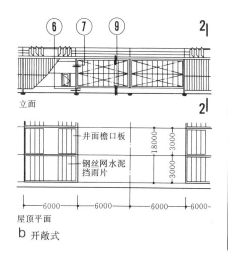

b 开敞式

2 间断式天窗

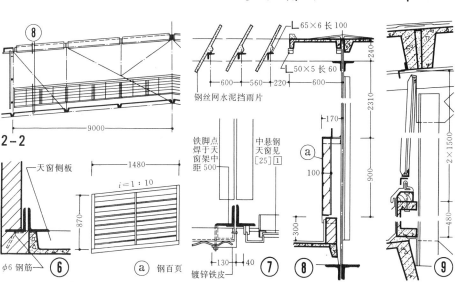

天窗[24] 其它形式天窗

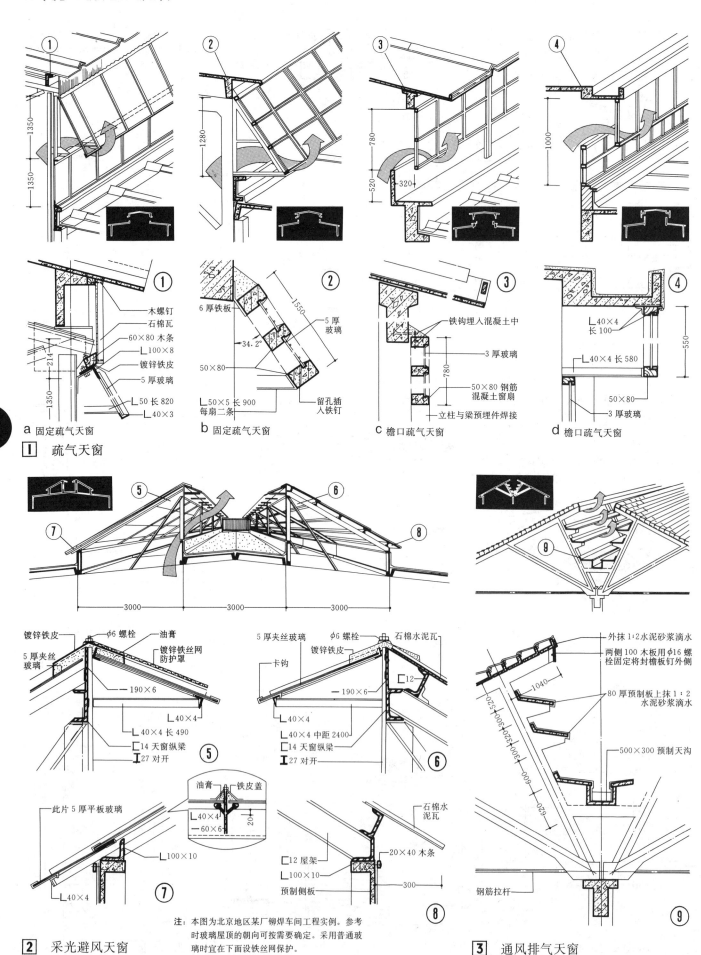

中悬、上悬钢天窗 [25] 天窗

本页中悬钢天窗及上悬钢天窗用于6m柱距纵向天窗的单层工业厂房及标准风荷载不超过700N/m²的地区。中悬钢天窗窗扇开启角为60°、80°。上悬钢天窗窗扇最大开启角为45°。

上悬钢天窗开启扇两侧的后面应设置挡雨板，以阻挡天窗侧面飘雨。

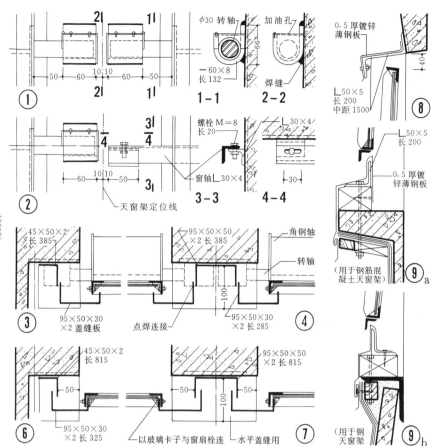

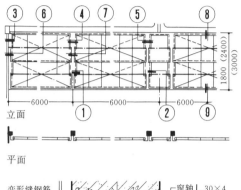

1 中悬钢天窗

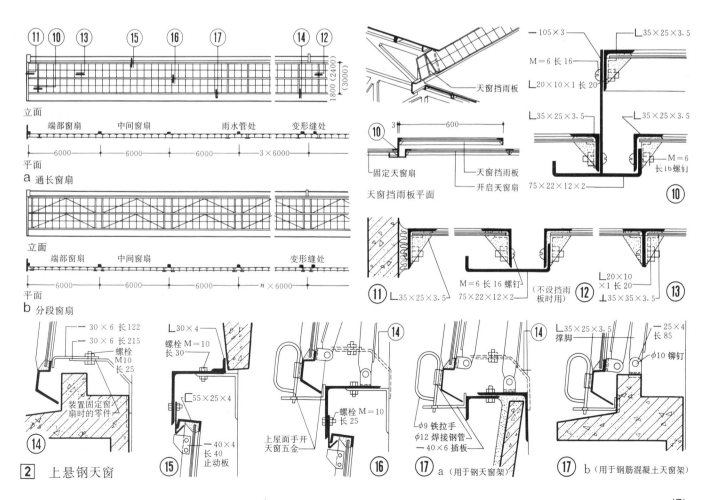

2 上悬钢天窗

天窗 [26] 中悬木天窗及天窗保护网

本页中悬木天窗适用于6m及4m柱距的一般性工业建筑及风荷载不超过700N/m² 的地区。可根据使用要求设置局部固定窗扇。开启窗扇的开启角度一般为60°，操纵方式有室内绳拉开关、上屋面开关或设其他开关装置。

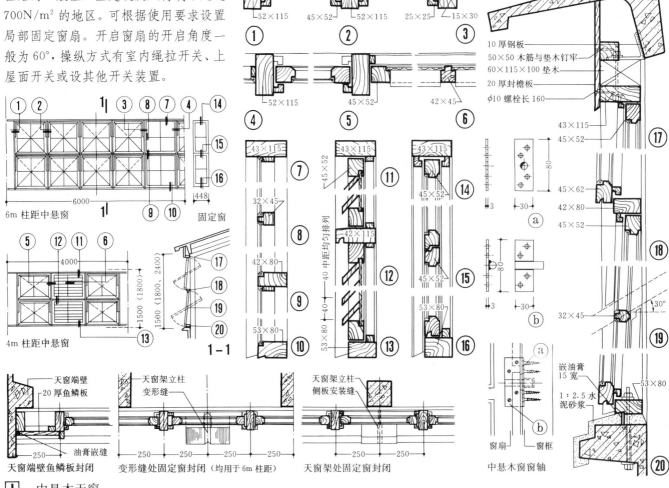

1 中悬木天窗

天窗保护网用于普通平板玻璃天窗窗扇。各类型的天窗保护网均可采用18～20号镀锌铁丝制做，网孔宜≤25×25。

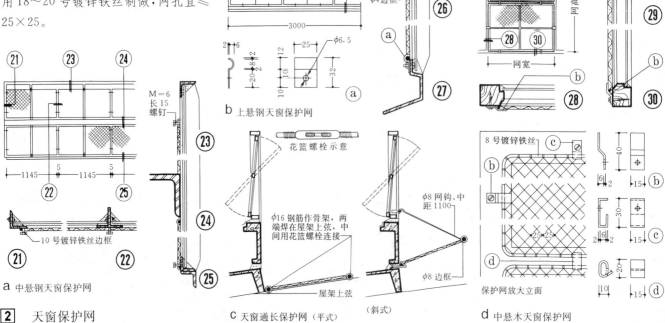

2 天窗保护网

立转木天窗·钢筋混凝土框天窗 [27] 天窗

立转木天窗的采光、通风效果较好，但防雨性能较差，适用于层高较低的工业及民用建筑的简易天窗。窗扇可设联杆开关器上房顶开关，亦可设滑轮在室内拉绳启闭。

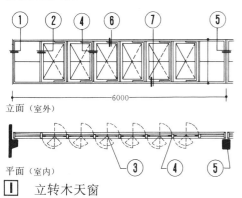

[1] 立转木天窗

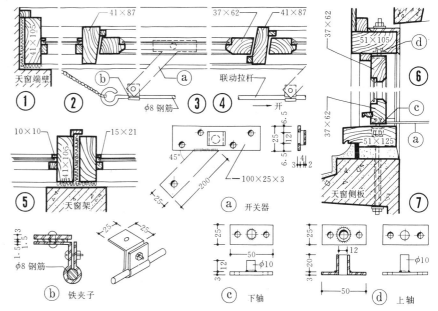

钢筋混凝土框天窗适用于要求控制稳定温、湿度的纺织车间的锯齿形天窗。有单层玻璃和双层玻璃两种，一般多用于以采光为主的固定窗。当需设开启扇时，常采用木制中悬窗扇。

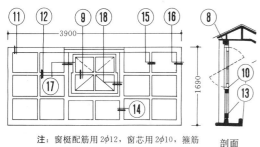

注：窗梃配筋用 2φ12，窗芯用 2φ10，箍筋均用 φ4@150，C30 细石混凝土。

[2] 钢筋混凝土框单层玻璃天窗（上海）

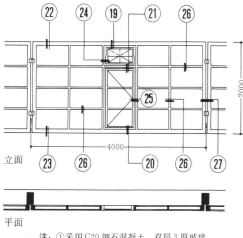

注：①采用 C20 细石混凝土。双层 3 厚玻璃。
② 钢筋用 A₃，箍筋均为 φ4@150。
③ 上下框与屋面板、窗台板采用预埋件焊接。

[3] 钢筋混凝土框双层玻璃天窗（浙江）

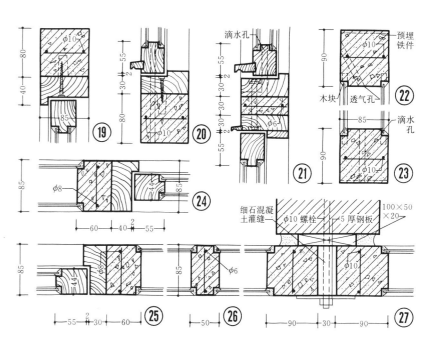

天窗 [28] 天窗开关器

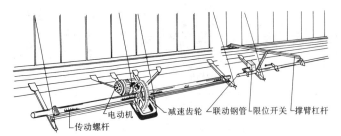

[1] J811 电动撑臂式 用于上悬窗

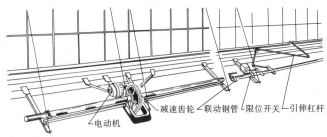

[2] 沪 J711 电动引伸式 用于中悬窗

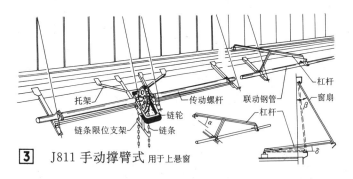

[3] J811 手动撑臂式 用于上悬窗

[4] J715 手动水平拉杆式 用于中悬窗

定型天窗开启参数 表1

天窗额定高度	杠杆长度 L	开启角度 α	开启角度 β	开启角度 δ	J811 开启极限长度(m) 电动*	J811 开启极限长度(m) 手动	附注
900	1200	24°36′	45°	12°30′	90～102	30	*低限为平板玻璃用，高限为夹丝玻璃用
1200	1500	19°30′	44°	11°30′	66～90	30	
1500	1640	17°45′	37°30′	10°	54～84	30	
1800	1640	17°45′	31°	8°30′	36～54	30	

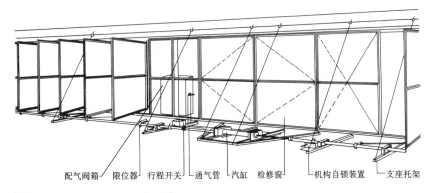

[5] (G) BJ222 气动牵引式 用于立转窗

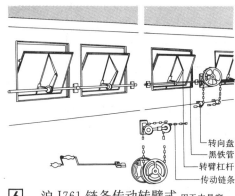

[6] 沪 J761 链条传动转臂式 用于中悬窗

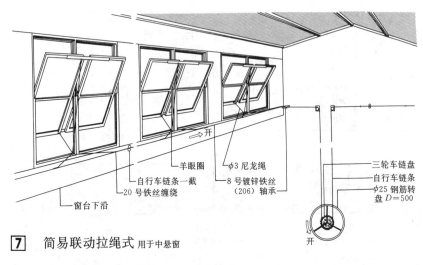

[7] 简易联动拉绳式 用于中悬窗

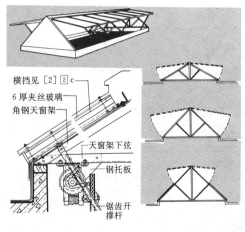

[8] 链条传动撑杆式 用于三角窗

板条、钢板网抹灰吊顶 [1] 装修

一、板条抹灰吊顶，主搁栅间距≤1500，次搁栅单向排列中距400，灰板条尺寸以10×30为宜，灰口缝隙8～10。灰板条接头处不得空悬，宜错开排列避免灰板条变形而造成抹灰开裂。

二、钢板网抹灰吊顶的钢板网与骨架连接方法：

1. 在基层的木搁栅或角钢搁栅下加一道φ6钢筋网再铺设钢板网抹灰，详见 1 b。

2. 钢板网应在木搁栅上绷紧，钢板网相互间搭接宜≥200，搭接口下面的钢板网应与次搁栅钉固或绑牢，不得空悬。

3. 主搁栅所采用的槽钢其型号及中距应按荷载大小设计决定。吊筋、主搁栅和次搁栅的联结方法详见 4 。

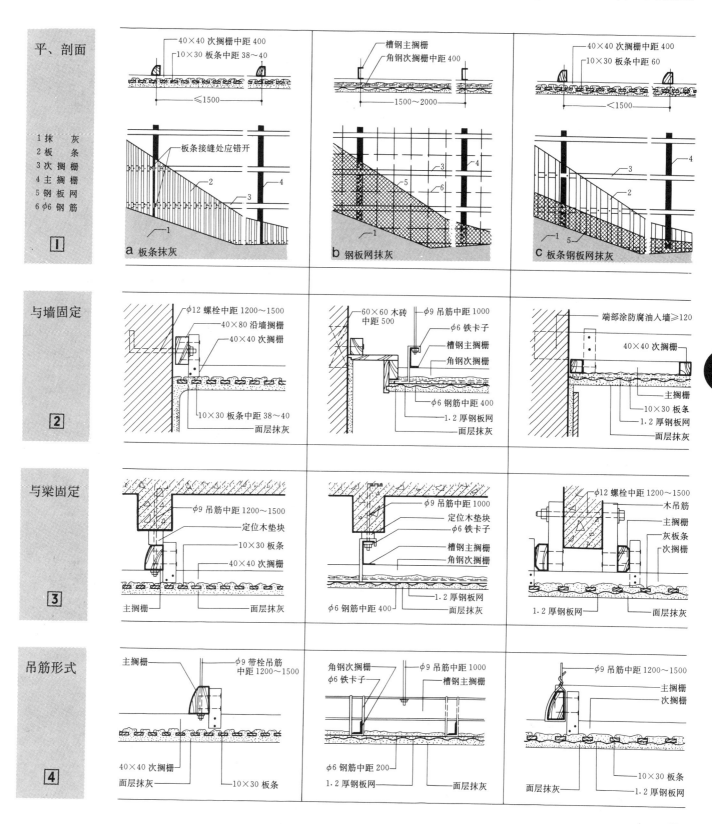

装修[2] 矿棉装饰吸声板

概说

矿棉吸声板是以矿渣棉为主要材料，加入适量添加剂，经过配料、成型、烘干、切割、开槽、表面精加工和喷涂而成的一种高级装饰吊顶材料。

矿棉装饰吸声板具有良好的吸声、隔声性，能有效控制调整室内混响时间，显著改善音质，降低噪声。它还有良好的不燃性和隔热性，能满足多种类型建筑的防火设计要求，节省制冷或采暖费用，加之规格品种繁多，表面形式多样，与不同龙骨配合可以产生不同的效果，是建筑师和室内设计师经常选用的吊顶材料之一。

北京建材制品总厂犀牌矿棉装饰吸声板物理性能表

物理性能项目	单位	企业标准	实测数据	检验方法
容重	kg/m³	≤500	456	
抗折强度	MPa	≥0.73(厚9mm)	2.4	京QJZZQ25-00590
		≥0.83(厚12mm)	2.56	
		≥0.78(厚15mm)	2.27	
含水率	%	≤2	0.8	
导热系数	W/m·K	≤0.0814	0.0581	GB10294
吸声系数	Hz	0.4～0.6	0.49～0.66	GBJ47-83
燃烧性能	级别	B1级	B1级	GB8625-88

矿棉装饰吸声板规格尺寸

1. 厚度有9、12、13、15、19等。
2. 规格尺寸：
复合平贴不开槽：300×600。
复合插贴侧开榫：303×606。
明架四边平头：596×596、596×1196、396×1196、597×597。
跌级半明架：596×596、597×597、596×1196、396×1196。
明暗架：375×1800。
暗架：300×600、600×600。

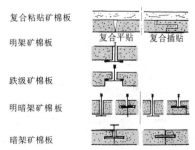

1 矿棉装饰吸声板边头形式

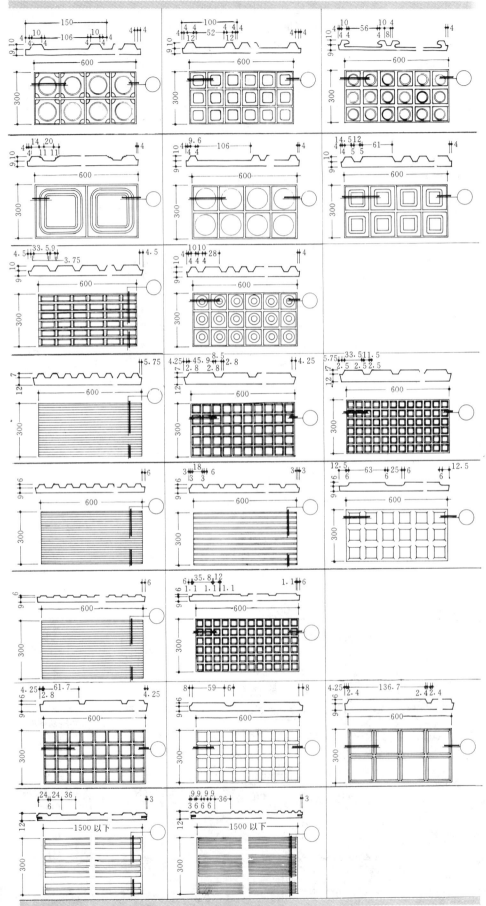

2 几种常用的矿棉装饰吸声板花色图案及细部尺寸

矿棉吸声板吊顶 [3] 装修

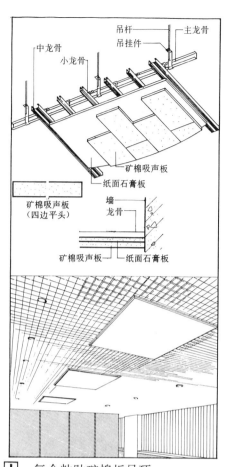

1 复合粘贴矿棉板吊顶

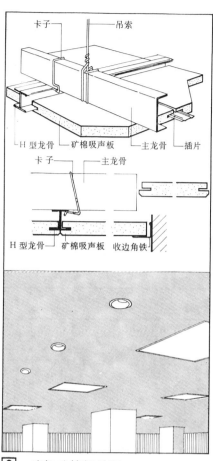

2 暗架矿棉板吊顶

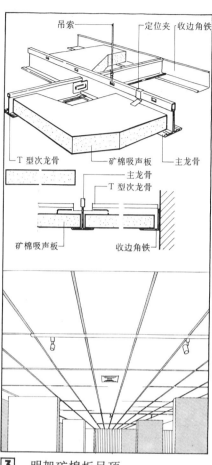

3 明架矿棉板吊顶

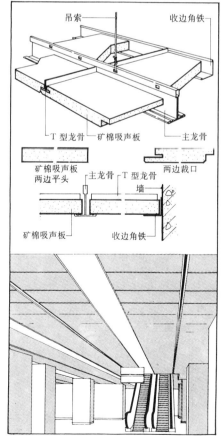

4 明暗架矿棉板吊顶（一）

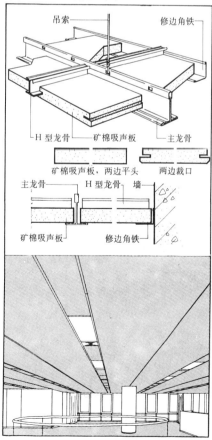

5 明暗架矿棉板吊顶（二）

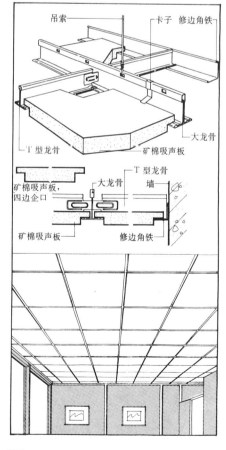

6 跌级半明架矿棉板吊顶

装修[4] 轻钢龙骨纸面石膏板吊顶

轻钢龙骨石膏板隔墙与吊顶由于自重轻、耐火性能好、抗震性好、可装配化施工、干作业等优点在装修工程中已成为采用最广泛的材料。

在建筑防火规范中，吊顶是室内防火最重要的部分。在重要的建筑物中吊顶部位的材料严格限定采用A级装修材料，顶棚装饰材料也应采用不低于B_1级的。

安装在钢龙骨上的纸面石膏板，可做为A级装修材料使用。

常用石膏板产品种类及规格　　表1

种类		规格			板边形状	应用范围	备注
		长(mm)	宽(mm)	厚(mm)			
普通纸面石膏板		2400 2700 3000 3300	900 1200	9.5 12 15 18 25	半圆形边、楔形边、直角边、45°侧角边	建筑物围护墙、内隔墙、吊顶	石膏板长度可根据用户要求裁为任意长度
防火纸面石膏板						建筑中有防火要求的部位及钢木结构耐火护面	
石膏装饰板		2500	1200	9.5 12 15		板面粘贴PVC等装饰面层可一次完成装修工序	
吸声板	圆孔型	600	600 1200	9.5 12	直角边	用于影剧院、餐厅、展厅、电话间、旅游建筑等有吸声要求的地方	孔径6mm，孔距18mm，开孔率8.7%
	长孔型		600				孔长70mm，孔距13mm，孔宽2mm，开孔率5.5%
天花板	素板 印花装饰板	500 600 900 1200	450 500 600	9.5 12		各类建筑室内吊顶	1200板仅限素板
浇注石膏板		600	600			室内吊顶	

吊顶轻钢龙骨及配件规格　表2

类别	吊顶龙骨	
名称	上人吊顶龙骨	不上人吊顶龙骨
代号	CS60	C60
简图		
断面尺寸(mm)	60×27×1.5	60×27×0.63
断面面积(cm^2)	1.74	0.77
重量(kg/m)	1.366	0.61

注：C60龙骨有底面打麻点产品

吊顶轻钢龙骨主要配件　　表3

名称	上人吊顶龙骨接长件	上人吊顶龙骨吊挂件		普通吊顶龙骨接长件
代号	CS60-L	CS60-1	CS60-2	C60-L
简图				
用途	用于上人吊顶主龙骨接长	用于上人吊顶主龙骨吊挂件	用于上人吊顶主次龙骨连接	用于普通吊顶龙骨接长

名称	普通吊顶龙骨连接件		
代号	C60-1	C60-2	C60-3
简图			
用途	用于普通吊顶主龙骨吊挂	用于普通吊顶主次龙骨连接	用于主次龙骨同一标高时连接

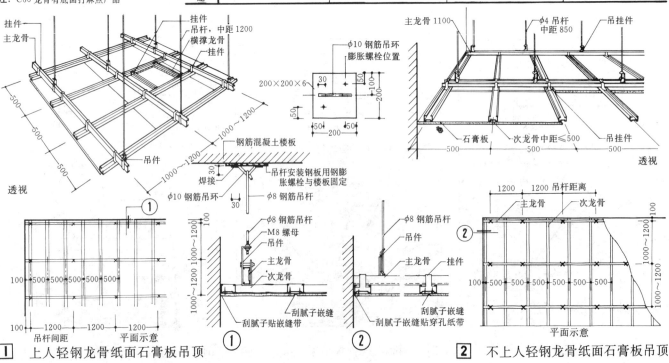

① 上人轻钢龙骨纸面石膏板吊顶　　② 不上人轻钢龙骨纸面石膏板吊顶

金属板吊顶 [5] 装修

金属板吊顶，形式规格及表面处理多种多样，为设计师提供了多种选择。它配件齐全，安装和拆卸不用特殊的工具，非常方便快速，准确、平整。它能适应各种气候环境，易清洁，耐久，不燃。

金属室内吊顶板有方块型、条形、方格及垂直吊顶组合。针孔型配合纤维棉垫可以产生吸声效果，加衬超细玻璃棉垫效果更好。

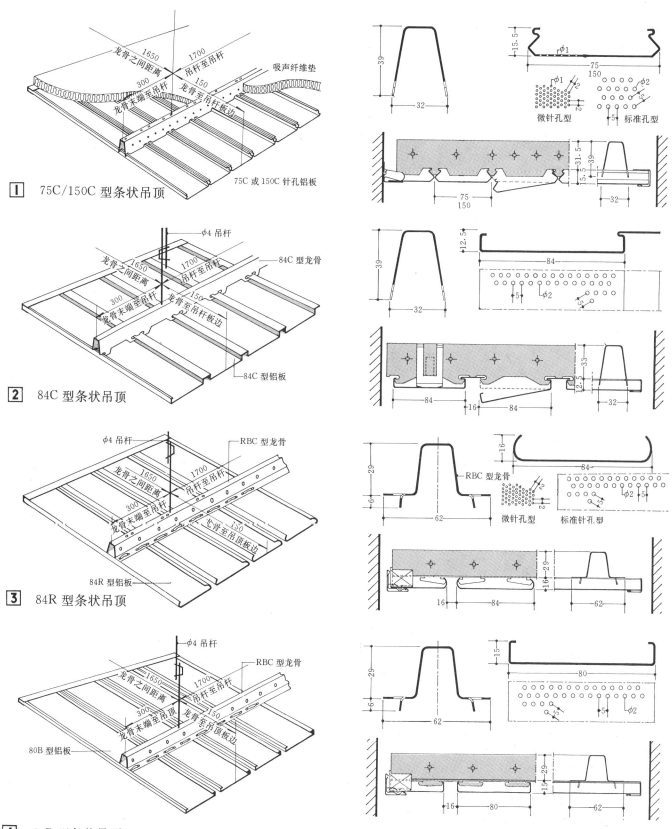

1 75C/150C 型条状吊顶

2 84C 型条状吊顶

3 84R 型条状吊顶

4 84B 型条状吊顶

装修 [6] 金属板吊顶

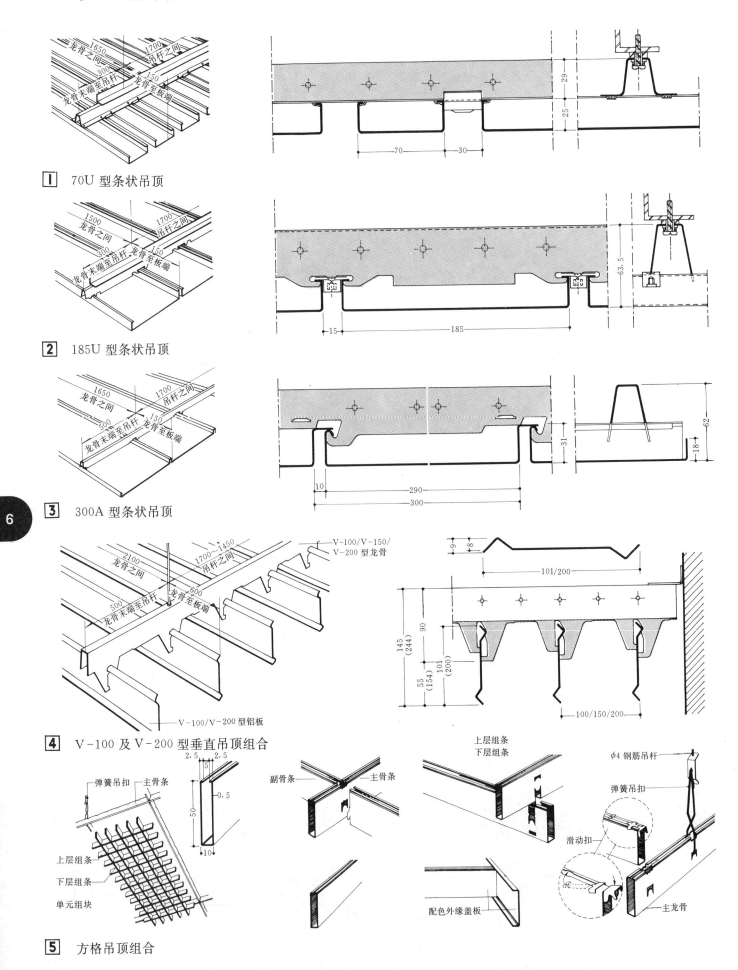

1 70U 型条状吊顶

2 185U 型条状吊顶

3 300A 型条状吊顶

4 V-100 及 V-200 型垂直吊顶组合

5 方格吊顶组合

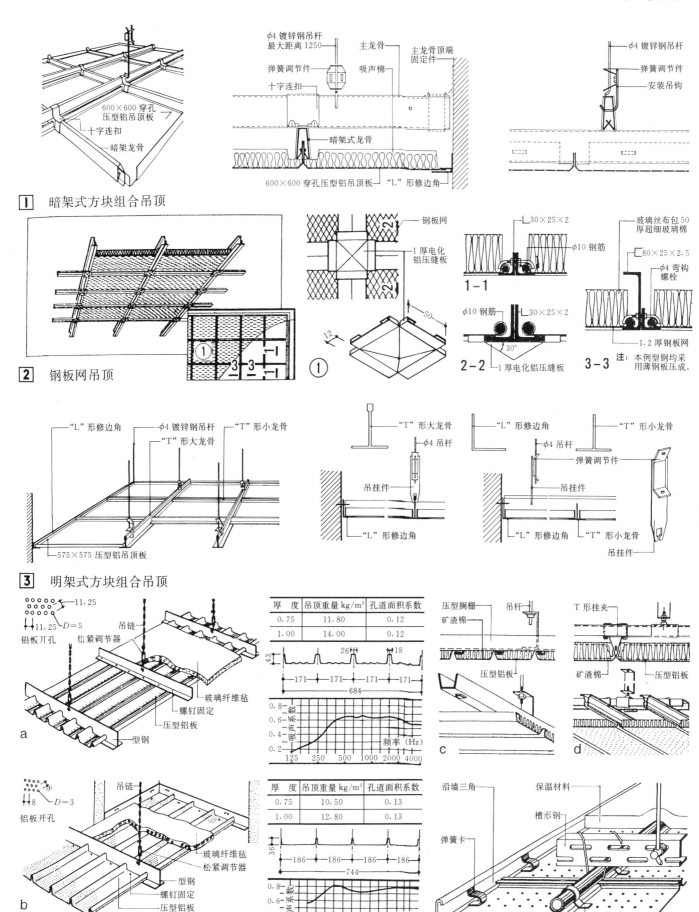

1 暗架式方块组合吊顶

2 钢板网吊顶

3 明架式方块组合吊顶

4 几种压型穿孔铝板吊顶

装修[8] 金属格栅

1 格栅吊装方法

2 方格格栅

M	$L(B)$	H	$L_1(B_1)$	H_1	kg/m²
0.6	25	30	10	20	5.80
0.6	40	30	15	20	4.10
0.8	50	30	20	20	3.60
0.8	50	50	20	30	6.60
0.8	50	50	20	30	5.90
1.0	80	50	20	30	6.00
1.0	100	80	40	50	6.80
1.0	120	80	40	50	5.90

3 三角格栅

M	S	H	kg/m²
0.8	50	20	3.20
0.8	50	30	4.70
0.8	60	30	3.90
1.0	75	40	4.20
1.0	100	50	5.40
1.0	120	50	4.30
1.0	150	50	3.40

4 挂片格栅

M	B	H	kg/m²
75	75	150	5.20
75	75	200	6.40
100	100	150	3.90
100	100	200	4.80
150	150	200	3.10

5 大起伏格栅

玻璃砖采光顶 [9] 装修

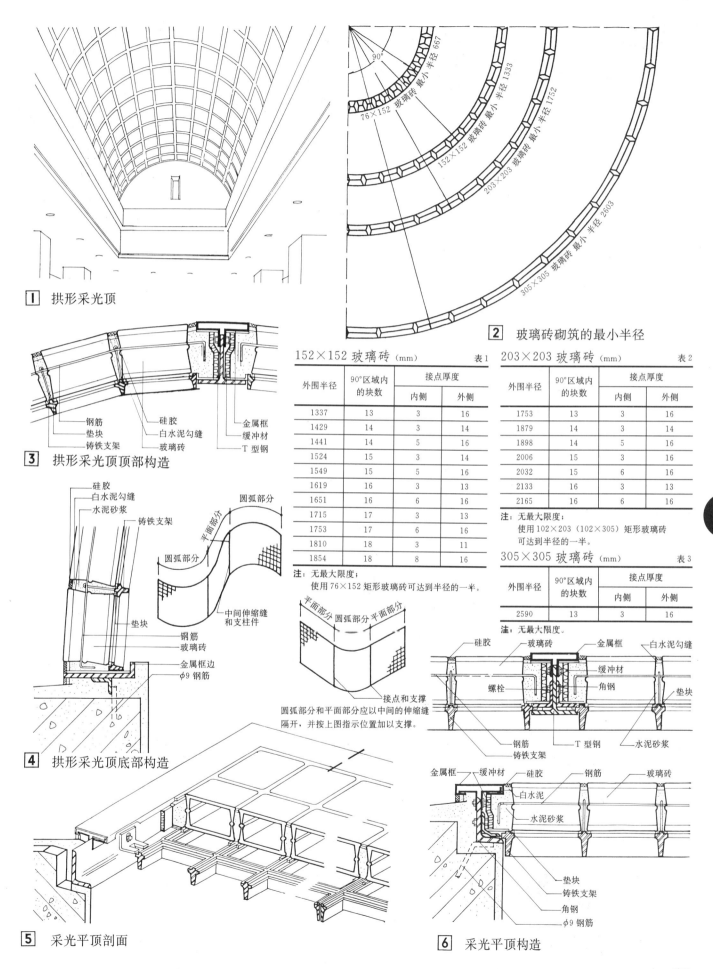

1 拱形采光顶

3 拱形采光顶顶部构造

4 拱形采光顶底部构造

5 采光平顶剖面

2 玻璃砖砌筑的最小半径

152×152 玻璃砖 (mm)　表1

外围半径	90°区域内的块数	接点厚度	
		内侧	外侧
1337	13	3	16
1429	14	3	14
1441	14	5	16
1524	15	3	14
1549	15	5	16
1619	16	3	13
1651	16	6	16
1715	17	3	13
1753	17	6	16
1810	18	3	11
1854	18	8	16

注：无最大限度；
使用 76×152 矩形玻璃砖可达到半径的一半。

203×203 玻璃砖 (mm)　表2

外围半径	90°区域内的块数	接点厚度	
		内侧	外侧
1753	13	3	16
1879	14	3	14
1898	14	5	16
2006	15	3	16
2032	15	6	16
2133	16	3	13
2165	16	6	16

注：无最大限度；
使用 102×203（102×305）矩形玻璃砖
可达到半径的一半。

305×305 玻璃砖 (mm)　表3

外围半径	90°区域内的块数	接点厚度	
		内侧	外侧
2590	13	3	16

注：无最大限度。

圆弧部分和平面部分应以中间的伸缩缝
隔开，并按上图指示位置加以支撑。

6 采光平顶构造

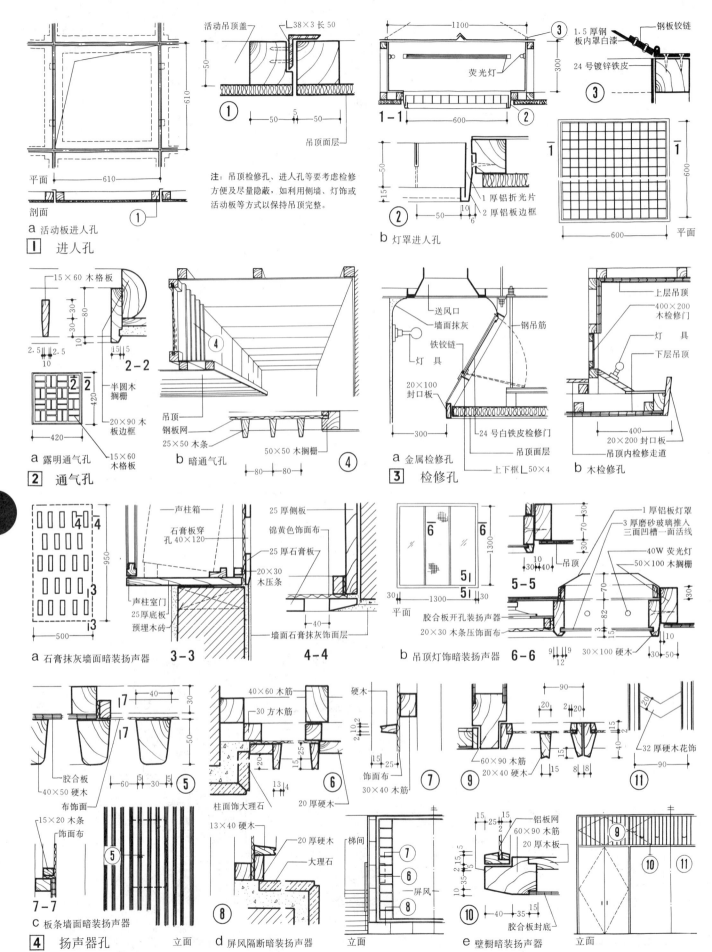

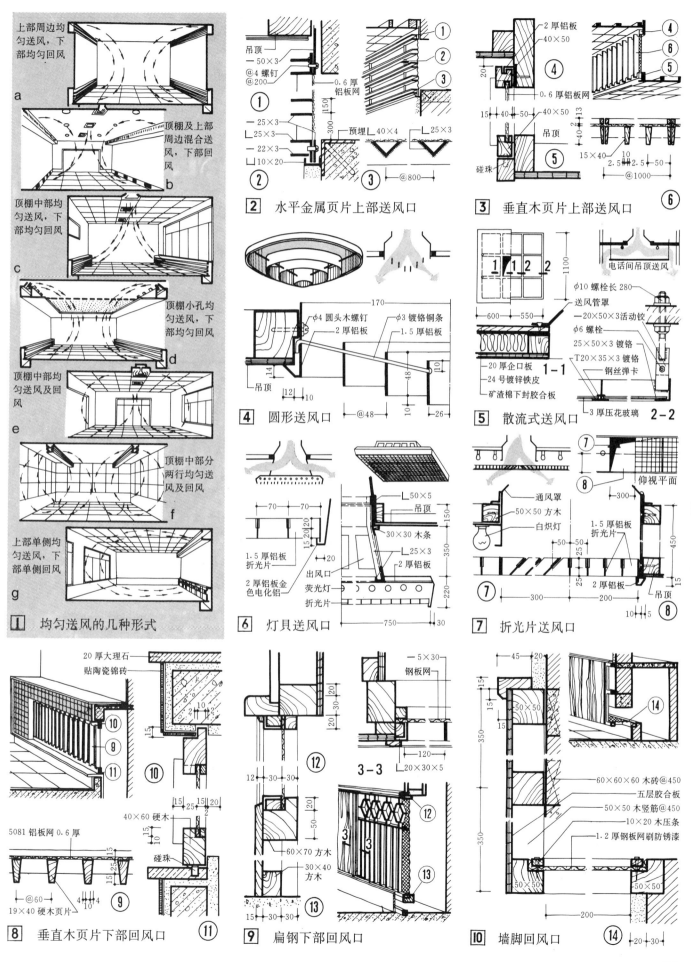

装修[12] 饰面构造要求及分类

名　称	部　位	构造要求	饰面的作用
顶棚	吊天花　下位	防止剥落	对一般室内采光照明起反射作用；对声音有反射或吸收作用；还能起到保温隔热作用
外墙面（柱面）	外墙面　内墙面	防止剥落	对外墙（柱）面起保护作用。要求具有耐风霜雨雪及大气侵蚀作用，以及不污染易于清洁的特性
内墙面（柱面）	侧位		对光有良好的反射；在某些场合能起到吸声、防火的作用。要求不挂灰、易清洁、有良好的接触感和舒适感；在湿度大的房间应具有防潮、收湿的性能
楼地面	楼面　地面	耐磨等	具有良好的消声性能；具有耐磨、不起尘、易清洁、耐冲击、抗静电的性能。要求具有一定蓄热性能和行走舒适感；特殊用途地面还要防潮、耐水、耐酸、耐碱，耐油脂等特性

1 饰面部位构造要求

构造分类		图　形		说　明
		墙面	地面	
罩面	涂料	（底基不平需用水泥砂浆找平刮腻子）		将液态涂料喷涂固着成膜于构件表面。常用涂料有油漆及白灰、大白浆等水性涂料。其它类似的覆盖层还有电镀、电化、搪瓷等
	抹灰	找平层／饰面层		抹灰砂浆是由胶凝材料、细骨料和水（或其它溶液）拌合而成。常用的有石膏、白灰、水泥、镁质胶凝材料；有砂、细炉渣、石屑、陶瓷碎粒、木屑、蛭石等骨料
贴面	铺贴	打底层／找平层／粘接层／饰面层		各种面砖、缸砖、瓷砖等陶土制品，厚度小于12mm，规格尺寸150×150mm。为了加强粘结力，在背面开槽用水泥砂浆粘贴在墙上。地面可用20×20mm小瓷砖至500mm见方大型石板用水泥砂浆铺贴
	胶结	找平层／粘接层／饰面层		饰面材料呈薄片或卷材状，厚度在5mm以下，如粘贴于墙面的各种壁纸、玻璃布、绸缎等；地面粘贴油地毡、橡胶板或各种塑料板等，可直接贴在找平层上
	钉嵌	防潮层／不锈钢卡子／木螺丝／企口木墙板／木龙骨／射钉		饰面材料自重轻或厚度小，面积大，如木制品、石棉板、金属板、石膏、矿棉、玻璃等制品，可直接钉固于基层，或借助压条、嵌条、钉头等固定，也可用涂料粘贴
包柱	系挂	φ6竖钢筋／绑扎铜丝或不锈钢丝／石材开槽孔／预埋φ6横钢筋		用于饰面厚度为20～30mm，面积约1m²的石料或人造石等，可在板材上方两侧钻小孔，用钢丝或镀锌铁丝将板材与结构层上的预埋铁件连系，板与结构间灌砂浆固定
	钩挂	不锈钢钩／石材开槽／石板材		饰面材料厚40～150mm，常在结构层包砌。饰面块材上口可留槽口，用与结构固定的铁钩在槽内搭住。用于花岗石、空心砖等饰面

2 饰面构造的分类

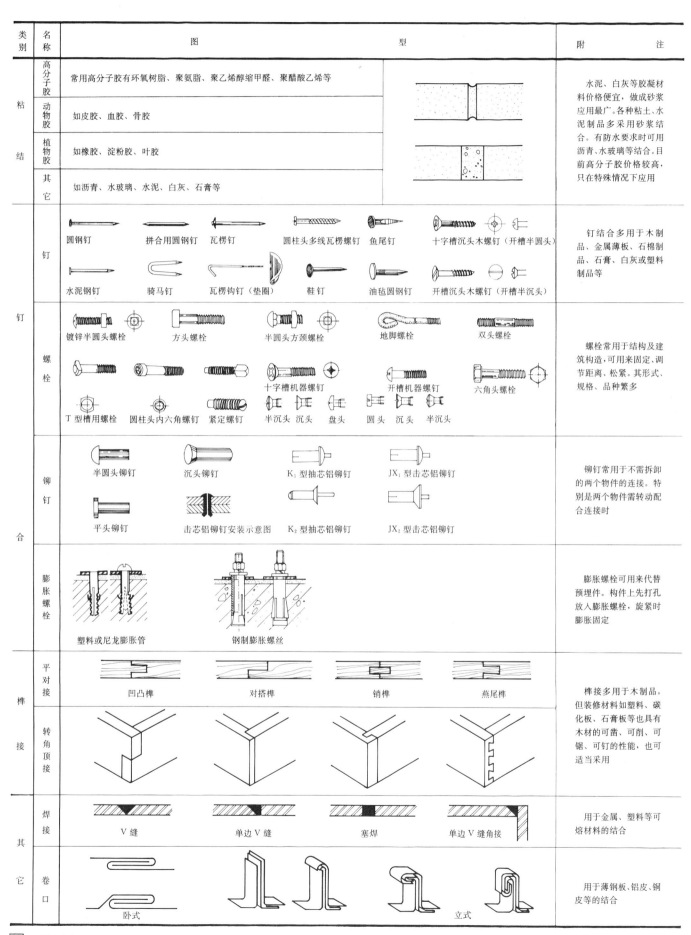

1 饰面常用结合构造方法

装修[14] 墙面抹灰

墙面抹灰常用做法（除表内说明外其余均适用于内外墙） 表1

名称及做法示意		做法说明
灰砂抹灰一次压光		20厚1:3石灰、砂子抹灰，稍干用1:1石灰、砂子分两次随淋随搓并压光面层
	灰砂抹灰	15厚1:3石灰、砂子加草筋（麻刀）打底 5厚1:2.5石灰、砂子罩面
	水泥砂浆抹灰	14厚1:2.5（1:3, 1:4）水泥、砂子打底 6厚1:2（1:2.5, 1:3）水泥、砂子罩面
	水泥砂浆抹灰	15厚1:0.3:3水泥、石灰、砂子加麻刀（草筋）打底 5厚1:2水泥、砂子罩面
	混合砂浆抹灰	14厚1:0.5:4.5水泥、石灰、砂子打底 6厚1:1.5:7水泥、石灰、砂子罩面
	混合砂浆抹灰	6厚1:1:3水泥、石灰、砂子加草筋（麻刀）打底 10厚1:3:6水泥、石灰、砂子加草筋（麻刀）中层 4厚1:0.5:3水泥、石灰、砂子罩面
	纸筋灰抹灰（用于内墙）	18厚黄土、石灰、砂子加草筋（麦秸）打底 2厚石灰、纸筋（或石灰、麻刀）罩面
	纸筋灰抹灰（用于内墙）	18厚1:3石灰、砂子打底 2厚石灰、纸筋（或石灰、麻刀）罩面
	纸筋灰抹灰（用于内墙）	12厚1:3石灰、砂子加草筋打底 6厚1:3石灰、砂子罩面
	贴白瓷砖或陶瓷锦砖	10厚1:3水泥、砂子打底 10厚1:2水泥、砂子面贴白釉瓷砖（或陶瓷锦砖）
	石膏抹灰（用于室墙）	18厚1:1:6水泥、砂子打底 2厚熟石膏罩面
	铁板拉毛	12厚1:0.5:4水泥、石灰、砂子打底 8厚水泥浆拌成稀糊状罩面，用铁板拉毛
	硬刷拉毛	14厚1:1:6水泥、石灰、砂子打底 6厚1:1:1.5:2.5水泥、石灰、砂子、细石屑罩面，终凝后，用钢丝刷拉毛
	软刷拉毛	14厚1:0.5:4水泥、石灰、砂子打底 6厚1:0.5:0.5水泥、石灰、砂子罩面，棕刷拉毛
	石灰粗砂抹灰	14厚1:2.5石灰、砂子加草筋（麻刀）打底 6厚1:2.5石灰、砂子罩面
	水刷石或水刷砺砂	15厚1:2水泥、砂子打底，刷水泥浆一道 10厚1:1.5水泥、石屑或水泥、大理石屑罩面
	水磨石	15厚1:2水泥、砂子打底，刷水泥浆一道 10厚1:1.5水泥、石屑面层
	斩假石	15厚1:2水泥、砂子打底，刷水泥浆一道 10厚1:1.5水泥、石屑罩面，斧斩
	彩色瓷粒抹灰	19厚1:2.5水泥、砂子打底 6厚1:2白水泥、砂子，加10%水泥重量的107胶粘结，彩色瓷粒罩面
	干贴石或撒砂抹灰	12厚1:3水泥、砂子打底，扫毛或划出纹道 6厚1:3水泥、砂子中层 刷水泥浆一道，干粘石（或撒砂）面层拍平压实
	清水墙原浆或水泥砂浆勾缝	水泥护角　　两种基层交接

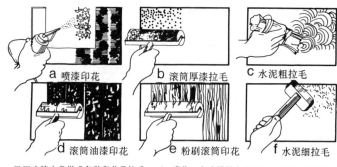

a 喷漆印花　　b 滚筒厚漆拉毛　　c 水泥粗拉毛
d 滚筒油漆印花　　e 粉刷滚筒印花　　f 水泥细拉毛

民用建筑中常做成各种印花及拉毛墙面，这种做法是在抹灰或油漆面上，用特制工具将颜色粉浆或油漆滚印或喷射成各种花纹或拉毛。

1. 喷花：在喷雾器内盛漆料，透过镀锌铁皮或纸皮的纹模，将花纹喷印于墙面。
2. 滚筒印花：将油漆、石膏浆等用特制带花纹的滚筒印压而成，如b、d、c。滚筒的纹模可用橡胶、骨胶或泡沫塑料制作。
3. 拉毛：用不同刷子拉成各种纹理。如c、f。

1 印花及拉毛墙面

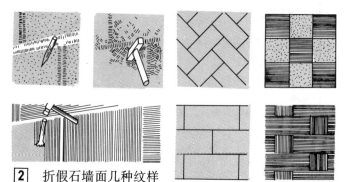

2 折假石墙面几种纹样

a 电化铝嵌条水泥砂浆抹灰乳胶漆拉毛墙面
b 石灰纸筋勾凹缝无光漆面
c 水泥粗砂抹灰嵌白水泥条
d 仿块石的分色水刷石勾凹缝墙面
e 局部露出砖口的灰砂抹灰扫胶灰水的墙面
f 水泥砂浆粘河卵石墙面

3 几种一般抹灰材料的墙面示例

一、油漆做法

表1

基层	油漆种类	油漆等级	做法	适用部位
木材面	熟桐油	普通	（一底一度）满刮腻子、刷底油、熟桐油面	木屋架、檩条、屋面板、墙面、封檐板、门、天棚、地板
		中等	（一底二度）满刮腻子、刷底油、熟桐油、熟桐油面	
	铅油	普通	（一底二度）刷底油、铅油、铅油面	门窗、天棚、墙面、封檐板
		中等	（一底三度）刷底油、满刮腻子、铅油、铅油面	
	调和油	普通	（一底二度）刷底油、铅油、调和漆面	门窗、天棚、墙面、封檐板
		中等	（满刮腻子及一底二度）刷底油、满刮腻子、铅油、调和漆面	
		上等	（满刮腻子及一底三度）刷底油、满刮腻子、铅油、铅油、调和漆面	
	地板漆		刷底油、满刮腻子、磨光、地板漆二度	木地板
	黑板漆		披刮腻子、铅油、调和漆、黑板漆	木材面
			满刮腻子、铅油、调和漆、黑板漆	抹灰面
	硝基清漆		底油、满刮腻子、磨光、油色、清漆二度	木门窗及木装修
			底油、满刮腻子、磨光、油脂胶、清漆二度、清漆一度	
	漆·片		润油粉、刷漆片、刷带色漆片、理漆片、带浮石粉	门窗、天棚、墙面、地板
	聚胺脂漆		按清漆或漆片做法，聚胺脂漆罩面	木门窗及木装修
抹灰面	铅油	普通	（披嵌腻子及一底一度）披嵌腻子、铅油、铅油	墙面、柱面
		中等	（披嵌腻子及一底二度）披嵌腻子、铅油、铅油、铅油	
	香水油（无光漆）		满刮腻子、铅油、调和漆、香水油	
	乳胶漆		（满刮腻子及一底一度）满刮腻子、磨光、乳胶漆、乳胶漆	墙面、柱面、天棚
	拉毛油漆		拉毛油漆、铅油、调和漆、揩色油	
	调和漆	普通	（披嵌腻子及一底一度）披嵌腻子、铅油、调和漆	墙面、柱面
		中等	（披嵌腻子及一底二度）披嵌腻子、铅油、铅油、调和漆	
金属面	铅油		（一底二度）防锈漆、铅油、铅油	钢门窗、栏杆、铁皮泛水、管子、铁构件
	调和漆		（一底二度）防锈漆、铅油、调和漆	钢门窗、栏杆、铁皮泛水、铁构件
	防锈漆		（一底一度）防锈漆、防锈漆	钢门窗、栏杆、铁皮泛水
	银粉漆		（一底二度）红丹漆、银粉漆二度	暖气片、管子

二、油漆腻子

1. 石膏腻子：以石膏粉、光油、松香水、调清水制成，适用于木料裂缝、钉孔。
2. 血料腻子：熟血料与大白粉搅拌制成，做油漆底用。
3. 胶质腻子：用1/3已溶化好的龙须菜胶水和2/3的大白粉配合搅拌制成，用于水汁性粉料（即浆刷）及露木纹油漆，如清漆、漆片。
4. 漆腻子：用3/10石膏粉和7/10腻子漆合拌而成。
5. 乳胶腻子：用20%聚醋酸乙烯乳液、20%滑石粉、30%硫酸钡、30%石英粉，加1%羧甲基纤维素（5%浓度）调制，适用于油乳胶漆。

三、硝基清漆操作工序

硝基清漆又叫清喷漆或腊克漆，涂漆法采用喷、刷、擦均可，也可以几种方法结合运用。这种漆施工时挥发干燥快，漆膜坚硬，光洁度好，经过刷、擦、抛光后表面平滑光亮，有高度晶莹的效果，但费工，一般只用在高级装修中，操作工序如下：

1. 底层处理：上油漆前应将木质表面用砂纸磨平光滑。
2. 打粉子：用大白粉调入所需要的颜料成浆糊状，用棉纱蘸粉子涂刷于木质表面上，待稍干后用刨花擦除表面浮粉以露出木纹。
3. 刷第一道漆片。
4. 填补腻子：将大白粉调入溶好的虫胶漆中加颜色调成腻子，用以填补孔洞缝隙。
5. 打磨：用细砂纸打磨平整。
6. 刷第二道漆片。
7. 补色：色泽不匀时可用石色调入虫胶漆修补由浅逐步加深，修补面积不能过大。
8. 刷第三道漆片。
9. 刷硝基清漆：使用时须掺入喷漆稀料（香蕉水）稀释，然后用排笔顺木纹涂刷，每隔十分钟左右加刷一遍，一般刷5~6遍。
10. 打磨：漆膜干透后，用240#水砂纸蘸水打磨（加些肥皂水可加快打磨速度）。
11. 擦涂喷漆：用纱布包脱脂棉，做成纱布球蘸漆进行擦涂，一般需擦5~10遍。
12. 打磨：漆膜干透后，用280#水砂纸蘸水再进行一次打磨。
13. 擦涂喷漆：将喷漆调得较稀，用纱布球蘸漆顺木纹涂擦若干遍，直到光滑为止。
14. 打光：用棉纱蘸砂蜡用劲顺木纹来回擦磨使漆膜生热，最后用汽车蜡打光。

四、立粉彩画

立粉彩画是从旧彩画中创新出来的一种新型彩画，可以做在各种不同材料的基层上，既简便，又活泼，也可做成壁画及浮雕，比石膏花饰省工，可用于室内墙、柱、天棚等处，也可刷光漆用于外檐部分。

材料及做法：

1. 立粉材料：用70%土粉子（或大白粉）；20%水胶（加水溶解）；10%柏油混合调成糊状，加适量红糖以增强和易性，并可防止水胶干得过快而产生裂缝。
2. 做法：

① 在基层上用腻子。

② 在纸皮上用粗针扎孔，扎出所需要的纹样，将有纹样的纸皮放在要做彩画的构件上，再用颜色粉在上拍动，取下纸皮，构件表面即留下纹样。

③ 把立粉装入带有白铁管嘴的塑料袋内，将立粉挤在绘有纹样的构件上，立粉条子按纹样大小而定，一般直径3~4

④ 涂色：在立粉条间，按图案刷上各种色油。

⑤ 贴金箔：立粉条干后，涂一层熟桐油，约四小时后将金箔贴上，最后用醇酸清漆（用醇酸稀释）全擦一遍，并用棉花擦去条子边缘余留的金箔即成。

五、喷（刷）浆

表2

种类	等级	配合比（重量比）	做法
石灰浆	普通	石灰：食盐=100：7	喷（刷）二度
大白浆	普通 中等 上等	龙须菜：大白粉：动物胶=0.4：17：0.75	喷（刷）二度 局部刮腻子，喷（刷）二度 满刮腻子，喷（刷）三度
可赛银	中等 上等	可赛银：龙须菜=10：0.01	局部刮腻子，喷（刷）二度 满刮腻子，喷（刷）三度
银子粉	中等 上等	银子粉：龙须菜=10：0.01	局部刮腻子，喷（刷）二度 满刮腻子，喷（刷）三度

装修 [16] 木、竹、石棉瓦、塑料瓦、轻金属板墙面

1 木条墙面

- 吸声材料
- 玻璃纤维布
- 胶合板
- 硬木条
- 木墙筋

a: 50×50 木墙筋 中距 450×450 / 五层胶合板 / 硬木条

b: 60×60×60 木砖中距 500 / 50×50 横向木墙筋中距 500 / 硬木条

c: 找平层刷热沥青 / 吸声材料 / 玻璃纤维布 / 硬木条

d: 吸声材料 / 玻璃纤维布 / 墙面刷热沥青 / 胶合板 / 硬木条

2 竹杆墙面

- 木墙筋
- 胶合板
- 竹杆

a 钉半圆竹杆席纹墙面：50×50 木墙筋中距 450×450 / 胶合板 / 约φ20 对半茶杆竹

b 钉圆竹席纹墙面：约φ20 茶杆竹用铁钉或竹销钉牢

c 钉半圆竹杆直纹墙面：50×50 横向木墙筋中距 450 / 胶合板 / 约φ20 对半茶杆竹

d 钉圆竹直纹墙面：竹面罩清漆

3 石棉水泥瓦、塑料波形瓦墙面

- 木墙筋
- 石棉瓦

a: 50×50 横向木墙筋中距 600 / 50×50 纵向木墙筋中距 690 / 小波石棉水泥瓦或塑料波形瓦

b: 墙面刷热沥青填矿渣棉 / 穿孔小波石棉瓦面罩色油

直缝拼接：木螺钉 / 搭接口在波谷处

水平缝拼接 / 木螺钉固定 / 波谷

4 轻金属板墙面

- 保温材料
- 金属墙板
- V 形墙筋

a 150 宽轻金属墙板：0.6 厚金属墙板

b V 形轻金属墙筋：1 厚金属墙筋

注：
轻金属墙板和 V 形墙筋表面均用搪瓷或烘漆、喷漆等处理。板料为 0.6 厚，最大长度为 8m。墙筋用料为 1 厚，标准长度为 5m。设在外墙时，V 形墙筋应考虑风压，当风压为 250～750N/m² 时墙筋间距相应为 1.5～2m。

人造革、织锦、玻璃、塑料、壁纸墙面 [17] 装修

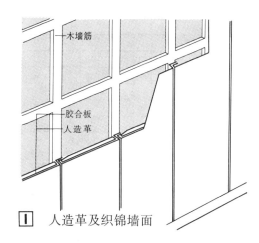

1 人造革及织锦墙面

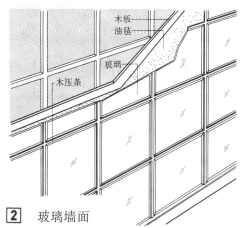

2 玻璃墙面

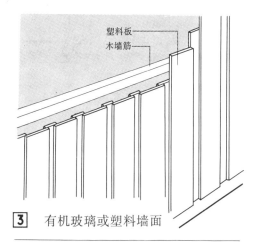

3 有机玻璃或塑料墙面

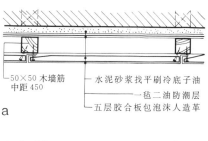

a ——50×50木墙筋 中距450 / 水泥砂浆找平刷冷底子油 / 一毡二油防潮层 / 五层胶合板包泡沫人造革

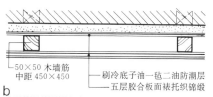

b ——50×50木墙筋 中距450×450 / 刷冷底子油一毡二油防潮层 / 五层胶合板面裱托织锦缎

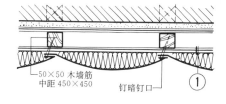

——50×50木墙筋 中距450×450 / 钉暗钉口 ①

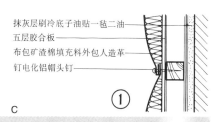

c 抹灰层刷冷底子油贴一毡二油 / 五层胶合板 / 布包矿渣棉填充外包人造革 / 钉电化铝帽头钉 ①

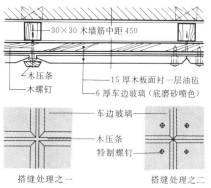

a 大面积玻璃墙面
——30×30木墙筋中距450 / 木压条 / 木螺钉 / 15厚木板衬一层油毡 / 6厚车边玻璃（底磨砂喷色） / 车边玻璃 / 木压条 / 特制螺钉 / 搭缝处理之一 / 搭缝处理之二

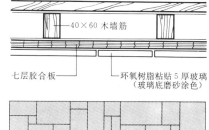

——40×60木墙筋 / 七层胶合板 / 环氧树脂粘贴5厚玻璃（玻璃底磨砂涂色）

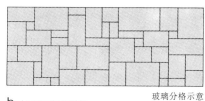

b 小面积玻璃墙面　玻璃分格示意

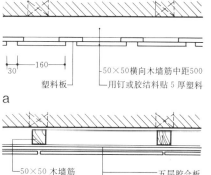

a ——50×50横向木墙筋中距500 / 30 / 160 / 塑料板 / 用钉或胶结贴5厚塑料

b ——50×50木墙筋 中距450×450 / 五层胶合板 / 502胶粘贴5厚有机玻璃

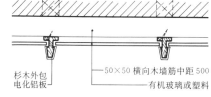

——50×50横向木墙筋中距500 / 杉木外包电化铝板 / 有机玻璃或塑料

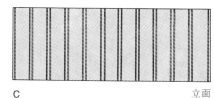

c 立面

塑料壁纸：

1. 可以缩短工期、提高工效，当预制板材表面比较平整时壁纸的基底可以不抹灰；而且墙面披腻子找平工序比油漆、喷浆墙面简便。
2. 塑料壁纸的颜色、花纹、质感可以做到丰富多采。装饰效果好，表面可以擦洗，撤换更新也比较简便。
3. 塑料壁纸有一定弹性，墙体或抹灰层出现一定程度的开裂时，不致显露出来。

　　塑料壁纸花式繁多，表面有仿锦缎、静电植绒、印花以及布纹等，壁纸基层有塑料、纸基、布基、石棉纤维等。有的可在背面先涂好压敏胶直接铺贴，也可用107胶（聚乙烯醇缩甲醛）裱糊等做法。

4 塑料壁纸墙面

施工程序

1 对准墙面上端

2 向外赶气泡

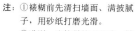

3 用刀背压实

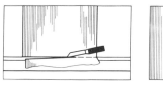

4 割去余量

5 对缝拼接压实

注：①裱糊前先清扫墙面、满披腻子，用砂纸打磨光滑。
②满刷一遍较稀的107胶，做底胶，防止墙面吸水过快。
③底胶干后，墙面和壁纸背面均匀刷胶后，静置五分钟，使壁纸充分吸湿伸胀后再上墙。

装修[18] 饰面石板墙面

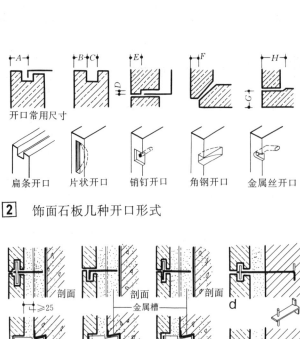

2 饰面石板几种开口形式

饰面石板尺寸　表1

厚度	A	B	C	D	E	F	G	H
50	19	13	13	13	19	13	38	57
76	44	25	13	13	19	13	64	82
100	70	38	13	13	19	13	89	107
152	76	38	13	13	19	13	146	158
210	100	38	13	13	19	13	197	216

注：①饰面石板生产厚度如表所列。
②安装缝≥25，多用1:2.5水泥砂浆灌缝。
③温差大的地区，室外石板拼缝应加铅条。

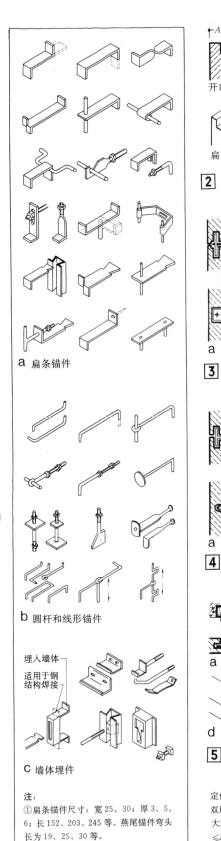

a 扁条锚件
b 圆杆和线形锚件
c 墙体埋件

注：
①扁条锚件尺寸：宽25、30；厚3、5、6；长152、203、245等。燕尾锚件弯头长为19、25、30等。
②圆杆锚件通常用φ6和φ9。
③线形锚件常用φ3～5。
④销钉一般用φ6和φ9；长度50～150。
⑤锚件必须能抗锈蚀，常用的有镀锌钢、黄铜、青铜、镍铜、锰铁合金、不锈钢等，镀锌钢较差。

1 饰面石板常用锚件形式

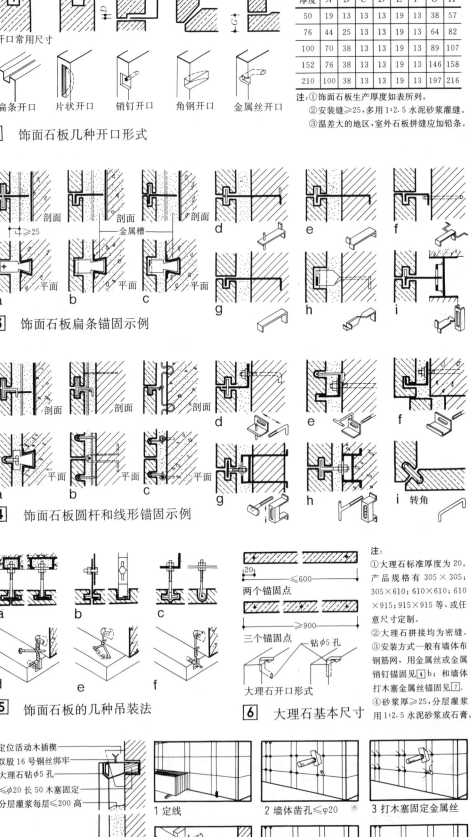

3 饰面石板扁条锚固示例

4 饰面石板圆杆和线形锚固示例

5 饰面石板的几种吊装法

6 大理石基本尺寸

注：
①大理石标准厚度为20。产品规格有305×305；305×610；610×610；610×915；915×915等，或任意尺寸定制。
②大理石拼接均为密缝。
③安装方式一般有墙体布钢筋网，用金属丝或金属销钉锚固见4 b；和墙体打木塞金属丝锚固见7。
④砂浆厚≥25，分层灌浆用1:2.5水泥砂浆或石膏。

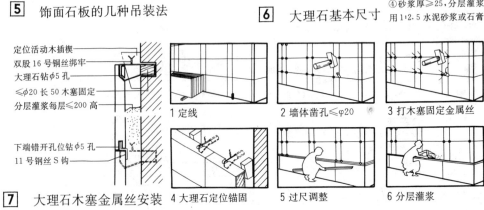

定位活动木插楔
双股16号铜丝绑牢
大理石钻φ5孔
≤φ20长50木塞固定
分层灌浆每层≤200高
下端错开孔位钻φ5孔
11号钢丝S钩

7 大理石木塞金属丝安装
1 定线　2 墙体凿孔≤φ20　3 打木塞固定金属丝　4 大理石定位锚固　5 过尺调整　6 分层灌浆

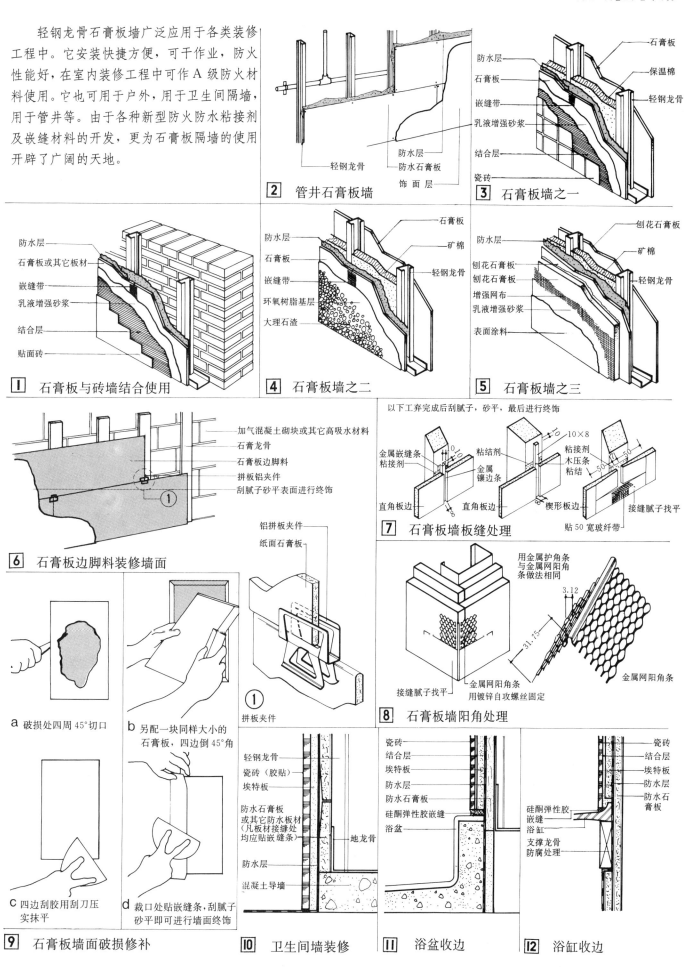

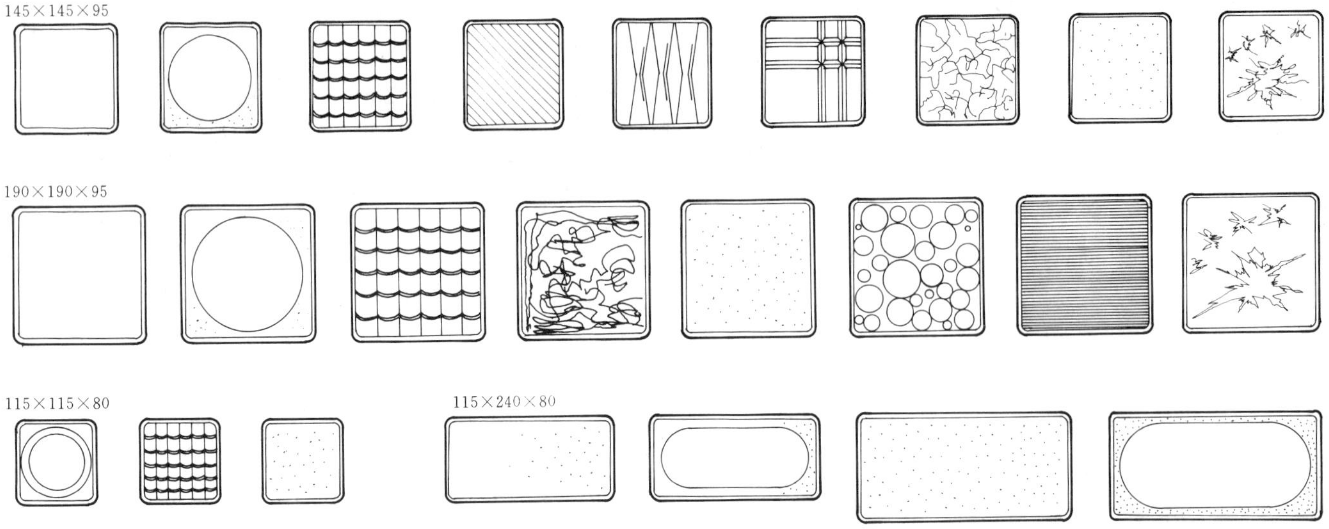
145×145×95
190×190×95
115×115×80
115×240×80

1 玻璃砖规格尺寸

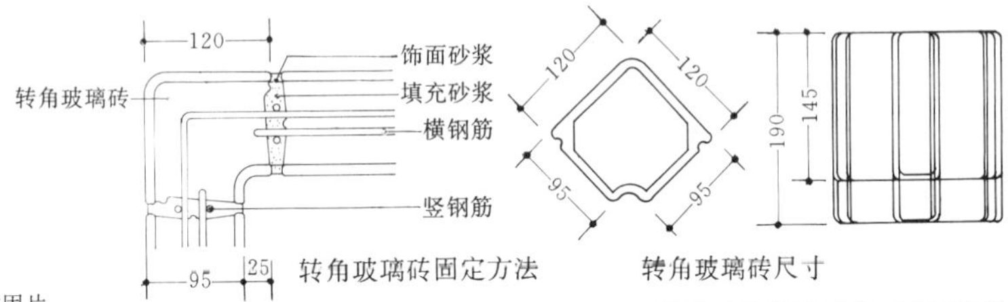
120
转角玻璃砖
饰面砂浆
填充砂浆
横钢筋
竖钢筋
95
25
转角玻璃砖固定方法
120
120
95
95
190
145
转角玻璃砖尺寸

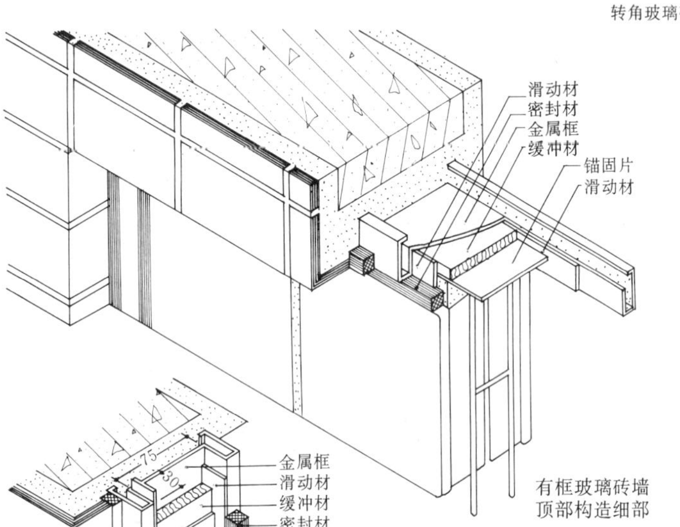
滑动材
密封材
金属框
缓冲材
锚固片
滑动材
有框玻璃砖墙
顶部构造细部

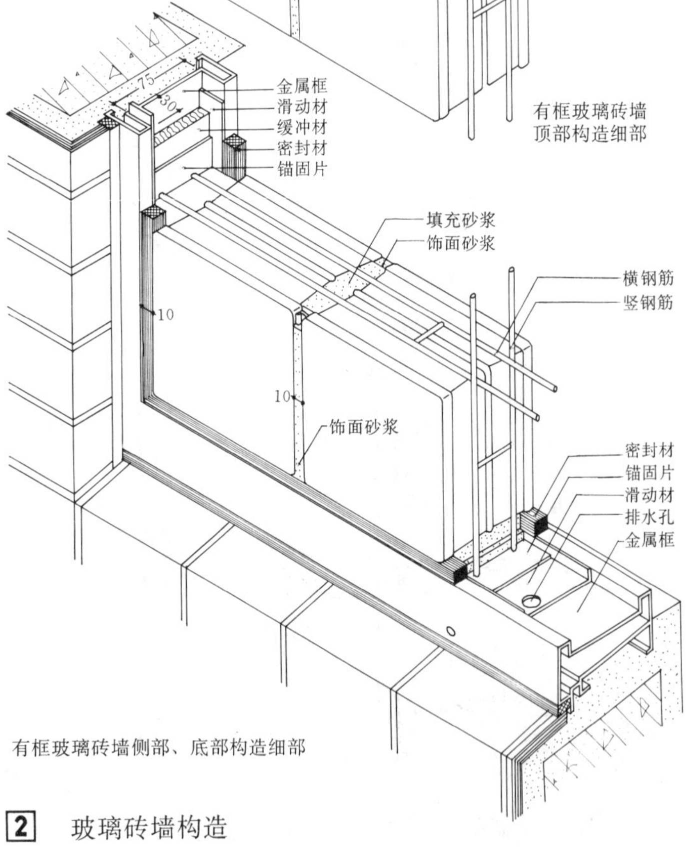
75
30
金属框
滑动材
缓冲材
密封材
锚固片
填充砂浆
饰面砂浆
横钢筋
竖钢筋
10
10
饰面砂浆
密封材
锚固片
滑动材
排水孔
金属框
有框玻璃砖墙侧部、底部构造细部

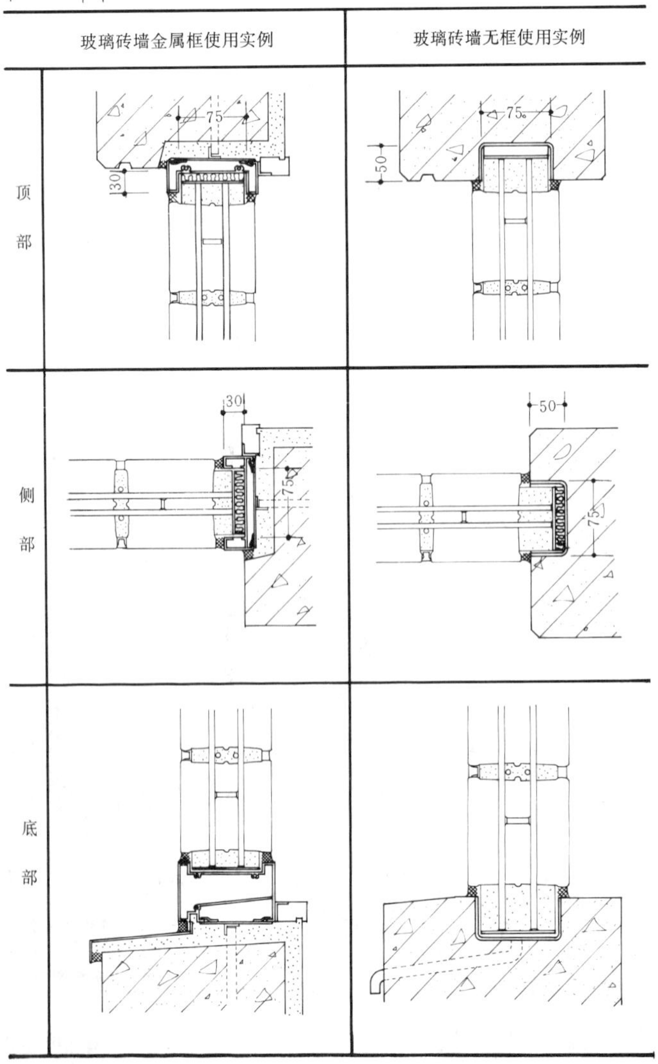
玻璃砖墙金属框使用实例
玻璃砖墙无框使用实例
顶部
75
30
75
50
侧部
30
75
50
75
底部

2 玻璃砖墙构造

6

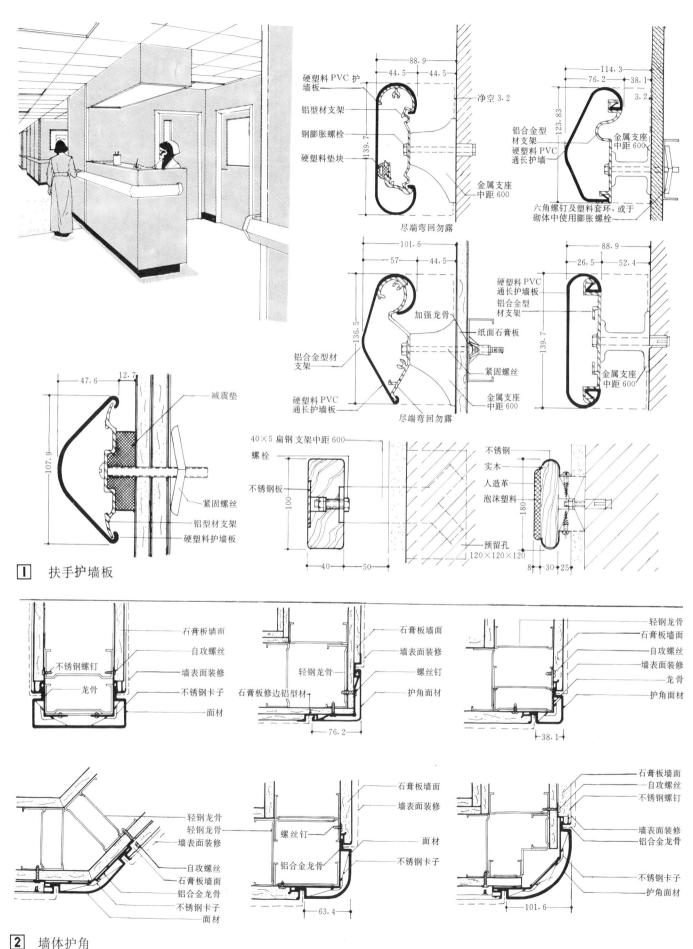

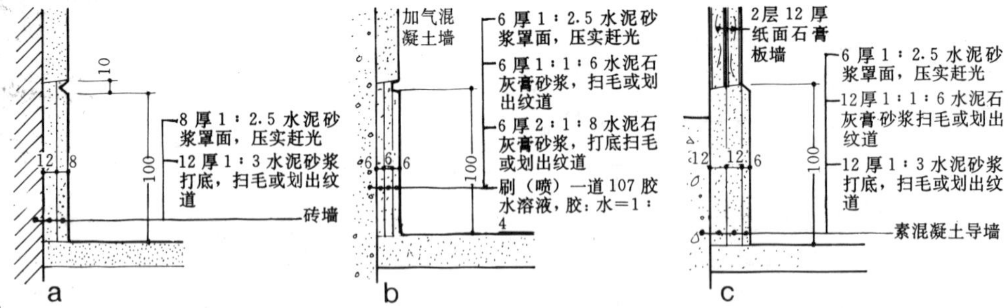

装修[22] 踢脚

1 水泥砂浆踢脚
2 水磨石踢脚 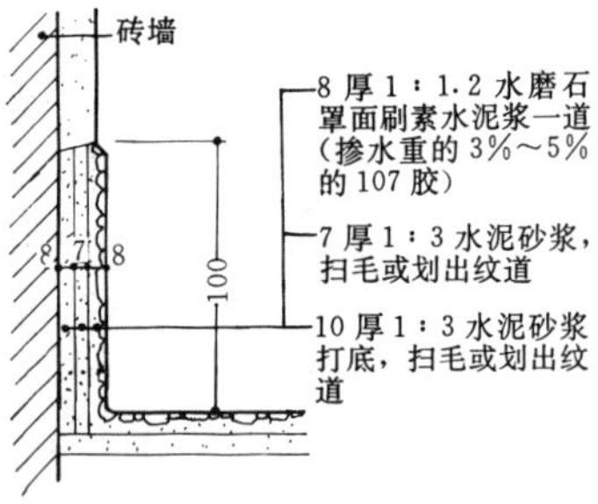
3 预制磨石踢脚 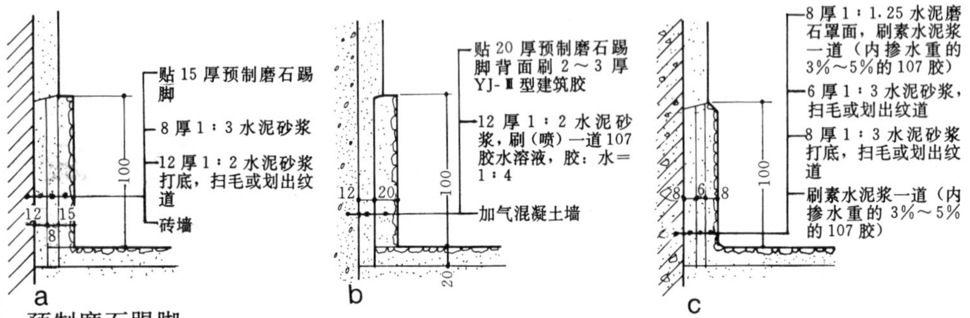
4 大理石踢脚（直角） 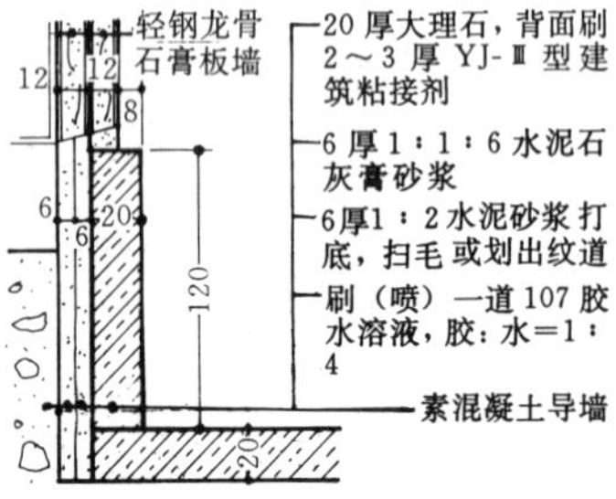
5 大理石踢脚（非直角） 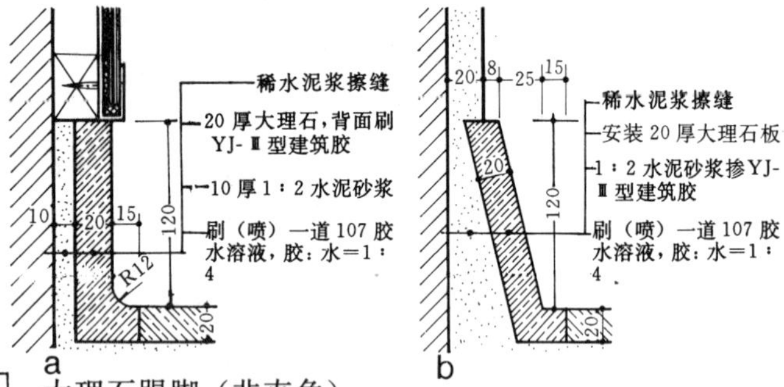
6 地砖踢脚 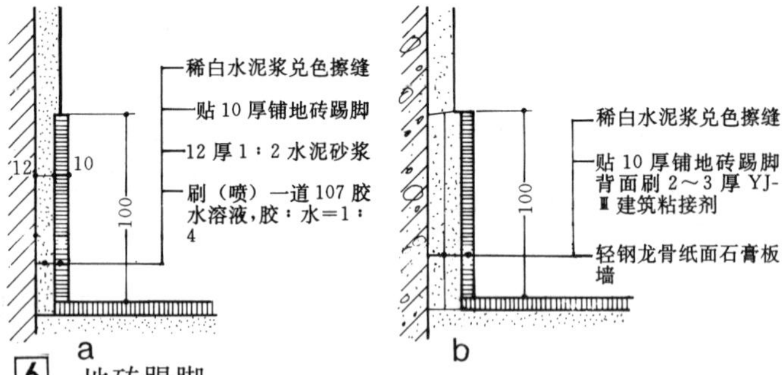
7 塑料踢脚 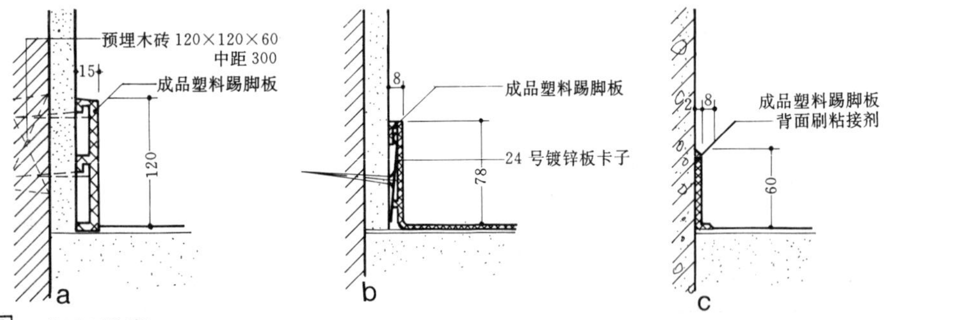
8 硬木踢脚（一） 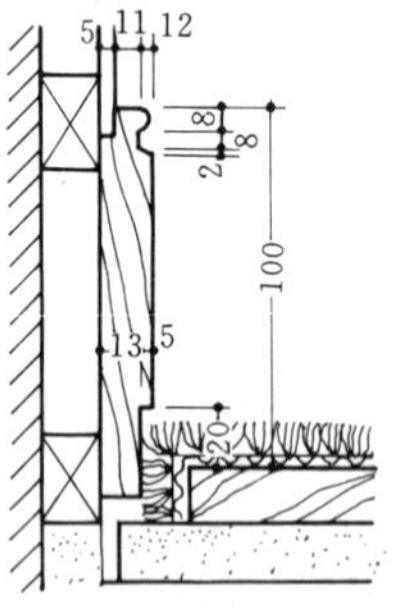
9 硬木踢脚（二）

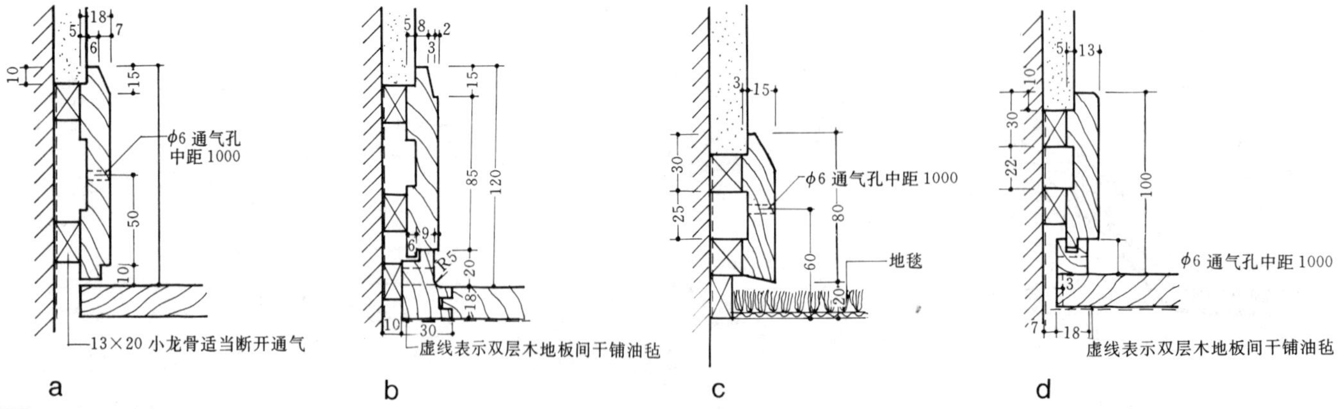

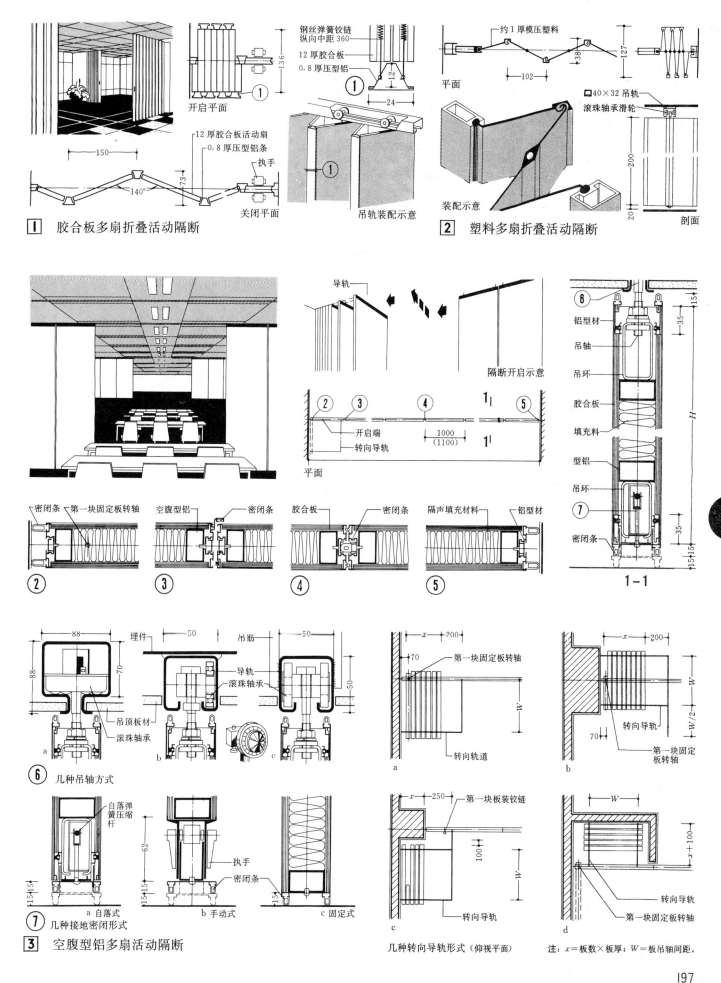

装修[24] 活动隔断

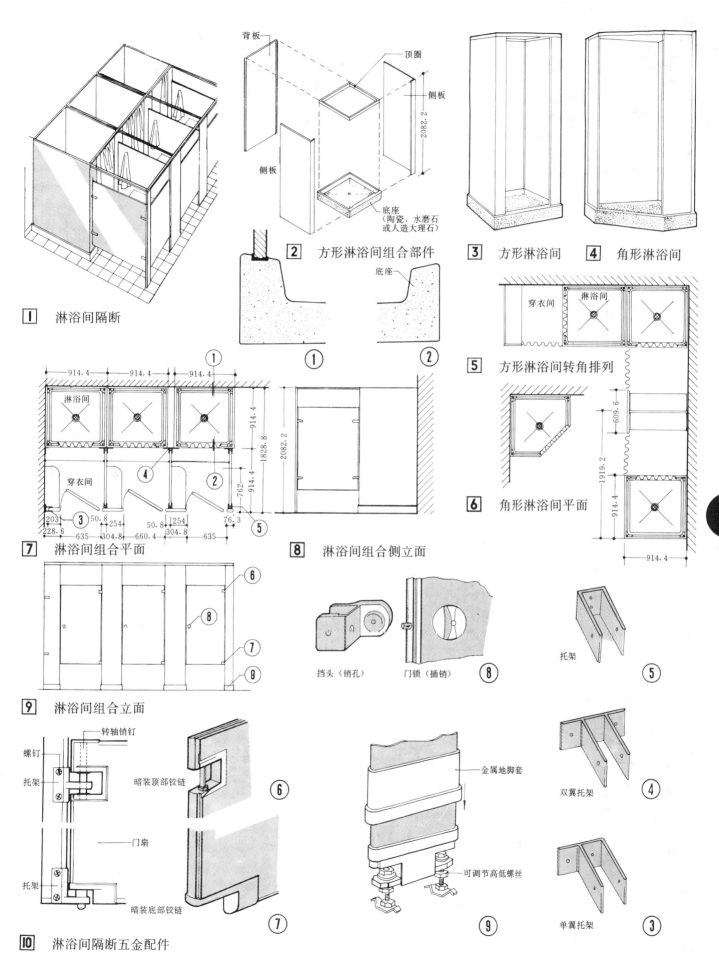

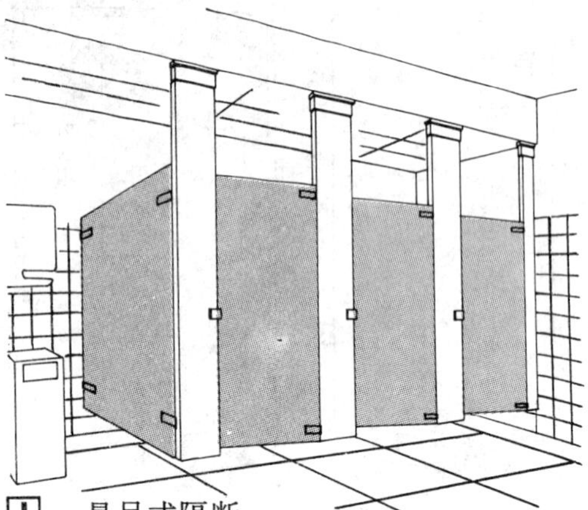

装修 [26] 卫生间隔断

1 悬吊式隔断

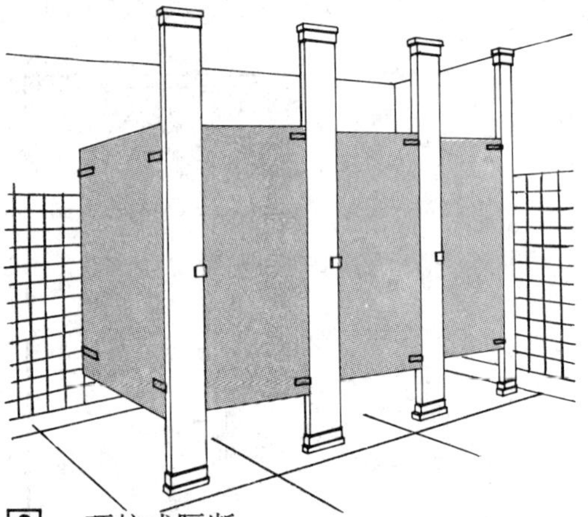

2 顶柱式隔断

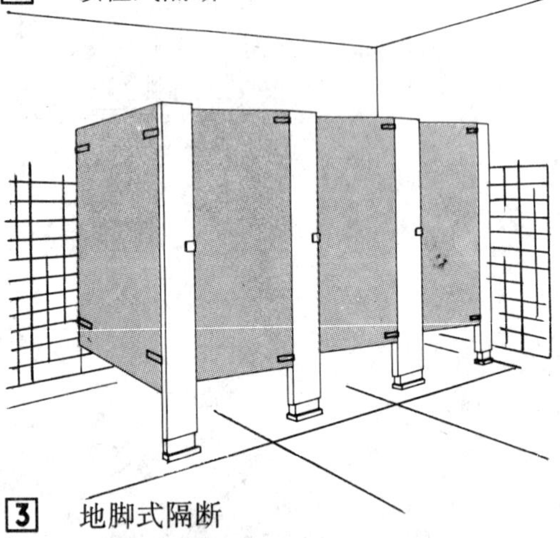

3 地脚式隔断

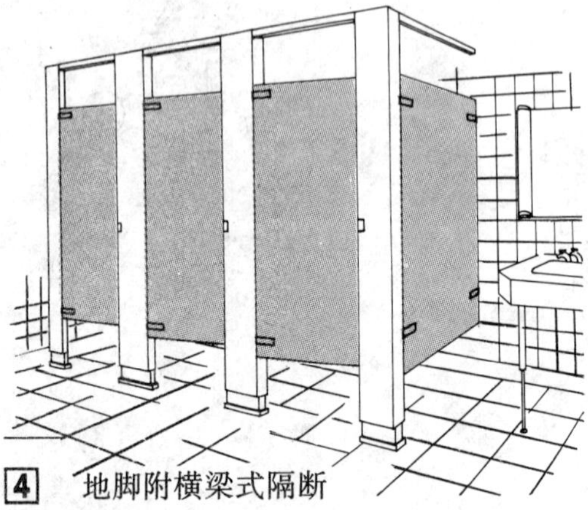

4 地脚附横梁式隔断

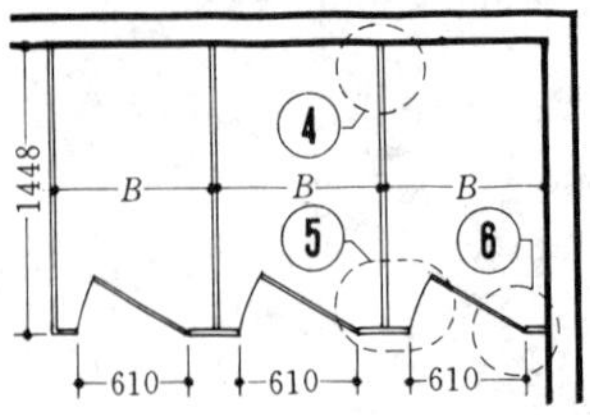

厕所隔断平面

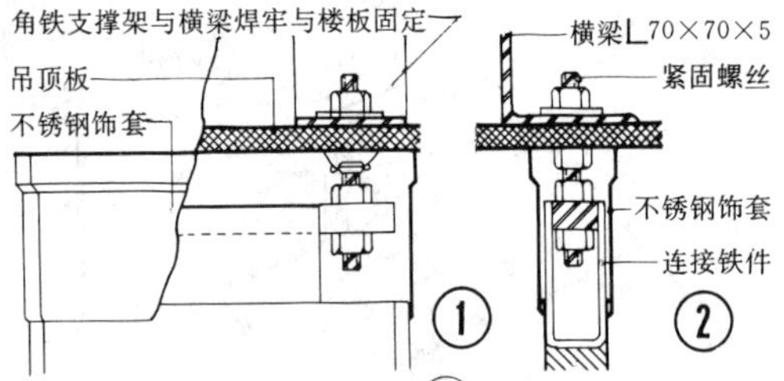

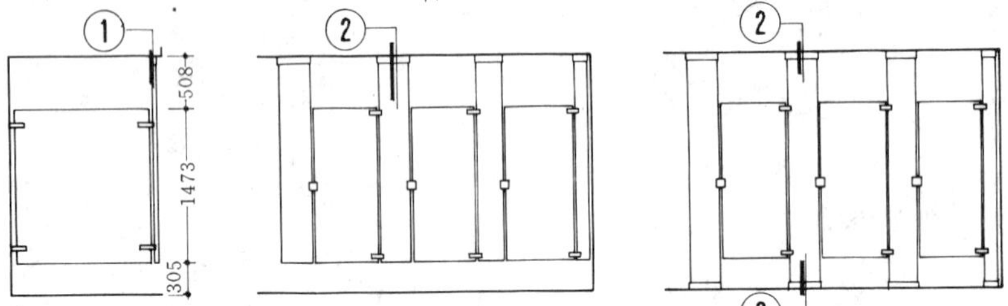

悬吊式侧立面　悬吊式立面　顶柱式立面

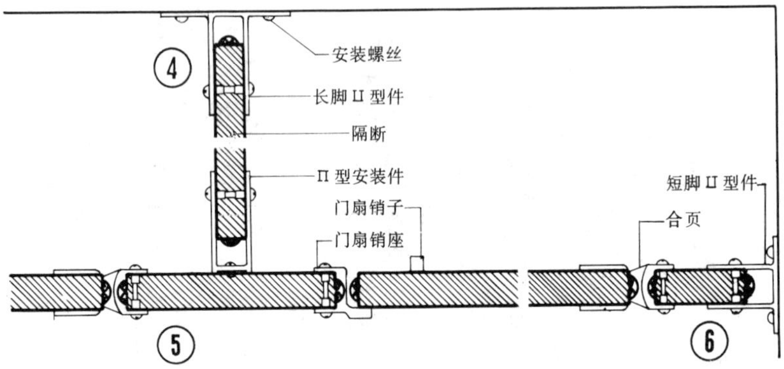

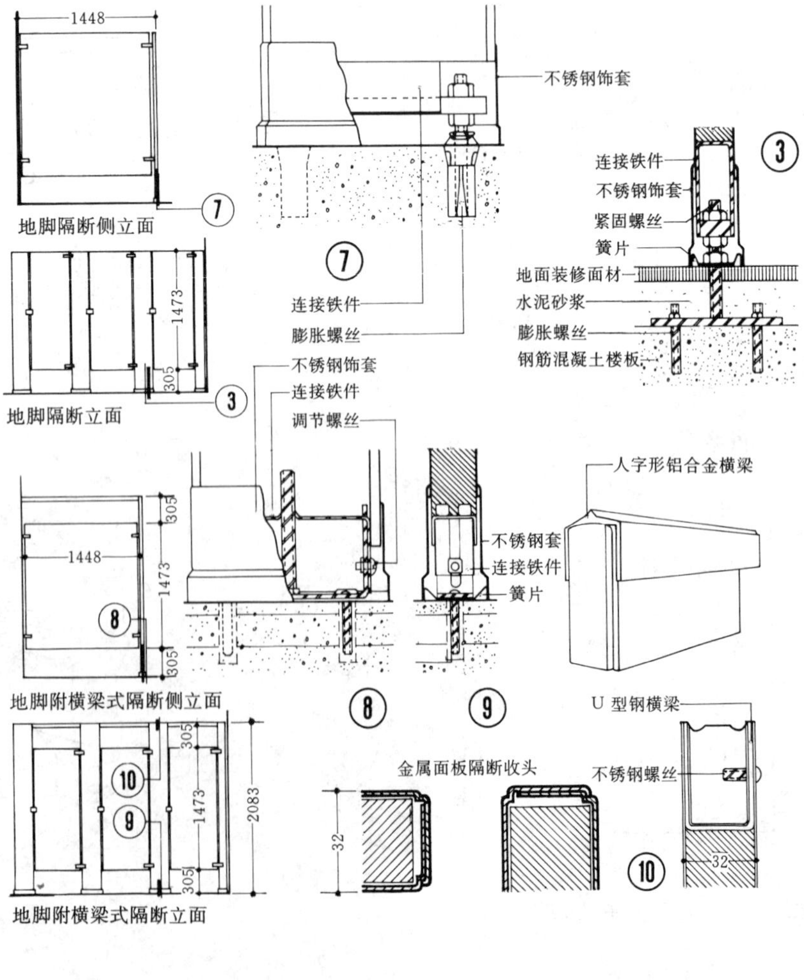

地脚隔断侧立面　地脚隔断立面

地脚附横梁式隔断侧立面　地脚附横梁式隔断立面

标注说明：
- 角铁支撑架与横梁焊牢与楼板固定
- 吊顶板
- 不锈钢饰套
- 横梁 L 70×70×5
- 紧固螺丝
- 不锈钢饰套
- 连接铁件
- 安装螺丝
- 长脚Π型件
- 隔断
- Π型安装件
- 短脚Π型件
- 门扇销子
- 门扇销座
- 合页
- 不锈钢饰套
- 连接铁件
- 膨胀螺丝
- 不锈钢饰套
- 连接铁件
- 调节螺丝
- 紧固螺丝
- 簧片
- 地面装修面材
- 水泥砂浆
- 膨胀螺丝
- 钢筋混凝土楼板
- 人字形铝合金横梁
- 不锈钢套
- 连接铁件
- 簧片
- U型钢横梁
- 金属面板隔断收头
- 不锈钢螺丝

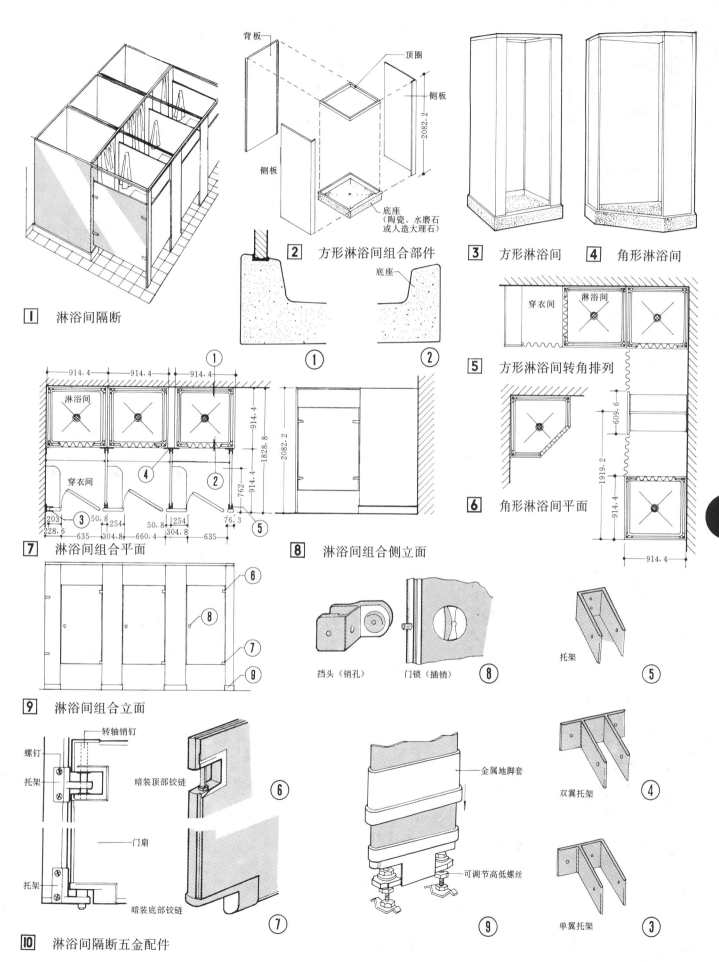

装修[26] 卫生间隔断

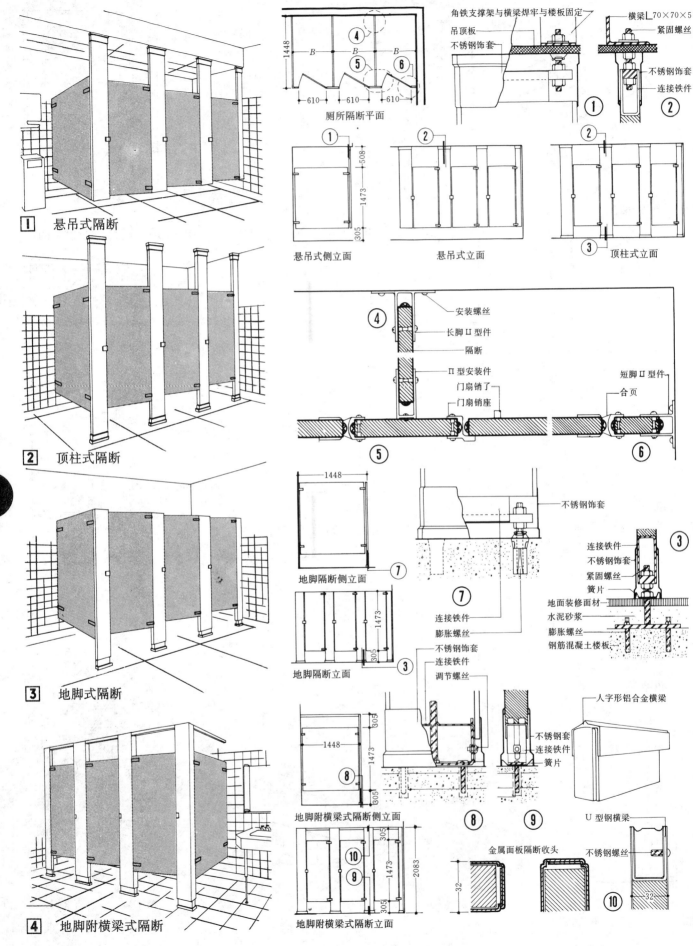

装饰门 [27] 装修

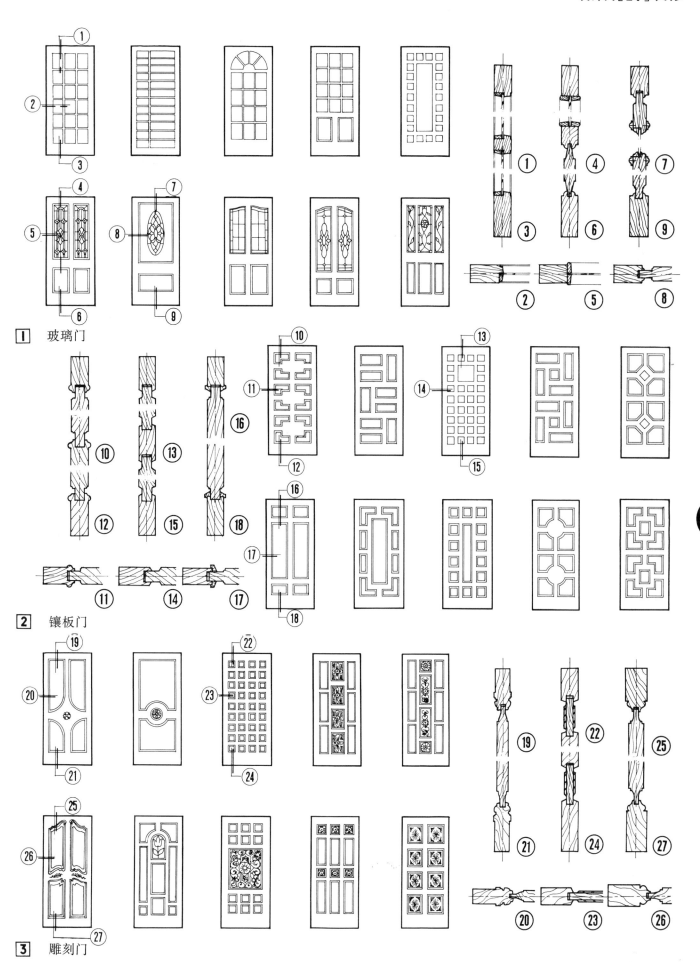

1 玻璃门

2 镶板门

3 雕刻门

装修[28] 地面不同材料的交接

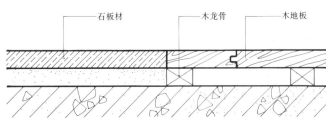

1 石板材与陶地砖交接

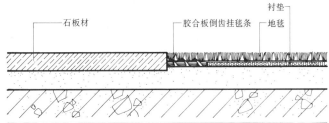

2 石板材与木地板交接

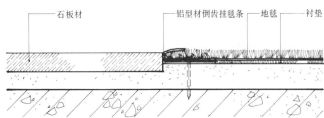

3 石板材与地毯交接（做法一）

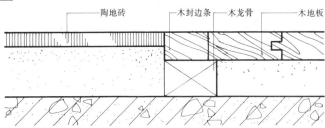

4 石板材与地毯交接（做法二）

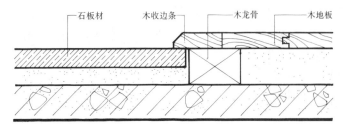

5 陶地砖与木地板交接

6 石板材与不同高度木地板交接

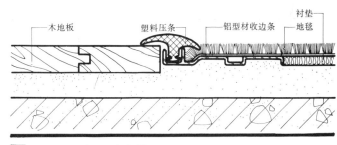

7 木地板与地毯交接

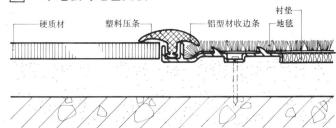

8 硬质材与地毯交接

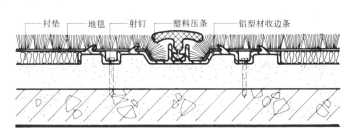

9 不同颜色、材质的地毯交接

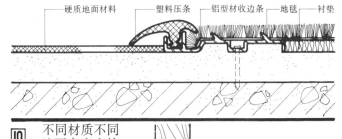

10 不同材质不同地面高度交接

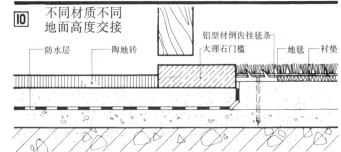

11 卫生间地面门槛处理

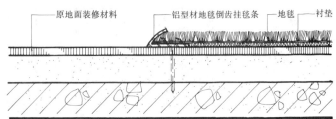

12 在原地面上铺地毯

地面灯光系列线槽[29]装修

墙角型

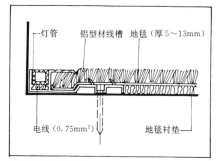
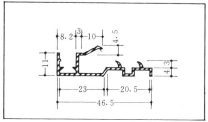

边缘型

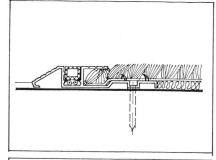
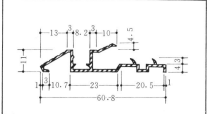

接缝型

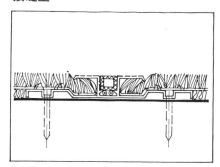
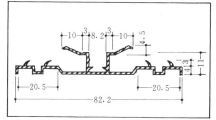

1 地面灯光系列线槽的构造及安装

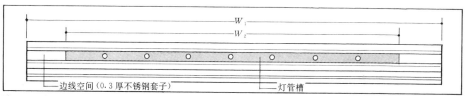

地面灯光系列线槽的规格尺寸　　　表1

名　称	安装尺寸W_1（mm）	灯管尺寸W_2（mm）	电压（V）	电流（A）	材　料
墙角型 −36	3700	3600	24	0.69	铝型材
边缘型 −36	3700	3600	24	0.69	
接缝型 −36	3700	3600	24	0.69	
墙角型 −12	1230	1200	24	0.23	氧化铝
边缘型 −12	1230	1200	24	0.23	青铜
接缝型 −12	1230	1200	24	0.23	

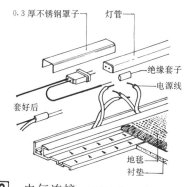

2 电气连接（必须安装24V的变压器）

设计规格　　表2

额定电压	AC24V
灯单元	6灯泡根/单元
负荷电压	4V/灯泡
负荷电流	0.115A/单元
功率	0.46W/灯泡

灯的连接限界　　表3

负荷电流	3A
使用灯数	150灯泡（25个单元）
连接长度	8m

注：灯的颜色可配用彩色、耐热的塑料罩解决。

灯的规格　　表4

规　格	5V−0.115A−1.89ml
寿　命	1万小时（平均值）
形　状	$\phi 3mm \times 6mm$

地面灯光系列线槽

能和各种地面材料相配合，特别是地毯的铺装收边。它可突出该区域边缘，起到提示与装饰的作用。

用在地台边缘，能起到警示作用，以防跌倒。

用在避难通路上，在紧急时可以发挥安全疏散的引导作用。在剧场等公共娱乐场所，结合诱导标志既能满足功能使用的要求，又能发挥很好的装饰作用。

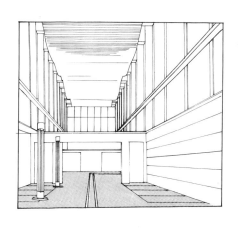

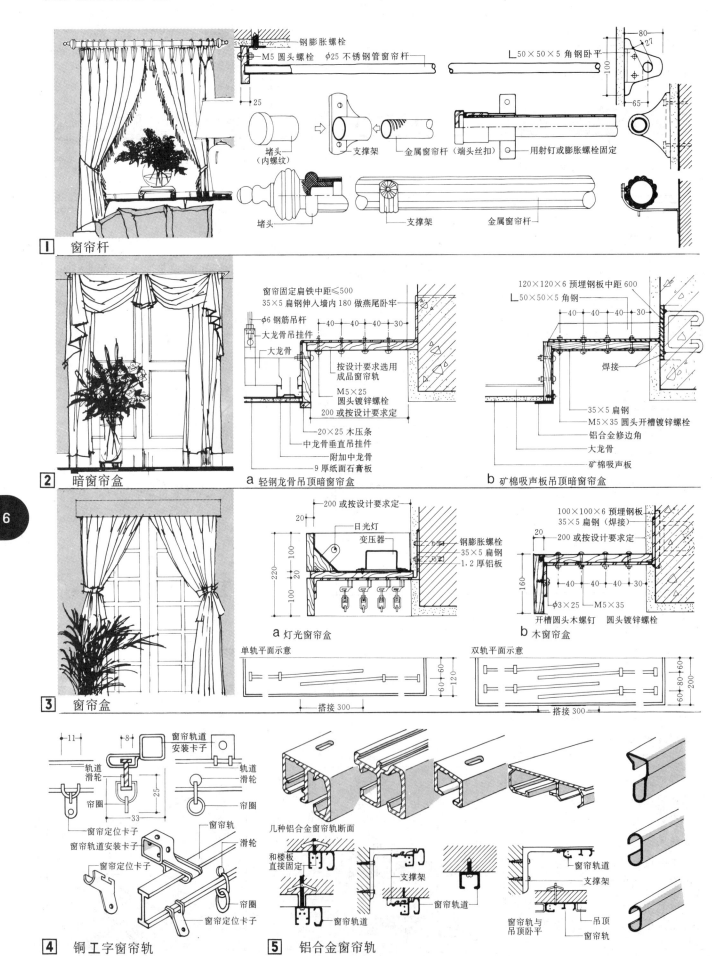

水平百页窗帘 [31] 装修

水平软百页是室内常用的一种遮阳设施。它可以根据需要调整成全遮闭和半遮闭等不同遮阳效果。当不需遮阳时也可全开启，使用灵活。水平软百页有电动式、拉链式和传动杆式等几种。

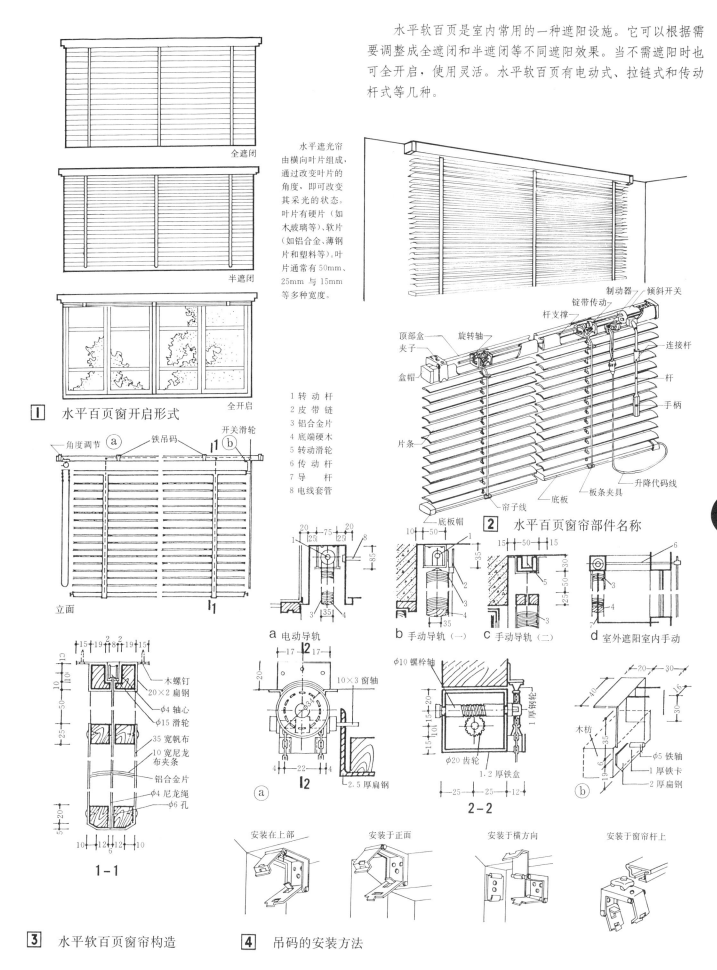

[3] 水平软百页窗帘构造　　[4] 吊码的安装方法

装修 [32] 垂直百页窗帘

垂直软百页窗帘可根据需要调整成为全开启、半遮闭或全遮闭。它通过导轨内的螺杆传动控制页片的开合,当所有页片完全张开时,方可通过操作页片倾斜调节绳转动页片角度,调整照进室内的光线。

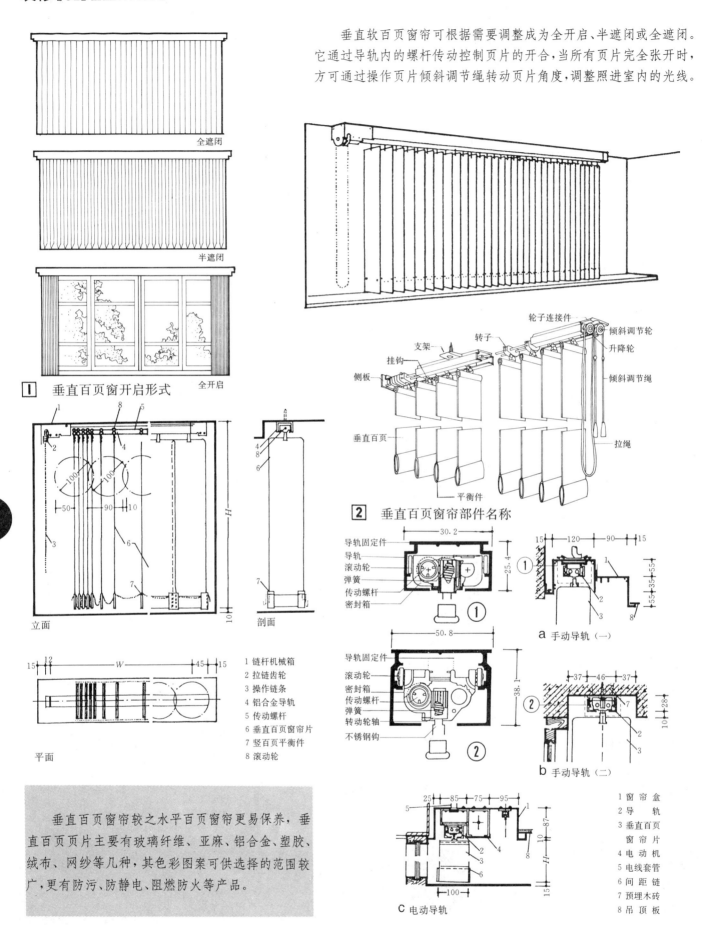

垂直百页窗帘较之水平百页窗帘更易保养,垂直百页页片主要有玻璃纤维、亚麻、铝合金、塑胶、绒布、网纱等几种,其色彩图案可供选择的范围较广,更有防污、防静电、阻燃防火等产品。

3　垂直百页窗帘构造

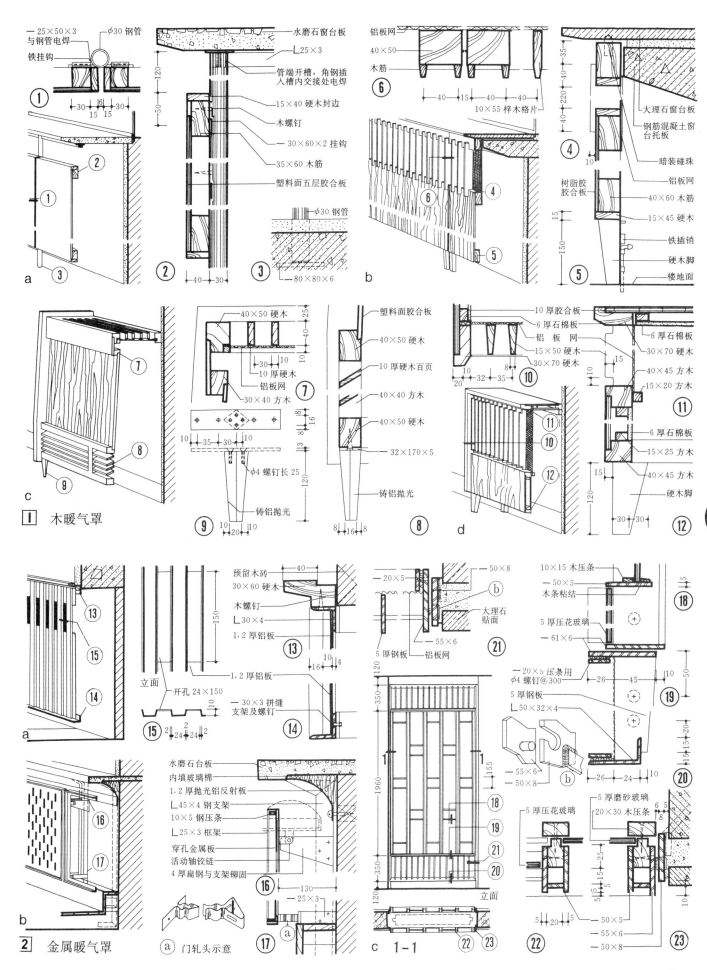

装修 [34] 踏步防滑

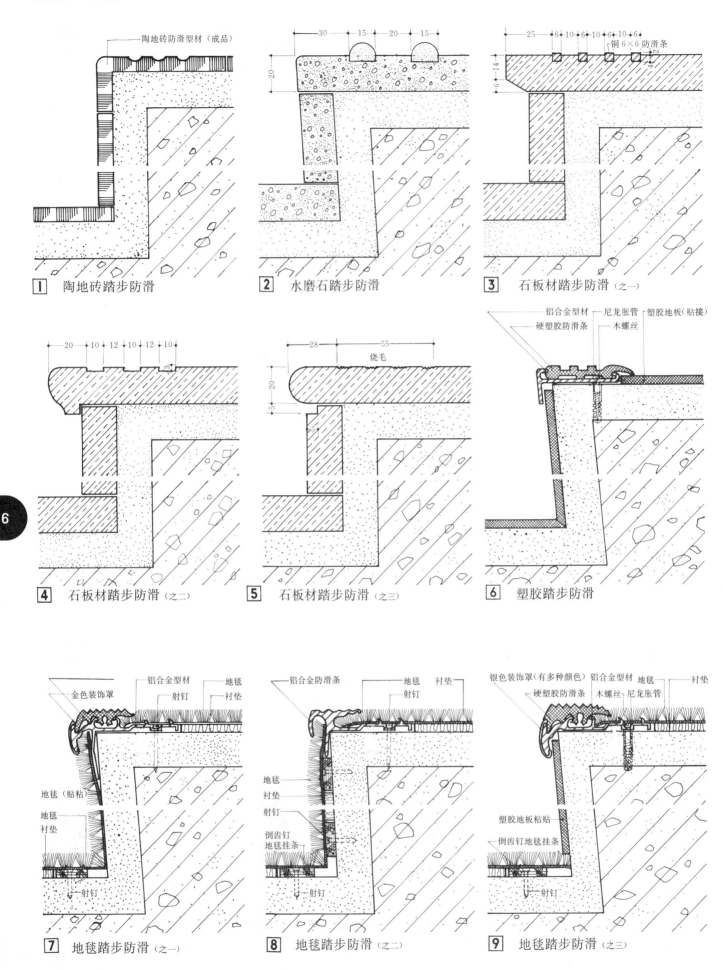

砖花格、花墙 [1] 花格

砌筑砖花格、花墙的砖，要求质地坚固，大小一致，平直方整。一般多用1:3水泥砂浆砌筑，其表面可做成清水或抹灰。

砖花墙的厚度有120和240两种，120厚砖花墙砌筑的高度和宽度≤1500×3000；240厚砖花墙的高度和宽度≤2000×3500，砖花墙必须与实墙、柱连接牢固。

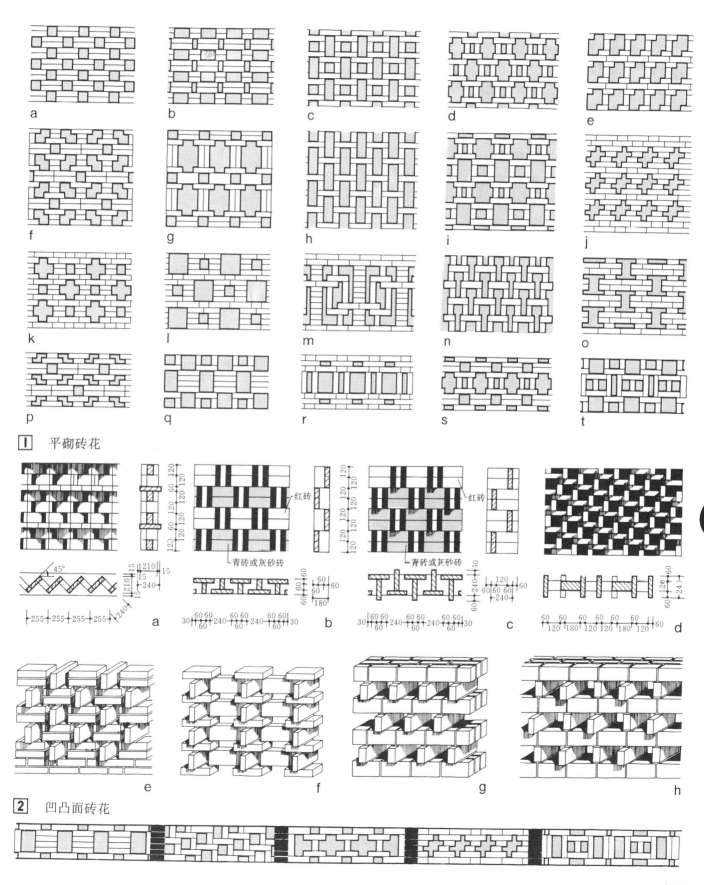

[1] 平砌砖花

[2] 凹凸面砖花

花格[2] 瓦花格

瓦花格在我国有悠久历史。它具有生动、雅致、变化多样的特色，多用在围墙、漏窗、屋脊等部位，以白灰麻刀或青灰砌结，高度不宜过大，顶部宜加钢筋砖带或混凝土压顶。

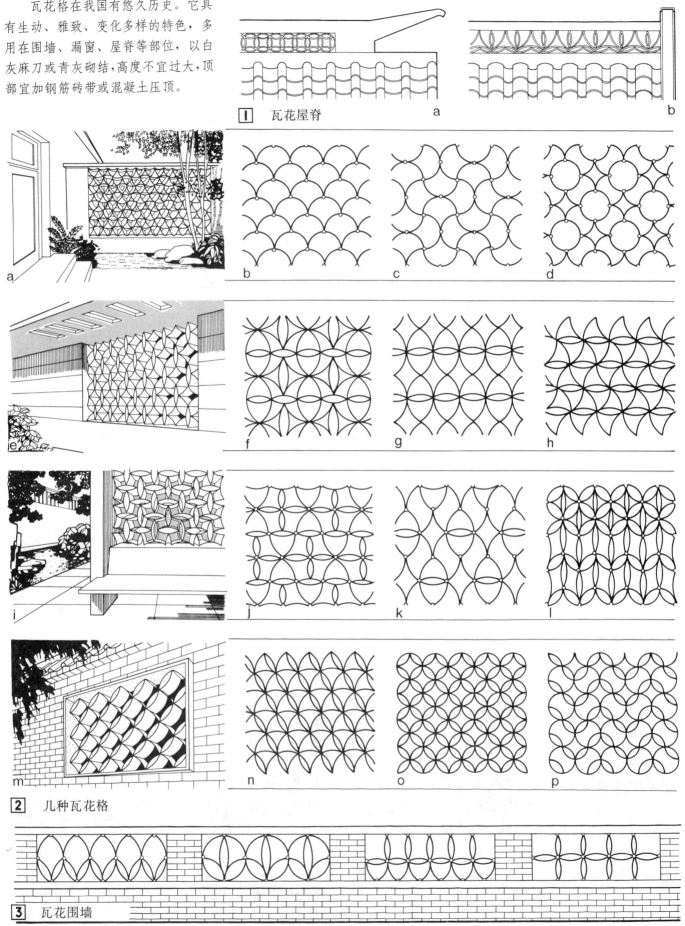

1 瓦花屋脊

2 几种瓦花格

3 瓦花围墙

琉璃花格 [3] 花格

琉璃花格是我国民间传统装饰构件之一。色泽丰富多彩，经久耐用。解放以来各地区在琉璃花格的应用上又不断改进和创新，可用在围墙、栏杆、漏窗等部位。其构件及花饰可按设计进行烧制。琉璃花格一般用1:2.5水泥砂浆砌结，在必要的位置宜采用镀锌铁丝或钢筋锚固，然后用1:2.5水泥砂浆填实。

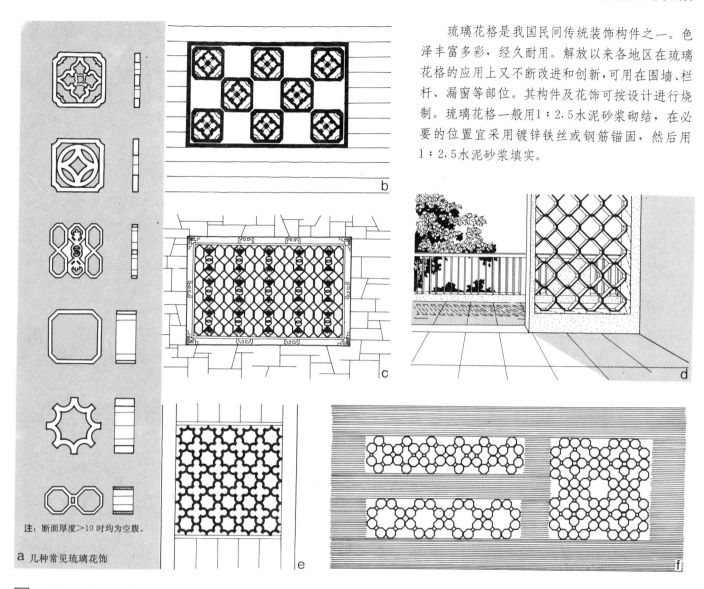

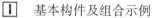

1 基本构件及组合示例

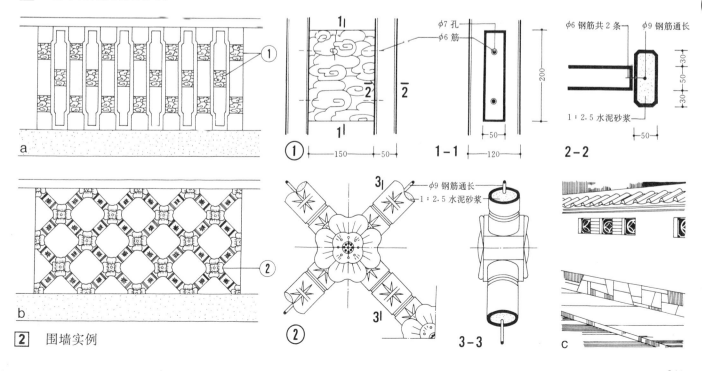

2 围墙实例

花格[4] 混凝土、水磨石花格

一般说明

混凝土及水磨石花格是一种经济美观,使用较普遍的建筑装修配件,可以整体预制或用预制块拼砌。混凝土花格多用于室外,水磨石花格多用于室内。有些地区如广州等地做的混凝土、水磨石花格断面,最薄处仅有14厚,纤细挺秀,效果良好。

一、混凝土花格制作:

1. 花格用的模板要求表面光滑,不易损坏,容易拆卸,模板宜做成活动插楔以利于重复使用。浇注前须涂脱模剂如废机油或灰水等以便脱模。
2. 用1:2水泥砂浆一次浇成,若花格厚度>25时亦可用C20细石混凝土,均应浇注密实。在混凝土初凝时脱模,不平整或有砂眼处用纯水泥浆修光。
3. 用1:2水泥砂浆拼砌花格,但拼装最大宽度及高度均应≤3000,否则需加梁柱固定。
4. 花格表面有:白色胶灰水刷面、水泥色刷面及无光油涂面等做法。

二、水磨石花格制作:

1. 模板制作与混凝土花格同。
2. 水磨石花格用1:1.25白水泥或配色水泥大理石屑(可配所需颜色,石屑粒径2~4),一次浇注。初凝后可以进行粗磨(一般水磨为三粗三细)。每次粗磨后用同样水泥浆满涂填补空隙。拼装后用醋酸加适量清水进行细磨至光滑并用白蜡罩面。
3. 砌筑及拼装同混凝土花格。

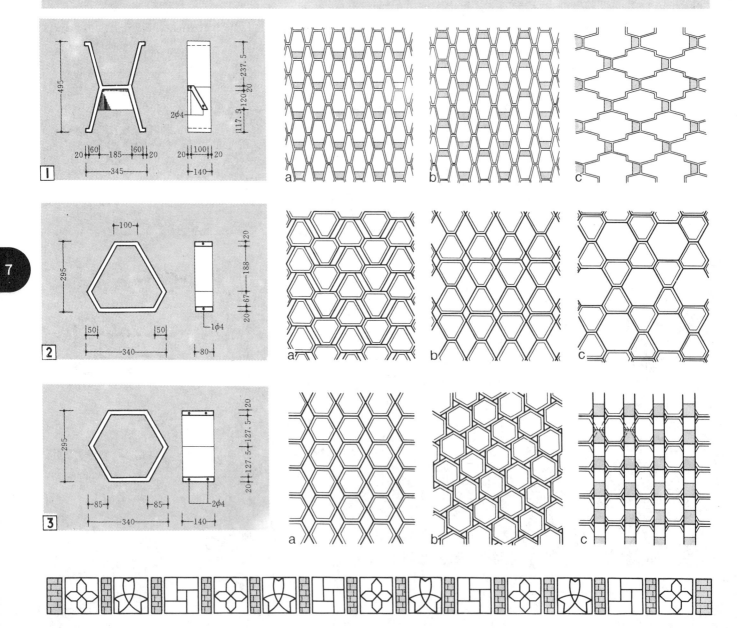

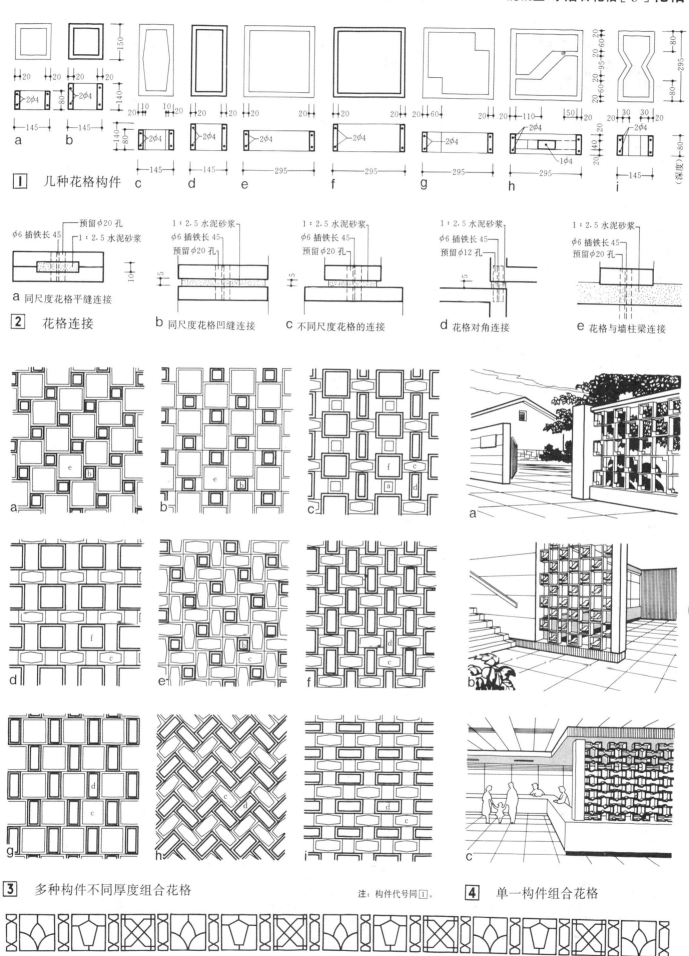

花格[6] 混凝土、水磨石花格

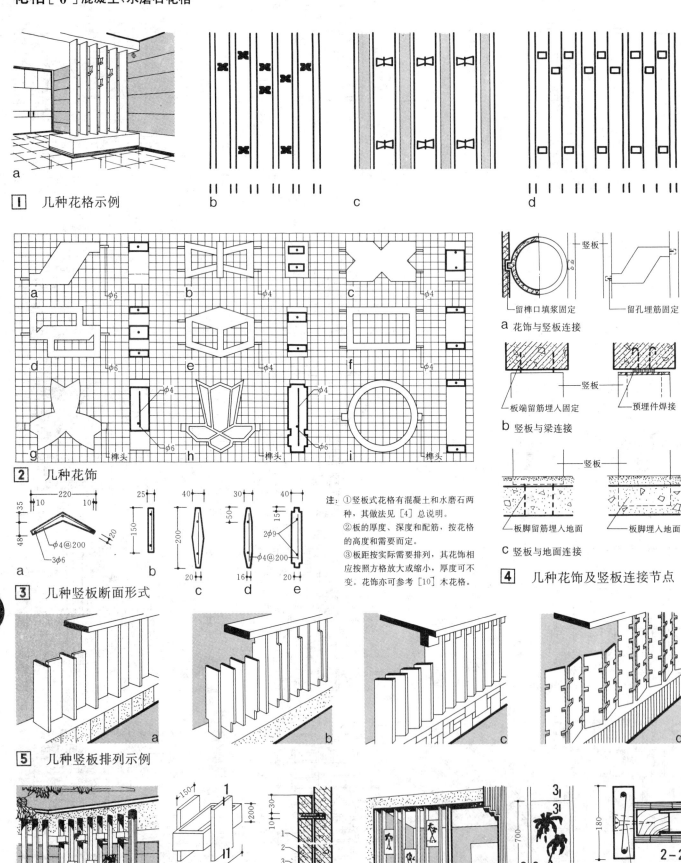

竹花格 [7] 花格

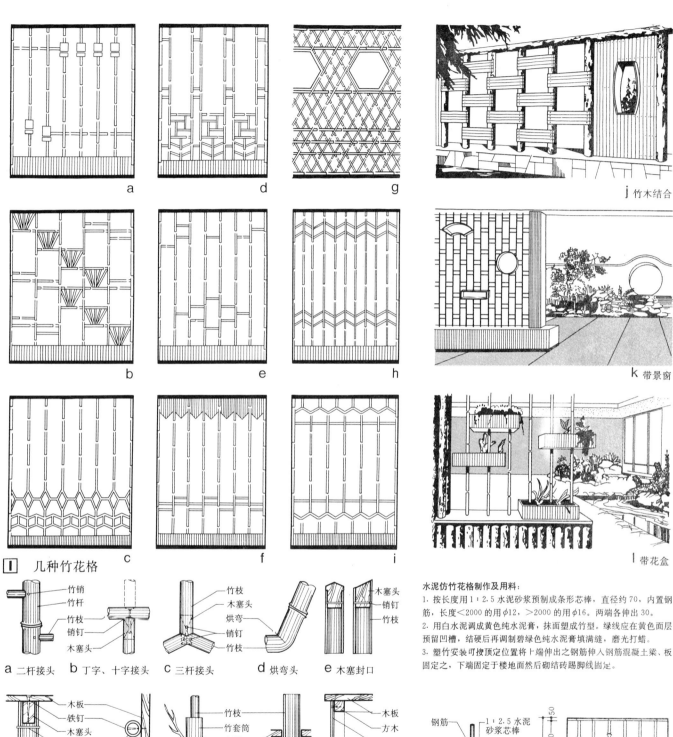

1 几种竹花格
 a d g
 b e h
 c f i
 j 竹木结合
 k 带景窗
 l 带花盒

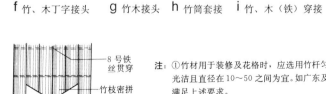

2 几种竹构件
 a 二杆接头　b 丁字、十字接头　c 三杆接头　d 烘弯头　e 木塞封口
 f 竹、木丁字接头　g 竹木接头　h 竹筒套接　i 竹、木（铁）穿接　j 竹片镶面
 k 竹枝拼连

水泥仿竹花格制作及用料：

1. 按长度用1:2.5水泥砂浆预制成条形芯棒，直径约70，内置钢筋，长度<2000的用φ12，>2000的用φ16。两端各伸出30。
2. 用白水泥调成黄色纯水泥膏，抹面塑成竹型。绿线应在黄色面层预留凹槽，结硬后再调制碧绿色纯水泥膏填满缝，磨光打蜡。
3. 塑竹安装可搜顶定位置将卜端伸出之钢筋伸入钢筋混凝土梁、板固定之，下端固定于楼地面然后砌结踢脚线固定。

注：①竹材用于装修及花格时，应选用竹杆匀称，质地坚硬，竹身光洁且直径在10～50之间为宜。如广东及四川地区的茶杆竹可满足上述要求。
②竹材易生虫，在制作前应作防蛀处理，如经石灰水泡浸等。
③竹材表面可涂清漆，烧成斑纹、斑点，刻花刻字等。
④竹的结合方法，通常以竹销（或钢销）为主，也有用烘弯结合，胶结合等。
⑤竹与木料结合有穿孔入榫或竹钉（或铁钉）固定，一般从竹枝、竹片（先钻孔）钉向木板较牢固。

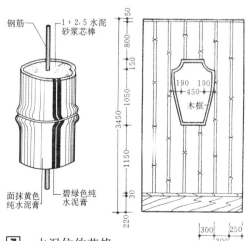

3 水泥仿竹花格

215

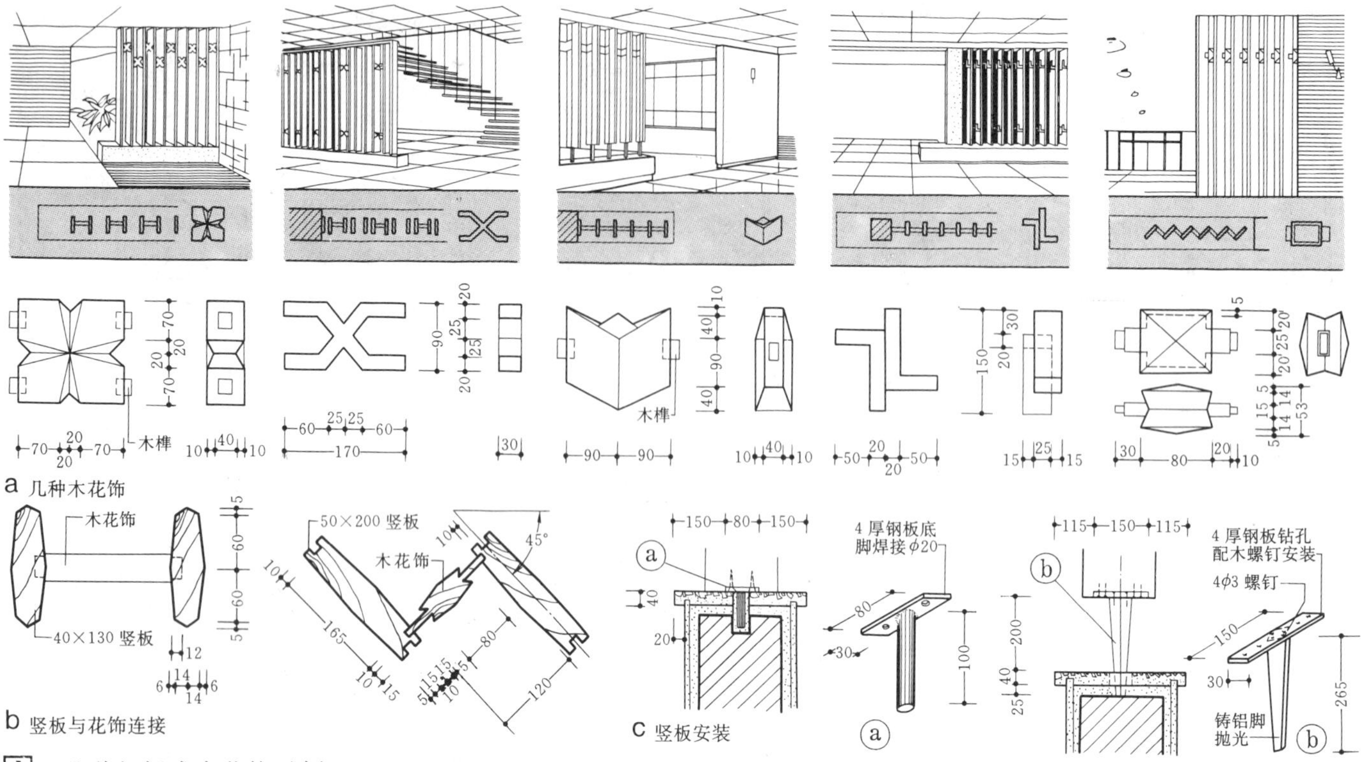

花格 [8] 木花格

a 几种木花饰

b 竖板与花饰连接　　　　c 竖板安装

1 几种竖板式木花格示例

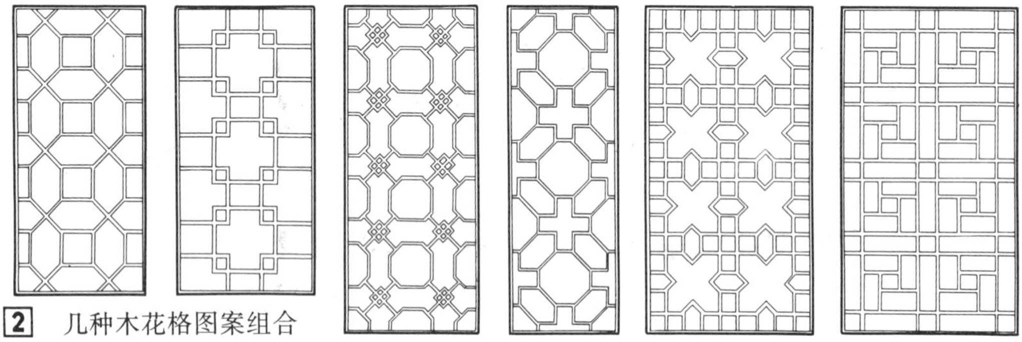

2 几种木花格图案组合 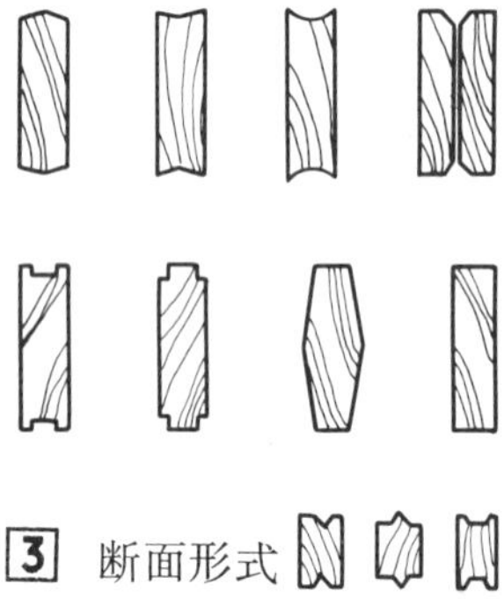　　　　**3** 断面形式

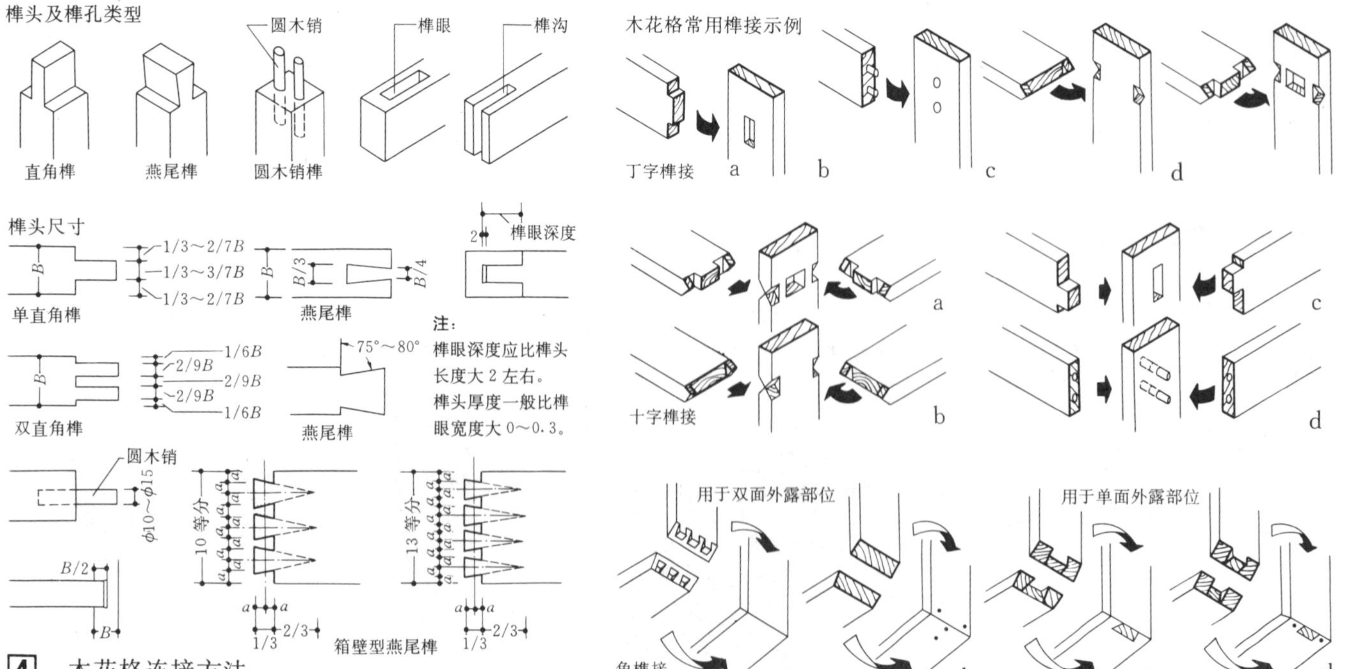

榫头及榫孔类型：直角榫、燕尾榫、圆木销榫、榫眼、榫沟

木花格常用榫接示例：丁字榫接 a b c d

榫头尺寸：单直角榫、双直角榫、燕尾榫、圆木销

注：榫眼深度应比榫头长度大2左右。榫头厚度一般比榫眼宽度大0～0.3。

箱壁型燕尾榫

十字榫接 a b c d

用于双面外露部位　　用于单面外露部位

角榫接 a b c d

4 木花格连接方法

镶玻璃花格 [9] 花格

镶玻璃花格是在公共建筑中较常使用的一种装饰。花格中的玻璃常用：彩色玻璃、套色刻花玻璃、银光刻花玻璃、压花玻璃、磨砂玻璃、夹花玻璃等。夹花玻璃系在两块光片玻璃之间夹有色玻璃纸花样做成。

银光刻花玻璃的制作程序

1 涂沥青　先把玻璃洗干净，待干燥后涂上一层沥青漆（可以尽量涂厚些），以便将锡箔粘紧在玻璃板上

2 贴锡箔　待沥青漆干至不粘手时，将锡箔平整地贴在沥青漆面。要注意应尽量减少绉纹，避免产生空隙缝，以防漏酸

3 贴画纸　将设计好的图样画在打字纸上，然后在纸底面满涂浆糊，以裱贴方法将纸样贴在锡箔面上

4 刻纹样　待贴画干透后，用刻刀将纹样刻出，并把需要腐蚀的部分铲掉，再用汽油或煤油将此部位上的沥青漆洗干净

5 腐蚀　用木框封边，涂上石蜡以氢氟酸调清水1：5左右的浓度倒在需要腐蚀的玻璃面内，按需要深度控制腐蚀时间

6 洗涤　将氢氟酸倒净，用水冲刷几次，把锡及漆用小铁铲铲去后，再用汽油或油腻擦净，最后用清水冲洗干净为止

7 磨砂　将蚀后的玻璃放在台面，用金刚砂加少量的水倒在玻璃上，以小块玻璃互相磨擦至未腐蚀的玻璃表面呈砂为止

注：
套色刻花玻璃的制作工艺，大体上与银光刻花玻璃相同，只是在玻璃制造时已套上各种颜色（即在一块玻璃内有一层光片一层色片）。腐蚀有色的一面露出光玻璃（腐蚀还可控制不同的时间，使颜色有深浅之分。腐蚀后不用磨砂）。这种做法更显得华丽，效果更好。

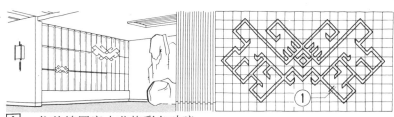

[1] 仿壮锦图案木花格彩色玻璃（广西壮族自治区）

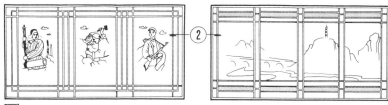

[2] 刻花玻璃花格

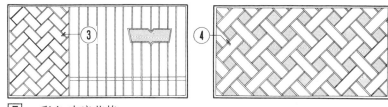

[3] 彩色玻璃花格

[4] 夹花玻璃花格

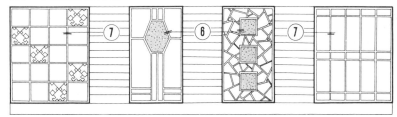

[5] 磨砂玻璃木花格

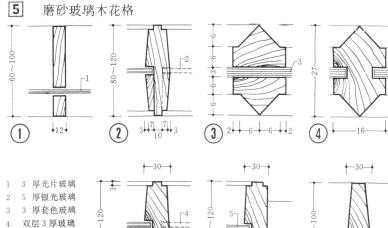

1　3 厚光片玻璃
2　5 厚银光玻璃
3　3 厚套色玻璃
4　双层 3 厚玻璃内夹有色玻璃纸花样
5　3 厚磨砂玻璃

 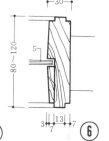 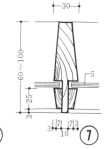

[6] 节点构造示例

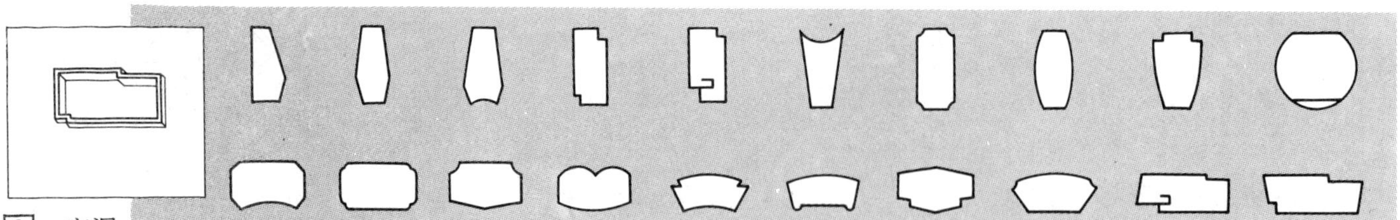

花格[10] 门窗洞·博古架

1 窗洞

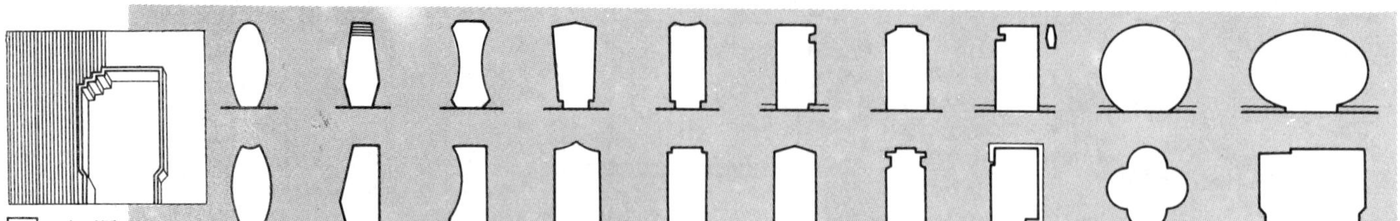

2 门洞

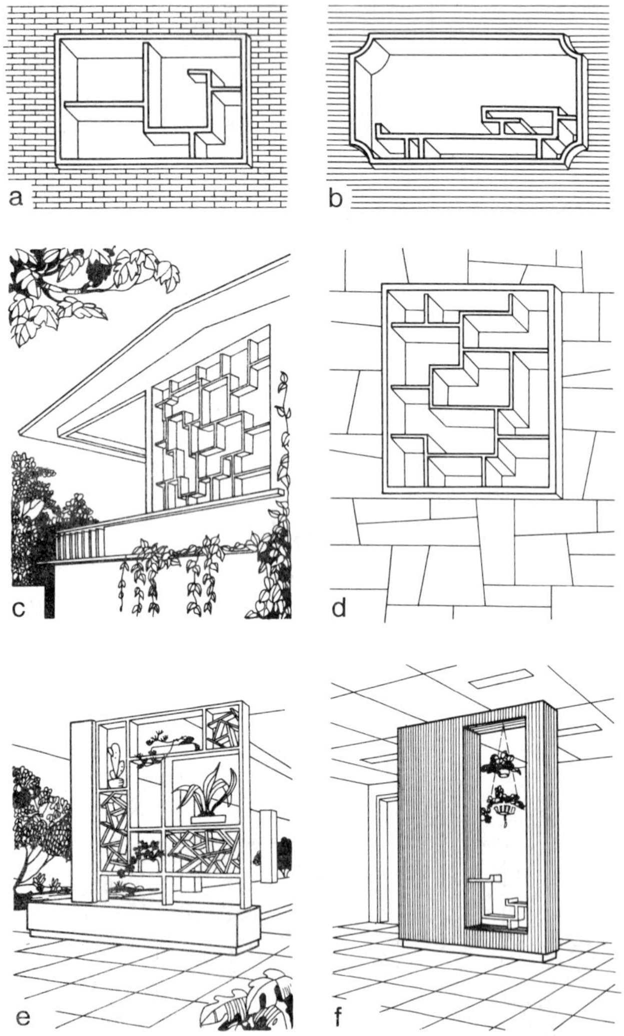

3 博古架

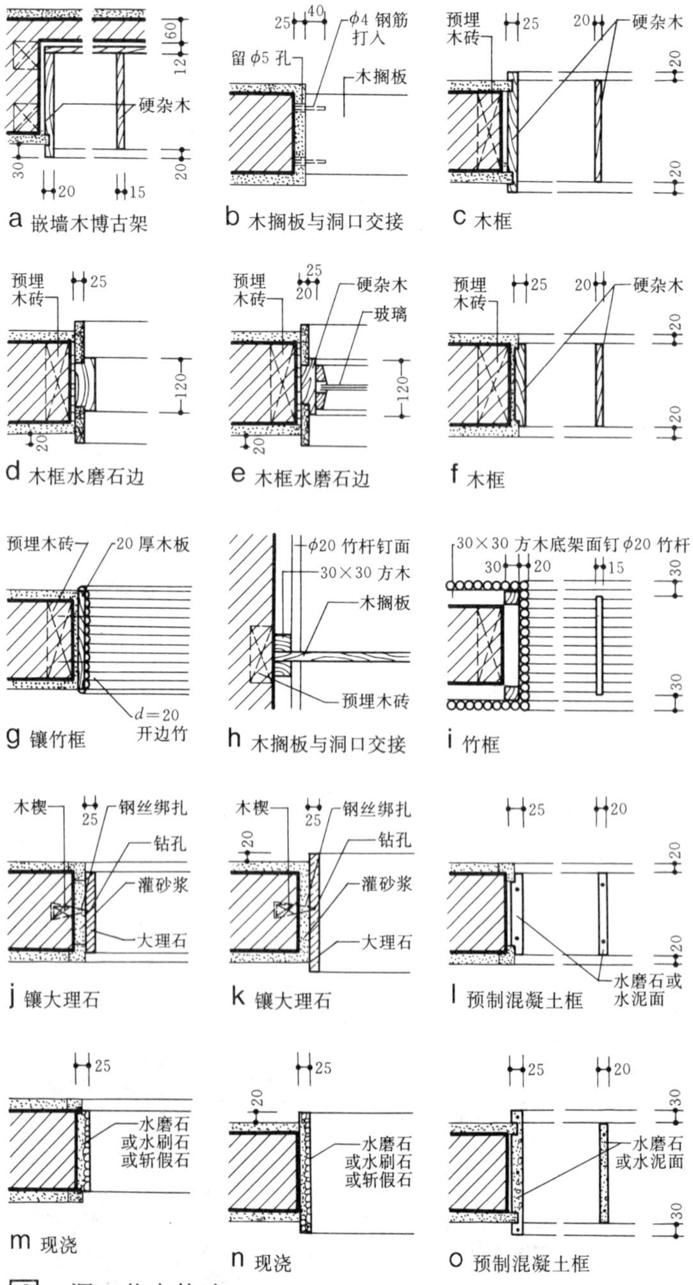

a 嵌墙木博古架
b 木搁板与洞口交接
c 木框
d 木框水磨石边
e 木框水磨石边
f 木框
g 镶竹框
h 木搁板与洞口交接
i 竹框
j 镶大理石
k 镶大理石
l 预制混凝土框
m 现浇
n 现浇
o 预制混凝土框

4 洞口节点构造

注：
①门窗洞、博古架的设计，除满足使用要求外，须在位置、体形、尺度上与自然环境协调，妥善处理，才能取得良好效果。在园林建筑中应用较广泛。
②构造及用料视具体情况而定，一般为水泥砂浆抹灰、水刷石、斩假石、水磨石、大理石、磨砖、石料或竹、木材等。
③门窗洞、博古架跨度如超过1200时，洞顶应加过梁。较小型的门窗洞、博古架可以预制整体安装。

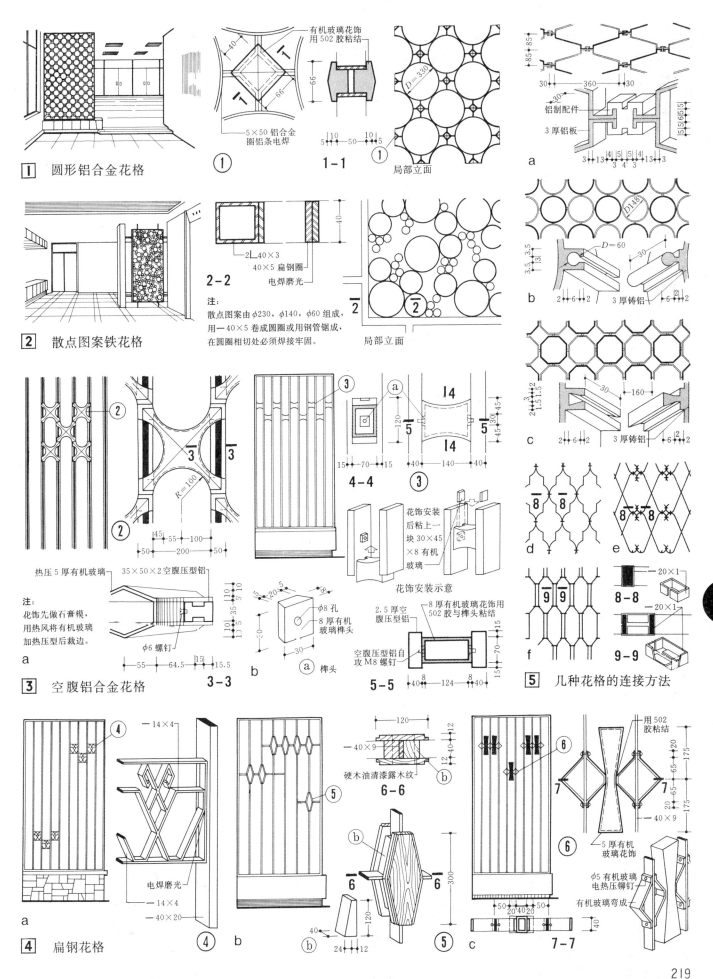

花格[12] 金属花格

攒铜镏金花格

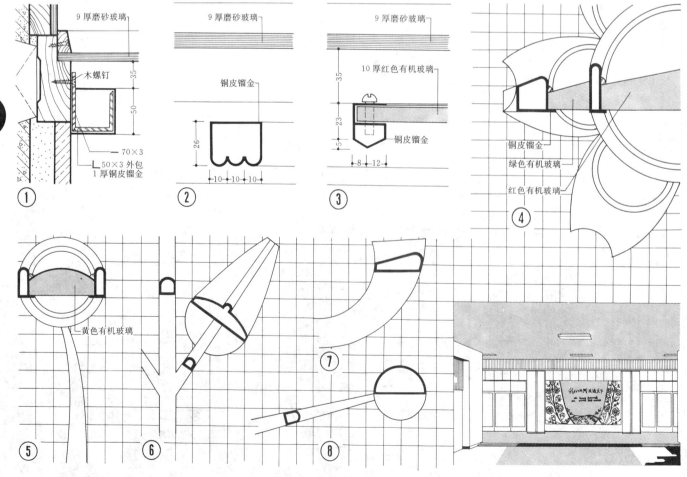